LA GRANDE STORIA DELLA

SCIENZA

E DELLA TECNOLOGIA

Che cosa avrebbe provato un uomo di scienza del Rinascimento catapultato nel mondo odierno, scoprendo i risultati raggiunti dalla scienza e dalla tecnologia nei secoli successivi a quello nel quale stava vivendo? La scoperta delle leggi che regolano il mondo subatomico, la conquista dello spazio, la conoscenza del codice della vita e la realizzazione di armi incredibilmente potenti lo avrebbero di certo meravigliato appagando quella sete di sapere che caratterizzava la sua epoca. Lo stupore non sarebbe stato inferiore a quello provato dallo stesso uomo quando, leggendo gli antichi manuali che tornavano alla luce in quegli anni, riscopriva una scienza perduta da secoli, quella stessa scienza che aveva permesso di costruire il faro di Alessandria, scoprire le leggi dell'idrostatica e dell'ottica, il calcolo infinitesimale e misurare la Terra. Mentre scopriva quanto avevano realizzato i suoi antenati, quell'uomo si considerava un nano rispetto a loro, che reputava dei giganti, ma sapeva anche che, sebbene fosse così piccolo, poteva sedersi sulle loro spalle e vedere più cose e molto più lontano, come aveva predetto Bernardo di Chartres del XII secolo usando proprio questa splendida metafora.

via Vittorio Emanuele II, 33 - Chieri (TO)

Testi (a cura di): Giorgio Bergamino, Gianni Palitta
Progetto grafico: Donatella Bergamino
Redazione: Laura Aceti, Donatella Bergamino
Illustrazioni: Andrea Orani

LA GRANDE STORIA DELLA SCIENZA

E DELLA TECNOLOGIA

La rana volante

SOMMARIO

1. Utensili e macchine

2. Vestirsi e alimentarsi

3. Materiali

4. L'Universo, la Terra e il tempo

5. Comunicare e calcolare

6. Conoscere il corpo umano

7. Modificare la natura

SOMMARIO

8. Produrre e usare energia

9. Spostarsi sulla Terra

10. Spostarsi in acqua, in aria e nello spazio

11. Trasmettere il movimento

12. Scienza e guerra

13. Riprodurre la realtà

14. Infinitamente piccolo e infinitamente grande

15. Onde elettromagnetiche

UTENSILI E MACCHINE

Homo abilis è la prima specie del genere *Homo* nella quale si riconoscono già comportamenti che definiremmo "umani", come l'uso di utensili per la caccia o per squartare carcasse di animali. Dall'*Homo abilis* all'*Homo sapiens* passano ancora due milioni di anni durante i quali la tecnologia e le scoperte continuano!

Dall'*Australopithecus* al *Sapiens sapiens*

Sono considerati quali progenitori dell'uomo quegli ominidi che avevano assunto una posizione eretta e camminavano su due arti; resti fossili che appartengono al genere *Australopithecus* sono stati trovati in Tanzania e in Etiopia. Essendo ormai bipede senza essere costretto a impiegare gli arti superiori per camminare, questo ominide sviluppò la manipolazione e la presa di oggetti. Circa 2 milioni di anni fa, da qualche popolazione di un'altra specie chiamata *Australopithecus africanus*, ebbe origine l'*Homo abilis*, capace di produrre rudimentali utensili in pietra scheggiata. Da questi derivò l'*Homo erectus*, circa 1,8 milioni di anni fa, più progredito nella fabbricazione degli utensili, che si spostò dalle originarie terre africane in Eurasia. L'*Homo erectus* imparò a controllare e usare il fuoco, riuscì a cacciare grandi animali e sviluppò il linguaggio, che favorì l'organizzazione degli uomini in comunità che con il tempo divennero tribù. Circa 200 000 anni fa comparve l'*Homo sapiens* che convisse per millenni con *Homo sapiens neanderthalensis* assimilandone alla fine le popolazioni; questa specie sapeva lavorare ossa e corna oltre la pietra e il legno, possedeva un forte senso artistico, utilizzava il linguaggio, addomesticò gli animali e sviluppò l'agricoltura. Da essa ebbe origine l'ultima specie umana: l'*Homo sapiens sapiens*, ovvero l'uomo moderno.

Ricostruzione della figura di un arciere scita com'era raffigurato sul frontone del tempio di Afaia, nell'isola di Egina (500 a.C. ca.). L'arco è di tipo corto.

• PROTEGGERE LA PROPRIETÀ

Da un primitivo dispositivo, tipo un gancio o un paletto, che servisse a chiudere una porta o un contenitore, in 3000 anni di continua evoluzione l'uomo è arrivato a concepire e realizzare complicatissimi congegni che è ormai quasi impossibile violare.

• FARE OGGETTI PIÙ VELOCEMENTE

L'idea di invertire il movimento circolare della mano con quello dell'oggetto da modellare che stava fermo è stata forse l'intuizione che ha portato a una delle prime applicazioni originate dell'invenzione della ruota: il tornio del vasaio.

◄ La ruota era utilizzata già nel neolitico dai vasai come tornio per la fabbricazione di recipienti; furono i Sumeri i primi a usarla anche per i trasporti. Con il tempo la ruota divenne anche un simbolo religioso, come quella a otto raggi che nel buddismo rappresenta il "nobile ottuplice sentiero".

Lo sviluppo della tecnologia

Gli studiosi considerano quale primo oggetto tecnologico a noi pervenuto un ciottolo di fiume scheggiato per affilarlo, rinvenuto in Etiopia e datato a 2,5 milioni di anni fa. L'uso di utensili avvantaggiò i gruppi di uomini che li usavano, selezionando chi fosse più adatto nel loro uso e garantendo così il successo evolutivo. Tuttavia gli utensili, una volta scoperti, restarono inalterati per centinaia di migliaia di anni fino all'avvento dell'*Homo sapiens*, che diede inizio a una lenta evoluzione tecnologica. L'organizzazione sociale e la creazione del linguaggio (circa 70 000 anni fa) contribuirono al principale balzo tecnologico dell'uomo preistorico. La realizzazione di utensili e la comprensione dei principi delle cosiddette "macchine semplici", che sono la base per fabbricarne altre più complesse, cambiarono completamente la vita quotidiana dell'uomo migliorandola sensibilmente. La nascita dell'agricoltura consentì poi all'uomo di avere più tempo a disposizione per pensare e sviluppare sempre di più la tecnologia.

▼ Attrezzi da carpenteria ritrovati nel relitto della caracca inglese da battaglia di epoca Tudor *Mary Rose*, affondata nel 1545 durante uno scontro navale con la flotta francese.

• SUPERARE LA FORZA MUSCOLARE

La forza che il corpo umano può sviluppare deriva dalla conformazione dell'apparato muscolare, per esempio quella del bicipite, e dalla struttura dell'articolazione collegata, in questo caso quella braccio-avambraccio. Per sviluppare più forza è necessario non soltanto aumentarla per mezzo di una leva, ma anche modificarne la direzione per ottimizzare il movimento dell'articolazione. Per questo si ricorre alla carrucola che riduce lo sforzo come quando, per esempio, lo dirige dall'alto verso il basso.

• MACCHINE SEMPLICI

Ogni macchina è riconducibile a una combinazione di tre tipi di macchine semplici: asta rigida, corpo rigido girevole intorno a un asse e piano inclinato. Dalla leva derivano le carrucole (fissa e mobile), il paranco, il verricello e l'argano. Dal piano inclinato derivano la vite e il cuneo.

I PRIMI UTENSILI

Secondo gli antropologi, l'uso degli strumenti è stato un passo importante nell'evoluzione dell'umanità. I reperti più antichi, in Etiopia, risalgono ad almeno 2,6 milioni di anni fa e una delle prime forme reali distinguibili di attrezzi è l'ascia.

LA SCHEGGIATURA

Fin dal paleolitico si inizia a **ricavare utensili affilati dalla pietra**, soprattutto da selce e ossidiana, scheggiandole con tecniche diverse di percussione o pressione. I frammenti che se ne ricavano possono essere corti, usati per cuspidi di frecce o lance, o lunghi, utilizzati come lame taglienti. Entrambi poi servono a realizzare altri utensili in materiali diversi come legno, pelli ecc.

REPERTI DI UTENSILI DEL NEOLITICO

Verso la fine del paleolitico inferiore venne introdotta la tecnica detta "di Levallois": essa consentiva di **ottenere dalla pietra punte e lame dalla lunghezza preordinata** con una serie di scheggiature successive.

Molti utensili in pietra si usarono dal paleolitico

fino al termine del neolitico, epoca dopo la quale si iniziò a utilizzare il rame. Fra questi vi erano lame utilizzate come punte di lancia e di freccia, perforatori, raschiatoi per la lavorazione delle pelli, asce forate da inanellare in bastoni di legno per impugnature, asce doppie o bipenne, mazze, accette, macine per granaglie, falci in legno con denti in selce per la mietitura delle granaglie, aratri in legno per dissodare i terreni, coltelli e, infine, archetti per perforare e accendere fuochi.

DAGLI UTENSILI IMPROVVISATI SI PASSA A UNA COSTRUZIONE SPORADICA CHE DIVENTA POI REGOLARE. SPECIALIZZAZIONE E UTENSILI COMPOSITI SONO IL PRELUDIO ALL'IMPIEGO DI PRINCIPI MECCANICI.

Dal paleolitico al neolitico: la pietra levigata

La presenza di manufatti in selce levigata indica una tecnologia più avanzata e posteriore alla semplice scheggiatura del paleolitico. Si inizia anche la ricerca di giacimenti dove trovare le pietre migliori, se possibile imbevute dell'acqua di cava e più facili da lavorare.

Materiali lavorati oltre alla selce

Nel neolitico, oltre alla selce, venivano lavorati anche altri materiali naturali come l'ossidiana, una pietra dura ma fragile di origine vulcanica molto usata dalle popolazioni precolombiane in America.

UTILIZZO DI UN RADDRIZZATORE DELL'ASTA DI UNA FRECCIA

LAVORAZIONE DEL LEGNO DI UN'ASTA DI FRECCIA

Villaggio del neolitico: tutti usano utensili per preparare il cibo, fabbricare indumenti, cacciare e costruire abitazioni.

L'utensile permetteva di svolgere dei compiti

che all'uomo sarebbero stati impossibili vista la sua struttura fisica, come per esempio perforare la pelle di molti animali con i propri denti. Vari studiosi sostengono che ominidi della specie *Australopithecus afarensis* usassero attrezzi artificiali per tagliare carcasse di animali piuttosto che utilizzarli per la caccia. Questa ipotesi retrodaterebbe il primo uso conosciuto di strumenti in pietra tra ominidi a circa 3,4 milioni di anni fa. Inoltre, nei ritrovamenti si dava importanza eccessiva agli utensili usati come armi e meno a quelli che venivano utilizzati nella vita quotidiana per preparare il cibo, raccogliere il grano, raschiare le pelli e lavorare il legno. Un'evoluzione seguente aveva portato a superare l'uso di un singolo utensile per passare, quindi, all'accoppiamento di due o più attrezzi per svolgere un determinata funzione, come per esempio nell'arco.

L'USO DI UTENSILI NON È SOLO PREROGATIVA DELL'UOMO: ANCHE SCIMMIE, PRIMATI, ELEFANTI, UCCELLI, LONTRE DI MARE E ALTRI ANIMALI LI USANO, MA SOLO IL PRIMO È IN GRADO DI UTILIZZARE UN ATTREZZO PER COSTRUIRNE ALTRI.

Varie tipologie di funzioni svolte dagli utensili

La maggior parte di essi era usata per tagli e forature o per percuotere, altri per serrare e alcuni per manovrare vari attrezzi, materiali o cose. Un'ultima categoria (più recente) comprende quelli per tracciare o misurare.

Sfregando due legnetti si genera il calore necessario ad accendere un fuoco: **un archetto poteva far ruotare velocemente un'asta di legno** e sviluppare il calore che serviva ad avviare la combustione.

IMPENNAGGIO DELLA FRECCIA PER STABILIZZARLA IN VOLO

Per scheggiare la selce si usavano percussori, spesso altri ciottoli di **selce, ma anche ossa, legno e corni** ricavati da palchi di cervo.

LA SELCE

La selce è una **pietra dura usata dall'uomo fin dal paleolitico e costituita da quarzo o calcedonio**. Veniva adoperata per la fabbricazione, mediante scheggiatura, di armi e strumenti. Durante il neolitico, e più ancora con l'eneolitico, la tecnica della scheggiatura venne ulteriormente perfezionata: si producevano cuspidi di freccia, lunghi pugnali e daghe con scheggiatura bifacciale, vari utensili quali seghe, asce, accette e scalpelli, ma anche oggetti artistici come per esempio piccole figure di animali.

LA RUOTA

Le comprensione del moto rotatorio portò all'invenzione della ruota, che rivoluzionò i trasporti e le comunicazioni. Le prime ruote vennero probabilmente montate su slitte, già trainate da uno o più animali (asini o buoi).

SECONDO GLI STUDIOSI, LE PRIME COPPIE DI RUOTE VENNERO MONTATE SU UN MEZZO DI TRASPORTO MOLTO COMUNE: LA SLITTA. ESSA ERA IN USO NELL'EUROPA SETTENTRIONALE, NELLE STEPPE E NEI DESERTI SABBIOSI; ERA TRAINATA DA ANIMALI COME ONAGRI E BUOI.

Le prime ruote conosciute avevano un diametro tra i 40 e gli 80 cm

e gli studiosi ritengono che siano apparse per la prima volta in Mesopotamia nel V millennio a.C. Da qui si diffusero in Europa e in Asia dove, attraverso le steppe, giunsero fino in Cina. La ruota sembra non essere stata conosciuta nell'Africa subsahariana, in Australia e, quasi certamente, nelle Americhe.

L'invenzione della ruota si colloca nel periodo che precede l'età del bronzo

e quella più antica finora conosciuta è stata trovata in Mesopotamia: risale al 3500 a.C. circa. Le prime ruote furono utilizzate per la produzione di vasi, mentre l'uso nei trasporti è posteriore di circa tre secoli.

Perché l'invenzione della ruota tardò così tanto?

La ruota comparve millenni dopo la nascita dell'agricoltura e la domesticazione di animali. Probabilmente venne inventata solo nel momento storico in cui si cominciò a utilizzare strumenti di metallo a scalpello per realizzare con precisione i fori e gli assi.

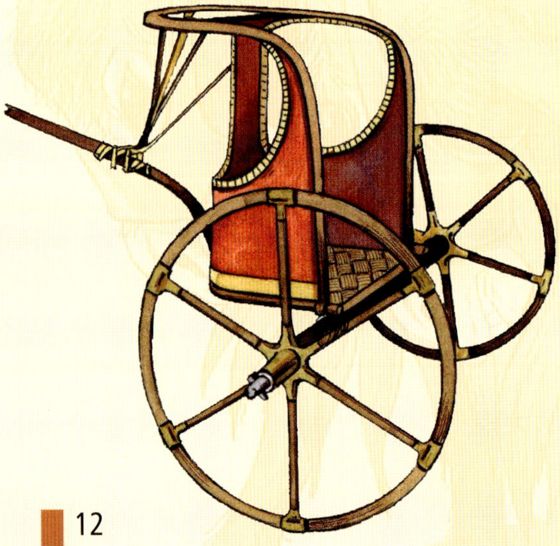

Nel XX secolo a.C. la ruota a raggi aumentò di molto la velocità del **carro da guerra,** che divenne un'arma micidiale per l'epoca.

I CARRI DA GUERRA EGIZI

Grazie anche alla scoperta della **tomba del faraone Tutankhamon,** si poterono conoscere la struttura, la tecnologia del movimento, le ruote a sei raggi e i materiali usati per costruire un carro da guerra nel XIII secolo a.C.

Il carro sumero era lento e così, per aumentarne la velocità, si aggiogavano anche quattro onagri invece di due soli.

I carri da guerra hittiti avevano ruote a sei raggi rivestite di un **cerchione in legno** o cuoio rinforzato con borchie di rame. Con i Celti, invece, ci fu l'introduzione del **cerchione in ferro**, a metà del III secolo a.C.

LA RUOTA NELLE AMERICHE

La ruota non venne utilizzata da alcuna delle civiltà precolombiane delle Americhe, tuttavia in Messico sono stati ritrovati alcuni giocattoli mobili su ruote. L'opinione più diffusa sostiene che la ragione per la quale non si è sviluppato il trasporto su ruote sia stata la mancanza di animali da traino (anche se i lama, forse, avrebbero potuto essere aggiogati a veicoli a ruote) nel continente americano. **Altri studiosi propongono una tesi diversa, ovvero che la ruota sia giunta in America centrale attraverso contatti con civiltà mediterranee (Fenici e Cartaginesi).** Questa suggestiva ipotesi è avvalorata dalla presenza di finti raggi negli oggetti rinvenuti: le ruote a raggi furono ideate per alleggerire i carri e quelle finte dei giocattoli possono solo far pensare alla riproduzione di strutture note su veicoli di dimensioni maggiori che forse i popoli dell'America Centrale avevano già osservato.

L'invenzione fu un vero e proprio colpo di genio!

E altrettanto difficoltosa fu la realizzazione pratica: sia le estremità dei perni sia il foro nel centro delle ruote dovevano essere perfettamente lisci e rotondi per ridurre al minimo l'attrito.

FRA LE INVENZIONI DERIVATE DALLA COMPRENSIONE DEL MOTO ROTATORIO, LA RUOTA MONTATA SU UN VEICOLO È STATA PROBABILMENTE COEVA DELLA RUOTA DEL VASAIO.

La ruota permise di costruire **pulegge e ruote dentate** per la trasmissione del moto da un oggetto all'altro e per la variazione della velocità tra i due assi in rotazione. Queste furono un tipico prodotto dell'avanzata scienza ellenistica e della tecnologia alessandrina.

L'evoluzione della ruota nei secoli fino al pneumatico

Le prime ruote erano piene ma poco resistenti, perché il legno era usato trasversalmente alla direzione delle fibre; poi si usò solo un disco esterno collegato all'asse centrale per mezzo di raggi. Il cerchione in metallo proteggeva dall'attrito con il terreno e, nel 1887, il veterinario John Dunlop lo rivestì con un tubo cavo di gomma riempito d'aria: era nato il pneumatico.

L'ARCO

L'arco è il primo metodo di concentrazione di energia sviluppato dall'uomo. Una prima rappresentazione di questo "utensile" proviene dall'Africa del Nord.

La diffusione dell'arco e la sua struttura

Gli archi rappresentati nell'Africa del Nord si fanno risalire a un periodo corrispondente al medio paleolitico superiore in Europa. Dall'Africa l'arco si diffuse nella penisola iberica e poi in Europa; esistono però testimonianze dell'uso dell'arco presso culture di cacciatori nell'Asia sudoccidentale all'incirca nello stesso periodo; dall'Asia nordorientale esso arrivò poi in America. L'Australia è l'unica grande zona della Terra in cui l'arco non è mai stato usato. I primi archi furono costruiti con un solo pezzo elastico di legno, di corno o di corna di cervo; successivamente si passò poi a usare più pezzi fra loro collegati, e anche più materiali, per aumentarne la potenza e di conseguenza la gittata.

Generalmente le due parti flessibili dell'arco hanno la stessa lunghezza, ma in Giappone venne sviluppato **un arco asimmetrico (*yumi*)** lungo circa 2,20 m e con la parte inferiore più corta di quella superiore.

Arco e territorio

L'arco composto fu la soluzione trovata in aree caratterizzate dalla poca disponibilità di pezzi lunghi di materiale elastico, specie nelle zone prive di alberi, come accadde agli esquimesi dell'Artico che potevano solo fare affidamento su pezzi di legno trascinati alla deriva, su corni o corna di cervo.

□ L'ARCO DEI POPOLI DELLA STEPPA

La caratteristica principale di questo tipo di arco è l'uso di tre materiali: **legno o bambù**, che costituisce lo scheletro centrale; una **lamina di corno** sul ventre, la parte rivolta verso l'arciere, per resistere alla compressione; i **tendini** (di gazzelle o di ungulati domestici) sul dorso, la parte che viene rivolta verso il bersaglio, per la buona elasticità. Tutti questi elementi erano uniti tra di loro da colla animale ed eventualmente rinforzati da avvolgimenti di tendini o fibre vegetali o animali come seta, lino e canapa.

Le prestazioni dell'arco turco

L'arco usato dai Turchi ottomani è stato il più potente di tutti: nel 1798, il sultano Selim III scagliò due frecce da competizione a 889 m, impresa mai eguagliata con archi tradizionali. Si sa che in guerra l'arco ottomano scagliava dardi a 500 m.

Arco composito: i bracci molto curvati in avanti allungano l'estensione della corda; al momento del tiro, il brusco movimento in avanti dei flettenti accorcia la corda e imprime una forte accelerazione alla freccia.

L'arco lungo inglese (*long bow*)

Di origine gallese, questo tipo di arco veniva costruito utilizzando un unico listello di legno, preferibilmente di tasso per la forte resistenza alla compressione della sua parte interna e l'ottima elasticità della parte esterna.
La lunghezza doveva essere all'incirca quella delle braccia dell'arciere che lo avrebbe usato; poteva anche arrivare a 188 cm.

Tipico degli **indios dell'Amazzonia** è l'uso delle gambe per il lancio della freccia: la maggior lunghezza degli arti inferiori rispetto alle braccia consente d'imprimere più potenza grazie alla più ampia curvatura dell'arco.

IL MAGGIOR DIFETTO DELL'ARCO COMPOSITO STAVA NELLA FORTE IGROSCOPIA (CAPACITÀ DI ASSORBIRE LE MOLECOLE D'ACQUA) DELLA COLLA ANIMALE USATA PER L'ASSEMBLAGGIO, CHE LO RENDEVA INUTILIZZABILE IN CASO DI PIOGGIA O DI FORTE UMIDITÀ; PER QUESTO L'ARMA VENIVA TENUTA DENTRO UN CONTENITORE IN PELLE.

Tecnologia della freccia

Le prestazioni di un arco dipendono anche dalla forma dei proiettili lanciati. Quattro sono le parti essenziali di una freccia: la PUNTA, che deve essere aerodinamica; l'ASTA, di lunghezza variabile in funzione dell'arma; la COCCA, che collega la freccia alla corda dell'arco; l'IMPENNAGGIO, da due a tre penne, che stabilizza il volo.

MACCHINE SEMPLICI

LA VITE È FATTA GIRARE CON UNA MANOVELLA

Le "macchine semplici" sono dei congegni elementari che non potevano essere scomposti in congegni più semplici. Sono le tecnologie più antiche usate dall'uomo, volte a ridurre gli sforzi applicando una forza maggiore di quella muscolare.

Una macchina semplice necessita di una **fonte di energia** e pertanto non può fare un lavoro senza che l'energia sia somministrata da una fonte esterna (come l'uomo) in qualsiasi forma.

CON PIÙ CUNEI SI SPACCANO GROSSI TRONCHI PER COSTRUIRE ABITAZIONI

Il cuneo

Il cuneo è costituito da un prisma a sezione triangolare. La faccia minore è la testa su cui battere mentre le due facce maggiori (i fianchi), unite nel vertice, ne costituiscono la punta tagliente. La lunghezza del cuneo rispetto al suo spessore determina il minor sforzo per farlo penetrare all'interno degli oggetti resistenti. Sfruttano il principio del cuneo gli utensili da taglio e per perforare come accette, scalpelli, punteruoli, chiodi, spilli e altri.

SE L'ANGOLO DI UN PIANO INCLINATO È POCO AMPIO SI HA UN VANTAGGIO, MA LO SFORZO VA SOSTENUTO PIÙ A LUNGO PER LA MAGGIOR DISTANZA DA PERCORRERE: L'IPOTENUSA (IL TRAGITTO) DI UN TRIANGOLO RETTANGOLO RISPETTO AL CATETO MINORE (L'ALTEZZA DA SUPERARE).

MACCHINE COMPLESSE

Le macchine complesse nascono dall'unione di due o più macchine semplici, anche dello stesso tipo. Un **ingranaggio** combina il moto di due ruote dentate diverse solo nelle dimensioni mentre, per esempio, la **carriola** deriva dalla combinazione del principio di una leva di secondo tipo (resistenza posta tra fulcro e potenza) e di quello dell'asse della ruota stessa.

Carrucola, argano, puleggia e verricello

Tutte queste macchine semplici sono costituite da uno o più dischi girevoli che permettono di sollevare carichi anche molto pesanti. Le ruote possono essere scanalate per controllare la fune che collega la resistenza (il peso) e la forza applicata per contrastarla.

Il piano inclinato

In un piano che forma un angolo con il piano orizzontale la resistenza viene scomposta e la forza da applicare dovrà contrastare soltanto la resistenza parallela all'angolazione del piano stesso.

I MASSI SONO POSTI SU SLITTE

Secondo Diodoro Siculo (I secolo a.C.), durante la sua permanenza in Egitto Archimede avrebbe inventato la **coclea** allo scopo di irrigare i campi.

La vite di Archimede

Detta anche coclea, è un dispositivo che, grazie al principio della vite, consente di sollevare liquidi o materiali granulosi (sabbia, ghiaia ecc.). Una grossa vite, posta all'interno di un tubo la cui parte inferiore è immersa nel liquido da sollevare, viene fatta girare e la rotazione solleva il liquido lungo la spirale fino a farlo uscire dalla parte superiore.

La vite

La vite sfrutta il principio del piano inclinato avvolto sul bordo di un cono con una scanalatura elicoidale sempre più stretta. Facendo ruotare la vite con poca forza si riesce a vincere la grande resistenza del materiale.

IL PARANCO È UN SISTEMA DI PIÙ CARRUCOLE CHE CONSENTE DI AMPLIFICARE ENORMEMENTE LA FORZA UMANA E SOLLEVARE CARICHI PESANTISSIMI COME GRANDI MACCHINE, TRASCINARE BLOCCHI DI MARMO, TIRARE NAVI IN SECCA ECC.

La **vite sviluppa grandi forze** per sollevare pesi notevoli e per produrre grandi pressioni. Può tenere ben unite due superfici di legno o sollevare un mezzo pesante utilizzando un martinetto.

La leva

La leva è costituita da un'asta rigida che ruota attorno a un punto fisso chiamato fulcro. Se la distanza tra il fulcro e la resistenza (come un peso) è minore di quella tra fulcro e forza applicata (come quella muscolare), allora lo sforzo risulterà minore in proporzione. Molti strumenti si basano sul principio della leva, come le tenaglie e il palanchino, che per Archimede avrebbe consentito di sollevare anche la Terra se avesse avuto un punto di appoggio.

Il **principio della vite** è applicato nel torchio, che serve a concentrare la pressione su uno spazio limitato.

IL VANTAGGIO MECCANICO

Ottenere un guadagno meccanico è lo scopo di tutte le macchine semplici. Calcolarlo è abbastanza semplice: basta **rapportare il valore della forza che fa resistenza (R) a quello della forza motrice (F)**, se il risultato del rapporto R/F è superiore a 1 si otterrà un vantaggio, se è 1 non c'è alcun vantaggio e se minore di 1 la macchina non è vantaggiosa.

IL TORNIO DEL VASAIO

Prima di essere montata su veicoli, la ruota costituiva la parte principale del macchinario usato per modellare l'argilla già verso il 4500 a.C. in Mesopotamia: il tornio verticale che veniva chiamato "ruota del vasaio".

I PIEDI FANNO GIRARE LA RUOTA LASCIANDO LE MANI LIBERE DI MODELLARE

Sebbene un **vasaio** costasse molto meno di un fabbro, per mantenerne uno un villaggio dell'antico Oriente doveva contare almeno un paio di centinaia di abitazioni.

☐ LA DIFFUSIONE IN EUROPA

Stabilito ormai in maniera abbastanza certa che l'origine della ruota del vasaio sia stata mesopotamica, anche in altri territori questo strumento si diffuse con una certa regolarità (escluse le Americhe, dove comparve solo nel 1550). Queste sono le date approssimative – tutte prima di Cristo – relativamente ad alcune zone: tra i Sumeri verso il 3250 a.C. (+/– 250 anni); nella costa mediterranea della Siria e della Palestina nel 3000 a.C. circa; in Egitto verso il 2750 a.C.; a Creta nel 2000 a.C. circa; nell'entroterra greco nel 1800 a.C. circa; nell'Italia meridionale verso il 750 a.C.; nell'alto Danubio e nel bacino superiore del Reno nel 400 a.C. circa; nell'Inghilterra meridionale nel 50 a.C., mentre in Scozia arrivò verso il 400 d.C. La sua velocità di diffusione non dipendeva dalla distanza dall'ipotetico centro d'invenzione bensì dalla produzione di vasellame da vendere in una comunità; ma in Europa, nel neolitico, oltre l'arco alpino, i villaggi non superavano le 50 abitazioni.

Il movimento rotatorio

Il moto rotatorio è stato un'aggiunta abbastanza tarda ai mezzi dell'uomo (se si misura il tempo in millenni). Infatti la ruota del vasaio e poi il veicolo a ruote risalgono al v millennio a.C., mentre l'uomo costruiva utensili forse già da 500 000 anni. Probabilmente la conformazione delle ossa della mano e del polso, che permettono dei movimenti di torsione che imprimono una rotazione parziale a un oggetto, stimolò la realizzazione di strumenti con moto rotatorio discontinuo, come il trapano a mano per forare o l'archetto e, da questi, si giunse con il tempo a svilupparne altri nei quali l'elemento rotante effettuava uno o più giri completi, come il tornio, l'asse della ruota e il fuso.

L'USO DEI CUSCINETTI IN PIETRA INCAVATI DI TIPO SIRIANO-PALESTINESE SUI QUALI RUOTAVA IL DISCO DEL VASAIO FU PROBABILMENTE ALL'ORIGINE DELL'INVENZIONE DELLA MACINA PER IL GRANO.

CIOTOLE E COPPE POSTE SU RIPIANI NELLA BOTTEGA DELL'ARTIGIANO

VASI FINITI PRONTI PER ESSERE VENDUTI

Modellare usando la ruota

Il vasaio pone l'impasto argilloso al centro del disco e con strappi vigorosi della mano fa ruotare l'attrezzo; grazie alla forza centrifuga e alle pressioni del vasaio, l'impasto assume una forma cilindrica e si sviluppa in altezza; così può essere modellato usando le mani.

I primi torni avevano un **sostegno fissato sul terreno** che reggeva un perno che si infilava nell'incavo scavato nella faccia inferiore del disco.

Lavorare legno e metalli

Sembra che nell'antichità classica non si usasse il tornio per usi diversi da quelli della modellazione di argilla. In epoca tardo-imperiale compare il TORNIO A PERTICA e, nel Medioevo, le innovazioni sono i TORNI A PULEGGIA e quelli A DOPPIO PEDALE. Nell'anno 1453, in Francia, fa la sua prima apparizione il TORNIO IDRAULICO, che possiamo definire il precursore dei torni moderni. Dall'energia idraulica come forza motrice si passa poi al vapore e allo sfruttamento dell'energia elettrica.

L'introduzione del meccanismo del pedale, che può essere mosso solo da un piede, aumentò la velocità di rotazione.

Il **pedale**, introdotto nel Medioevo, converte il movimento su e giù in moto rotatorio; il volano aiuta a mantenere il moto nei tempi morti tra una pedalata e quella successiva.

Ritrovamenti, fonti e rappresentazioni

Una ruota da vasaio ritrovata a Ur viene fatta risalire al 3200 a.C. Figure ne documentano l'uso in Egitto, mentre Plinio e Vitruvio la citano nelle loro opere. Non ci sono evidenze dell'uso di questo attrezzo nel continente americano.

L'importanza del volano

Il volano è un disco pesante e più grande che, applicato all'asse di rotazione, gira mantenendo un forte momento d'inerzia che trasmette anche al disco dove viene lavorato l'impasto, mantenendo più a lungo la velocità del moto.

I PRIMI VERI TORNI COMPARVERO IN EGITTO E IN GRECIA TRA IL 600 E IL 300 A.C. ED ERANO COSTRUITI DA UN DISCO CHE RUOTAVA SU UN PERNO MOSSO DAI PIEDI DEL VASAIO. A POMPEI SONO STATI RITROVATI VASI DI ARGILLA ANCORA CRUDA IN UNA SALA DA LAVORO CON QUATTRO TORNI DA VASAI.

LE SERRATURE

Da quando l'uomo ha sentito l'esigenza di difendere la proprietà, è stato costretto a inventare un congegno per impedire l'accesso a un luogo attraverso un ingresso e un attrezzo in grado di sbloccarne la chiusura.

La prima serratura fu molto probabilmente **un anello di vimini sporgente dai battenti** di una porta che si innestava su un altro anello fissato a uno stipite.

SI INFILA UN BRACCIO NEL FORO PREDISPOSTO NELLA PORTA

SERRATURE EGIZIE IN ITALIA

Uniche in Italia sono le la serrature di molte abitazioni di **San Benedetto in Perillis**, in Italia, usate fino ai primi anni dell'Ottocento: avevano l'esterno in legno e un meccanismo a paletto che gli studiosi ritengono identico, nel meccanismo, alle serrature egizie in uso nel III secolo a.C.

Serrature nel mondo antico

Le serrature in legno erano note in Mesopotamia già verso il 2000 a.C.; in Egitto si usava un meccanismo di chiusura con paletti di legno scorrevoli mossi da una chiave a più denti che alzavano i cavicchi che bloccavano lo scorrimento. Nella *Bibbia* si legge dell'uso di chiavi mentre Omero addirittura allude a chiavi di bronzo.

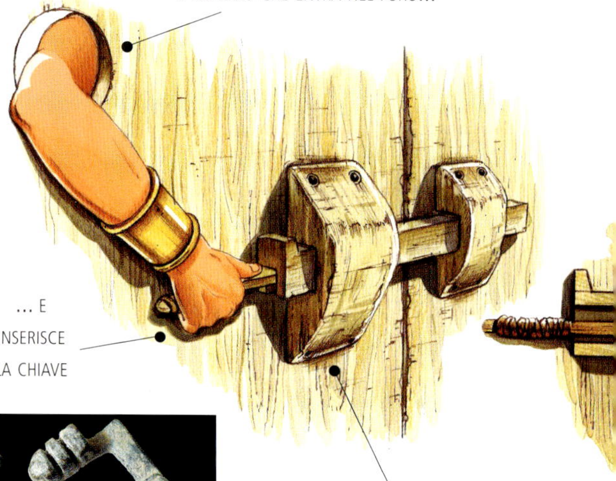

IL BRACCIO CHE ENTRA NEL FORO...

... E INSERISCE LA CHIAVE

LA CHIAVE DI LEGNO È DOTATA DI UN LUNGO FUSTO CHE SI INSERISCE NEL MECCANISMO DENTRO LA SPORGENZA E FA SOLLEVARE COSÌ I PIOLI DI BLOCCO

LE CHIAVI PORTATE AL DITO

A Roma un artigiano molto specializzato, il *magister clavarius*, costruiva **piccole chiavi in bronzo fuso con un anello che i nobili portavano al dito** poiché le toghe indossate non avevano tasche. Questi oggetti, usati per chiudere piccoli forzieri, erano considerati un vero e proprio *status symbol* per manifestare pubblicamente il possesso di oggetti preziosi.

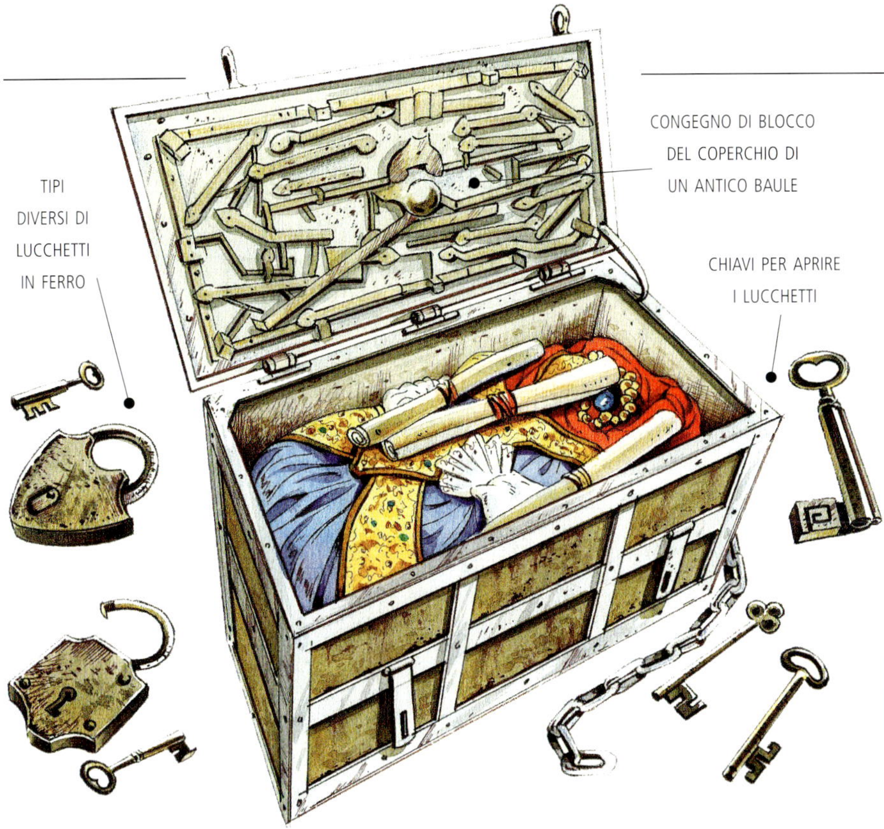

Tipi di serrature

Le serrature sono essenzialmente di tre tipi: VISIBILI, dove il meccanismo è applicato esternamente sul battente di una porta, di un coperchio ecc.; INVISIBILI, se il meccanismo è inserito in una cavità predisposta internamente all'elemento da chiudere, e A LUCCHETTO. Quest'ultima ha la caratteristica di essere portatile e quindi di poter essere utilizzata ovunque; purtroppo non offre una protezione sicura ed è facilmente apribile, spesso anche senza arnesi da scasso.

Il **lucchetto** è costituito da una cassa in metallo robusto con la serratura e un anello metallico; una chiave aziona il meccanismo che apre o chiude l'anello.

NEL RINASCIMENTO SI HANNO LE PRIME LEGGI CONTRO I FABBRI CHE MODELLAVANO DUE CHIAVI IDENTICHE, CON PESANTI MULTE E PENE CORPORALI. ALCUNE SERRATURE ERANO DOTATE DI COLTELLI AFFILATI COME ARMA CONTRO I LADRI.

Dai Romani al Medioevo

A Roma si fabbricavano serrature minuscole, e maschio e femmina, mentre in epoca imperiale compare anche la molla; dopo un periodo di decadenza, dal Rinascimento in poi si riprende a produrre congegni più elaborati.

La chiave oggi si sta trasformando in uno strumento elettronico: la **keycard è una tessera di plastica** che contiene un codice digitale che deve collimare con quello dell'apparato lettore (la serratura).

La chiave

La chiave è il mezzo per aprire o chiudere una serratura della quale segue l'evoluzione nei secoli. Molti sono i tipi di chiavi, fra cui i *passepartout* che aprono più serrature.

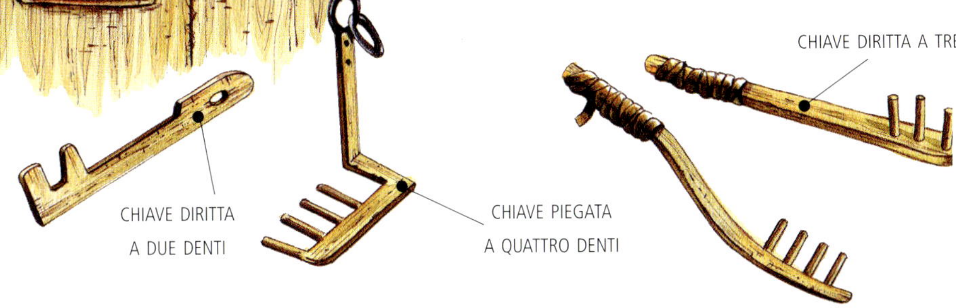

Evoluzione dei meccanismi: combinazioni e codici segreti

Agli inizi del XIX secolo la serratura può essere aperta solo con la chiave originale: in caso contrario si blocca e deve essere resettata con una chiave speciale. L'americano Linus Yale Jr., nel 1861, brevetta la serratura a cilindro e la chiave diventa piccola e sottile; i progressi della matematica fanno aumentare enormemente le combinazioni richieste, mentre l'elettronica e l'informatica generano le prime chiavi a banda magnetica.

IN PASSATO, I VINTI USAVANO CONSEGNARE AI VINCITORI LE CHIAVI DEL CASTELLO O DELLA CITTÀ PER UFFICIALIZZARE IL PASSAGGIO DEL DOMINIO AI NUOVI PADRONI: ERA UN ATTO DI SOTTOMISSIONE E ANCHE UN MODO PER OTTENERE CLEMENZA. ANCORA OGGI SI FA SIMBOLICAMENTE DONO DELLE CHIAVI DELLA CITTÀ A CHI SI È MERITATO PARTICOLARE GRATITUDINE DALLA COLLETTIVITÀ.

VESTIRSI E ALIMENTARSI

Proteggersi dagli agenti atmosferici come freddo, pioggia, neve o sole e conservare gli alimenti per poterne disporre in futuro sono esigenze che l'uomo ha dovuto affrontare nel corso della storia.

Conservare gli alimenti

Già l'uomo preistorico sentiva la necessità di conservare carne, pesce e prodotti della terra per consumarli in inverno, o nei periodi di carestia. Ben presto l'uomo comprese che la decomposizione delle sostanze organiche poteva essere fermata eliminando l'umidità e il contatto del cibo con l'aria. Per secoli salatura, affumicamento, essiccatura e congelamento furono gli unici metodi di conservazione, ma poi il microscopio fece scoprire l'esistenza dei microrganismi e presto si capì che questi non resistevano al calore. Nacque così l'idea di conservare gli alimenti in contenitori ermeticamente chiusi dopo averli fatti bollire.

▼ Fra i primi alimenti a essere stati conservati prima in contenitori di vetro e poi in lattine vi furono diversi vegetali, soprattutto legumi, come fagioli e piselli.

Coprirsi con le pelli

I primi vestiti dell'uomo furono le pelli degli animali uccisi per alimentarsi; tuttavia, anche le pelli erano sostanze organiche e quindi soggette a decomposizione. Come per i cibi, l'uomo fu costretto a ingegnarsi per trovare il modo di impedire la putrefazione dei pellami. Nacque così la conciatura, che permise di conservare i tessuti animali e utilizzarli come vestiti o rivestimenti di abitazioni.

• VARI USI DELLE PELLI CONCIATE

Oltre all'abbigliamento le pelli sono anche usate per rivestimenti, selle, finimenti, tappezzerie, borse e valigie. Nell'antichità scudi e corazze erano anche di cuoio indurito e ancora oggi le copertine di libri pregiati sono di questo materiale.

• COMPONENTI DEL TELAIO: I LICCI

I licci sono le parti più importanti del telaio: due sorte di pettini ai quali sono fissati alternati i fili dell'ordito. Si alzano e si abbassano uno dopo l'altro e, alla fine della corsa, nel varco creatosi passa il filo della trama svolto dalla navetta.

◀ Formella di Andrea Pisano posta sul campanile di Giotto che rappresenta la tessitura della Corporazione delle Arti della Lana nella Firenze medievale.

Lo sviluppo nei secoli dei processi di conciatura permise di ottenere dei materiali tanto robusti e resistenti da poter essere usati addirittura come armature.

I tessuti

La fabbricazione di stuoie e canestri fece nascere l'idea che tale tecnica potesse essere utilizzata per intrecciare anche fibre vegetali o animali trasformate in fili sottili attraverso un processo che si chiama filatura. I fili intrecciati perpendicolarmente tra di loro vanno a formare il tessuto e il procedimento che lo crea si chiama tessitura. L'attrezzo che consente di intrecciare i fili orizzontali (l'ordito) con un filo a questi perpendicolare (la trama) si chiama telaio. Per secoli i telai vennero mossi a mano, ma dal XVIII secolo si iniziò a usare l'energia del vapore, che consentì di automatizzare il processo.

▶ Antico filatoio a pedale ancora in uso alla fine dell'Ottocento. È una evoluzione della prima semplice ruota per filare che, originaria della Cina, si diffuse in Europa dal XIII secolo sostituendo il metodo con rocca e fuso.

OPERAIE SELEZIONANO VERDURE IN UNA FABBRICA DI CONSERVE

• OLTRE LE CONSERVE: JUSTUS VON LIEBIG

Fu del tedesco Liebig l'intuizione di conservare non solo l'alimento bensì le sue sostanze nutritive privandolo principalmente dell'acqua superflua. Liebig "inventa" l'estratto di carne in scatola e crea un'azienda specializzata in questo tipo di conserve che ancora oggi porta il suo nome.

• SCATOLETTE DI LATTA

Le prime scatole realizzate in metallo, che sostituirono quelle di vetro, furono fabbricate a mano da uno stagnino che modellava la banda stagnata piegandola su un'incudine per poi saldare i fondi. Un artigiano non poteva produrre più di 100 scatole al giorno.

LA CONCIA DELLE PELLI

Da quando l'uomo capì che poteva usare le pelli degli animali che mangiava per coprirsi e proteggersi dal freddo dovette affrontare il problema di conservarle e impedirne la putrefazione: nacque così il processo detto conciatura.

Oltre all'eliminazione dei peli, dalle pelli dovevano anche essere **asportati residui di carne e di tessuti adiposi**, utilizzando dei coltelli ricurvi a due impugnature.

I BOTTALI

Sono dei **grandi contenitori la cui forma ricorda quella delle botti**, usati nel moderno processo della conciatura delle pelli. Sono a tenuta stagna e sono utilizzati in diverse lavorazioni come quelle delle lavatrici giganti nelle quali, grazie al veloce moto di rotazione, le pelli vengono schiacciate, sfregate e piegate per velocizzare l'assorbimento dei composti chimici.

I peli

Venne anche osservato che, bagnando le pelli con dell'acqua nella quale si erano disciolte le pietre che erano state utilizzate per il focolare e a lungo rimaste a contatto con il fuoco, i peli potevano essere staccati più facilmente. Infatti, nelle rocce calcaree esposte a fonti di calore si avvia un processo di trasformazione chimica che rilascia calce viva, che a contatto con l'acqua diventa calce spenta. Entrambe le sostanze sono tuttora usate nei processi di conciatura.

Fumo, foglie e cortecce

L'uomo primitivo notò che le pelli si conservavano più a lungo se assorbivano il fumo del fuoco usato per cuocere o riscaldarsi, soprattutto se ottenuto dalla combustione di rami freschi. Lo stesso accadeva se le pelli erano state immerse nell'acqua insieme a foglie, rami e tronchetti di alberi. Da queste osservazioni nacquero due procedimenti di trattamento delle pelli che si usano ancora oggi: la CONCIA CON LE ALDEIDI (di cui è ricco il fumo) e quella VEGETALE con il tannino.

IL TANNINO È UNA SOSTANZA VEGETALE CHE SI TROVA NELLA CORTECCIA DELLE PIANTE: QUERCIA, CASTAGNO, ABETE E ACACIA NE SONO LE PIÙ RICCHE. RIESCE A UNIRSI ALLE CELLULE ANIMALI IMPEDENDO LA PUTREFAZIONE.

Primi di iniziare la concia, le pelli dovevano essere lasciate ad **asciugare per diversi giorni** avendo cura che l'aria circolasse su tutta la superficie.

Le vasche di concia

Prima dell'uso dei bottali, la concia propriamente detta avveniva in più vasche circolari nelle quali le pelli erano immerse insieme alle sostanze concianti come frutti, scorze, foglie e legni sminuzzati o macinati e dai quali assorbivano il tannino. Poi passavano in fosse, sempre a contatto con sostanze impregnanti, dove restavano a riposo per un periodo più lungo.

La salatura

Prima di tutto le pelli dovevano essere conservate per il tempo necessario al trasporto nel luogo dove sarebbe avvenuto il processo di conciatura. Per questo erano impregnate di sale che bloccava l'azione dei microrganismi.

LA POSSIBILITÀ DI USARE IL CROMO NEL PROCESSO DI CONCIA VENNE SCOPERTO, NEL 1858, DAL TEDESCO JAMES F. KNAPP MA VENNE APPLICATA A LIVELLO INDUSTRIALE SOLO NEL 1884 NEGLI STATI UNITI PER OPERA DI AUGUSTO SCHULZ.

Per recuperare il tannino si asportava la corteccia degli alberi ricchi di questa sostanza. **In tempi antichi questa operazione era fatta a mano**, poi si utilizzò la forza motrice di mulini ad acqua.

La concia al cromo

La rapida evoluzione della chimica avvenuta nell'Ottocento portò alla scoperta delle capacità concianti dei composti del cromo, che potevano combinarsi con le molecole della pelle rendendole imputrescibili. Grazie alla facilità di esecuzione e, soprattutto, alla velocizzazione delle diverse operazioni, il processo di concia con cromo ha ormai praticamente sostituito tutti quelli usati in precedenza, anche se nel frattempo ne sono nati altri.

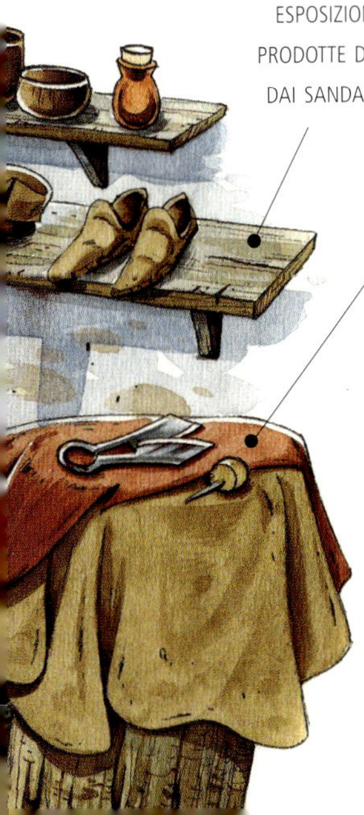

Il **cuoio indurito** era usato per la fabbricazione di scudi, armature e corazze: esso offriva una resistenza accettabile verso i colpi, ma un minor peso.

COLORARE LE PELLI

Una delle ultime lavorazioni è la **riconcia, un processo attraverso il quale si fanno assorbire alla pelle ulteriori sostanze** per conferire al prodotto caratteristiche quali morbidezza, pastosità o resistenza al sudore. In questa fase si può anche procedere alla tintura per conferire alla pelle il colore richiesto, utilizzando vasche differenti per ogni tonalità.

TESSITURA E FILATURA

La tessitura nasce nel neolitico ed è probabilmente il perfezionamento delle tecniche di intreccio manuale di elementi vegetali o corde per ottenere stuoie. L'attrezzo che permette di fabbricare tessuti intrecciando fili è il telaio.

FIBRE ANIMALI E VEGETALI

Le fibre tessili sono prodotti che hanno la proprietà di **unirsi tra di loro in fili sottili e resistenti**. Fibre di origine animale sono la seta, la lana, il pelo di animali come il lama e altri camelidi, il coniglio d'angora, la capra cashmere e pochi altri; quelle vegetali sono il cotone, il lino, la canapa, la iuta, la sisal, il cocco ecc.

I **fili della trama** erano mantenuti tesi da molti pesi che spesso avevano due differenti forme per poter distinguere quelli collegati alla prima o alla seconda serie di fili.

La struttura di un tessuto

Un tessuto si ottiene intrecciando i molti fili verticali, detti ORDITI, con uno orizzontale detto TRAMA. I fili dell'ordito sono di due serie, per esempio pari e dispari, che aperte una in alto e l'altra in basso creano un varco (il passo) dove viene fatto scorrere il filo di trama. Il movimento opposto delle serie crea un intreccio che blocca la trama.

IL TELAIO

La **struttura del telaio** è costituita da due o più montanti verticali collegati da traverse; altre strutture in legno, più leggere, sono poste perpendicolarmente alle traverse che collegano i montanti e hanno lo scopo di muovere alternativamente le due serie di fili della trama per consentire il passaggio delle navette contenenti l'ordito.

Ritorcitura e stoccaggio dei fili ottenuti con la filatura

Per ottenere la stabilizzazione dei filati più robusti si procedeva a un nuovo processo di torcitura (ritorcitura o binatura) accoppiando due o più fili. Il filato veniva avvolto su appositi contenitori, chiamati rocchetti, in legno con un'anima di forma leggermente conica e la parte interna cava, per poter essere infilata su un supporto e svolgere facilmente il filo.

Dal Rinascimento vengono prodotti tessuti preziosi come **damaschi, broccati e velluti** con disegni multicolori e con ori.

Trasformare le fibre tessili in filati

Per poter tessere, le fibre grezze devono essere trasformate in fili abbastanza lunghi da poter essere usati; con la filatura si torcono le fibre grezze imprimendo una rotazione che le fa attorcigliare tra di loro.

L'INDUSTRIA DELLA TESSITURA E DELLE ALTRE LAVORAZIONI A ESSA COLLEGATE (PER ESEMPIO LA TINTURA DEI TESSUTI) FU ALL'ORIGINE DELLA RIPRESA ECONOMICA CHE SI SVILUPPÒ IN OCCIDENTE DAL TARDO MEDIOEVO IN POI.

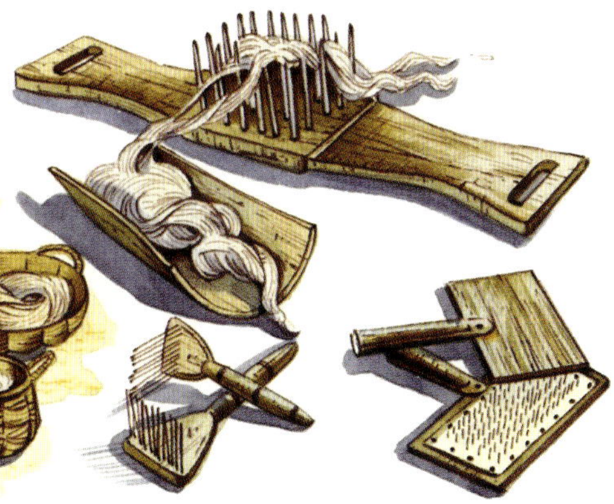

Prima della filatura occorre **districare e rendere parallele le fibre** per mezzo di attrezzi che presentino una superficie irta di chiodi lunghi e sottili; questa operazione si chiama **cardatura**.

Un tessuto prezioso: la seta

La seta è una sostanza secreta da particolari ghiandole di alcune specie di insetti che, a contatto con l'aria, si rapprendono formando un filo (la bava) lungo anche fino a 800 m. La lavorazione della seta comprende molte operazioni, dall'essiccatura del bozzolo alla ricerca del capofilo, lo svolgimento delle bave e il loro attorcigliamento in un unico filo.

TELAIO MECCANICO

La cosiddetta prima Rivoluzione industriale interessò il settore tessile, dove vennero introdotte la spoletta volante e, soprattutto, la macchina a vapore quale forza motrice.

La spoletta volante

Nel 1733, l'inglese John Kay elaborò un sistema per far muovere automaticamente la navetta contenente la spoletta dove era avvolto il filo dell'ordito. Essa veniva "lanciata" da un lato all'altro dell'ordito da un apposito congegno, mentre il passo della trama restava aperto.

La *Spinning Jenny*

Inventata dall'inglese James Hargreaves verso il 1765, questa macchina è la prima filatrice meccanica a più fusi; ridusse sensibilmente la mano d'opera dato che un addetto riusciva a controllare fino a otto macchine contemporaneamente. Utilizzava il vapore come forza motrice.

Nel primo modello di *Spinning Jenny* l'operatrice usava la **mano destra per far girare la ruota**; questa innescava il movimento di tutti i fusi che facevano torcere il filo.

Il telaio *Cartwright*

Nel 1785, l'inglese Edmund Cartwright costruì una macchina capace di tessere automaticamente una tela liscia di una certa altezza perfezionando modelli precedenti: era il primo vero e proprio telaio meccanico; inizialmente era mosso dall'energia idraulica, ma successivamente venne alimentato dalla macchina a vapore.

IL TELAIO DI LEONARDO

Nel *Codice Atlantico* di Leonardo troviamo il disegno di un telaio automatico dove un albero fatto girare a mano da una manovella trasmette tutti i movimenti per far scorrere l'ordito mantenendo la tensione dei fili e per avvolgere il tessuto finito. Viene anticipata di alcuni secoli l'idea della navetta mossa meccanicamente, una tecnologia che sarà sviluppata durante il periodo della Rivoluzione industriale.

La filatura meccanica

Gli inglesi Richard Arkwright, nel 1769, e Samuel Crompton, nel 1779, perfezionarono ulteriormente i processi di filatura e in 15 anni dall'invenzione della *Spinning Jenny* vennero praticamente risolti tutti i problemi fondamentali di automazione.

Velocità

La velocità di un telaio meccanico è data dal tempo di passaggio del filo nell'ordito. Quella di un moderno telaio che sviluppa un tessuto largo 220 cm arriva a circa 800 colpi al minuto.

Ultimo passo di rilievo nei processi di automazione fu, nel 1890, l'invenzione di J.H. Northrop sul **sistema di cambio automatico della spoletta,** che fino ad allora veniva effettuata a mano dai lavoranti.

L'operaio passa la navella da un lato all'altro dell'ordito.

UN MODELLO DI TELAIO MECCANICO ALLA GREAT EXHIBITION DI LONDRA DEL 1851

L'ultima fase della filatura consiste nella **roccatura, ovvero avvolgere il filato su un tubetto** di forma cilindrica o conica.

ALTRETTANTO FONDAMENTALE PER L'AUTOMAZIONE DEI PROCESSI DI TESSITURA E FILATURA FU L'INVENZIONE DELLA *COTTON GIN*, LA SGRANATRICE DI COTONE, UN DISPOSITIVO CHE SEPARAVA RAPIDAMENTE LE FIBRE DA SEMI, CAPSULE E RESIDUI DELLA PIANTA.

Il telaio *Jacquard* a schede perforate: il precursore del moderno computer

Nel 1790, il francese Joseph-Marie Jacquard usò una scheda perforata metallica per comandare il movimento dei licci che sollevano i fili dell'ordito per permettere di realizzare dei disegni complessi nei tessuti con il lavoro di un solo operatore.

GLI ALIMENTI IN SCATOLA

Le sostanze organiche in breve tempo vanno incontro a processi di alterazione che le rendono non commestibili: i lunghi viaggi in mare e la necessità di nutrire gli eserciti fecero nascere l'esigenza di conservare i cibi.

NICOLAS APPERT

Nicolas Appert nacque nel 1749 a Châlons-sur-Marne (oggi Châlon-en-Champagne) e fin da giovane fu al servizio di diversi nobili come cuoco. Nel 1784 si trasferì a Parigi dove aprì una bottega di pasticceria; gli affari gli andarono bene tanto che, qualche anno dopo, Appert divenne grossista di prodotti alimentari con sedi a Rouen e Marsiglia. Prese parte attiva alla Rivoluzione francese diventando presidente della Section des Lombards e fu in quegli anni che iniziò a dedicarsi al problema del **deterioramento degli alimenti**. Nel 1795, inventò un metodo di conservazione dei cibi in bottiglie di vetro a chiusura ermetica. Dopo anni di sperimentazioni, Appert offrì la sua invenzione all'Esercito francese che gli offrì una forte somma in cambio della rinuncia a registrare il brevetto; l'inventore accettò e pubblicò un libro nel quale spiegava come conservare pollame, uova, carne e cibi pronti. Il metodo di Appert fu ampiamente utilizzato nelle campagne napoleoniche quando era necessario nutrire grandi masse di soldati continuamente in guerra.

Dopo la lattina fu necessario pensare a un attrezzo per aprirla: nel 1858 Ezra Warner inventò l'**apriscatole**, che sarebbe poi stato utilizzato guerra civile americana.

La conservazione degli alimenti

Fino al XVII secolo, quattro erano i sistemi di conservazione degli alimenti: il CONGELAMENTO, l'ESSICCATURA, la SALATURA e l'AFFUMICAMENTO, tutti originati dall'osservazione di eventi naturali, come animali intrappolati sotto la neve, frutta secca sugli alberi che si manteneva commestibile, pesci nelle saline naturali e carni esposte al fumo.

Le intuizioni fondamentali di Nicolas Appert

Appert intuisce i due processi fondamentali che bloccano le cause dell'alterazione degli alimenti: il RISCALDAMENTO in acqua bollente e la CHIUSURA ERMETICA del contenitore durante la fase di bollitura.

NEL 1860 NEGLI STATI UNITI SORSERO FABBRICHE PER INSCATOLARE I CIBI. GRAZIE A MOLTE INVENZIONI E MIGLIORAMENTI SVILUPPATI NEL DECENNIO CHE SEGUÌ, SI ARRIVÒ A PRODURRE UNA LATTINA IN SOLI 30 MINUTI, MENTRE PRECEDENTEMENTE IL PROCESSO DURAVA NON MENO DI 6 ORE.

I materiali

I materiali usati erano importantissimi: il VETRO doveva essere particolarmente robusto per sopportare il calore e la pressione interna; il SUGHERO e il COLLANTE che sigillava non dovevano far passare alcuna particella di aria.

SULLE SCATOLE IL NOME DEL FORNITORE DI APPERT: *LA VERRERIE DE LA GARE*

Il **collo delle bottiglie** di vetro usate da Nicolas Appert aveva una forma leggermente obliqua ed era chiuso con un tappo di sughero che era stato sigillato con della pece.

Il procedimento di conservazione di Appert

Si RIEMPIVANO fino al collo le bottiglie con i più svariati alimenti (carne, pollame, uova, latte, legumi e piatti pronti), poi si CHIUDEVA il contenitore con un tappo di sughero avendo cura di non far restare aria all'interno e lo si SIGILLAVA ermeticamente con un collante, come per esempio la ceralacca. Si AVVOLGEVA la bottiglia in una tela e la si IMMERGEVA in acqua bollente fino a quando il cibo non fosse cotto (rispettando i differenti tempi di cottura).

Bryan Donkin, che nel 1812 acquistò il brevetto di Durand, mostra le sue scatole di latta a un ufficiale della Marina inglese.

Sfruttando le conoscenze acquisite in 15 anni di sperimentazione, nel 1810, l'inglese Peter Durand riuscì a far **brevettare in Inghilterra il metodo di Appert** ottenendone la concessione da re Giorgio III.

Conoscere le cause del deperimento dei cibi

Gli inventori degli alimenti in scatola non erano scienziati e ottennero dei risultati senza aver compreso le cause del deperimento dei cibi, ovvero i microrganismi quali batteri, virus, funghi e alghe, esseri viventi che potevano essere resi inattivi con il calore.

Dal vetro alla lattina

L'inglese Peter Durand utilizzò al posto delle fragili bottiglie di vetro dei contenitori cilindrici in alluminio stagnato; di lì a poco si perfezionò questo procedimento con la saldatura del coperchio una volta completata la cottura.

FU SOLTANTO 50 ANNI DOPO LA PUBBLICAZIONE DEL MANUALE DI APPERT CHE IL BIOLOGO FRANCESE LOUIS PASTEUR RIUSCÌ A ELABORARE UNA SPIEGAZIONE SCIENTIFICA SULL'IMPIEGO DEL CALORE PER LA STERILIZZAZIONE DEGLI ALIMENTI.

LA MACCHINA PER CUCIRE

A metà del Settecento si fece strada l'idea di poter realizzare una macchina che potesse cucire meccanicamente. Tuttavia, dovette passare ancora un secolo prima di costruire il primo modello di macchina funzionante.

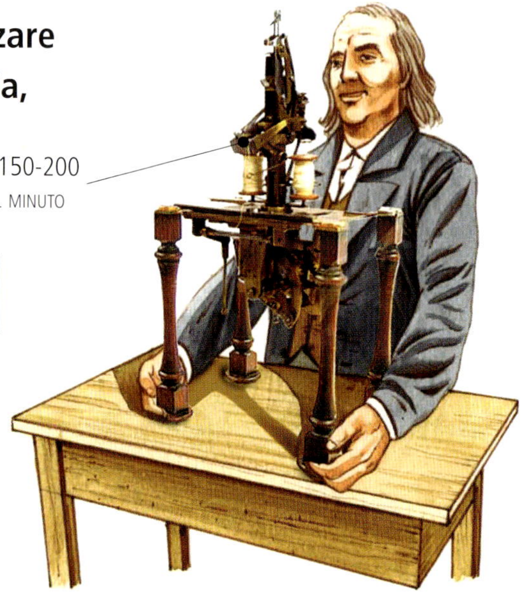

Macchina per cucire costruita dall'inventore tedesco Josef Madersperger nel 1839: **è a doppio ago ed è progettata per cucire le coperte.** La mancanza di denaro ne impedisce la produzione.

ISAAC MERRIT SINGER

Isaac Merrit Singer nacque negli Stati Uniti nel 1811. Dopo aver svolto lavori saltuari e recitato in una compagnia teatrale, iniziò un apprendistato come meccanico distinguendosi presto per aver inventato e fatto brevettare una macchina di perforazione e un'intagliatrice per legno e metallo. Nel 1850, lavorando in un laboratorio di riparazione di macchine per cucire, apportò sensibili miglioramenti e innovazioni al modello su cui stava lavorando ma gli fu impossibile ottenere il brevetto per l'azione legale intrapresa dal suo datore di lavoro. **Sette anni più tardi con Edward Clark fondò la I.M. Singer & Co., che iniziò a produrre il modello di macchina elaborato da lui stesso.** I moderni sistemi di produzione consentirono alla compagnia di vendere la macchina a basso costo (anche a rate) e in grandi quantità diventando in pochissimi anni la più grande azienda produttrice di macchine da cucire. Singer morì nel 1875 in Inghilterra ormai multimilionario.

NEI PRIMI MODELLI SI FACEVA GIRARE UNA MANOVELLA APPLICATA A UN VOLANO. CON MECCANISMO A PEDALE A CINGHIA SI LASCIAVANO LIBERE ENTRAMBE LE MANI, CHE POTEVANO ESSERE USATE PER GUIDARE IL TESSUTO E INDIRIZZARE LA CUCITURA.

I primi tentativi

Il primo a brevettare, nel 1755, un ago a doppia punta con cruna al centro per la cucitura meccanica fu l'inglese Charles F. Wiesenthal. Nel 1790, Thomas Saint costruì un modello di macchina con un piano orizzontale sul quale porre il tessuto, sul quale era posto un braccio sospeso alla cui estremità era collocato l'ago che cuciva per mezzo di un movimento verticale (caratteristica di tutti i successivi modelli) e un trasportatore che faceva scorrere il tessuto dopo ogni punto. Nei primi anni dell'Ottocento, negli Stati Uniti, si brevettarono alcuni modelli che però restarono soltanto disegni.

Operaie al lavoro in una sartoria della seconda metà dell'Ottocento: le macchine da cucire utilizzate sono le *Singer modello 12*.

Barthélemy Thimonnier

Il francese Barthélemy Thimonnier viene considerato l'inventore della prima macchina da cucire funzionante. Costruita nel 1830, aveva una struttura tutta in legno e funzionava con un ago a uncino. Thimonnier aprì un laboratorio con 80 macchine per far fronte agli ordini di uniformi per l'esercito, ma i sarti del quartiere, inferociti per la concorrenza, distrussero ben due volte locali e macchine.

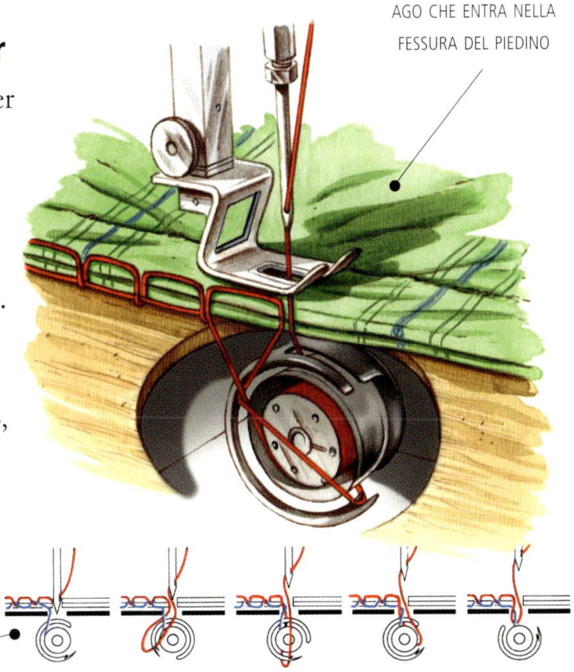

Quando l'ago si abbassa, l'uncino rotando **va a infilarsi con la punta nel cappio formato dal filo superiore**; al termine della rotazione il filo inferiore attraversa il cappio, ottenendo così l'intreccio.

La navetta

Elias Howe brevettò, nel 1846, un modello di macchina da cucire a navetta senza trovare finanziatori. Emigrato in Inghilterra, quando tornò negli Stati Uniti scoprì che parti del suo brevetto erano stata utilizzate da Isaac Singer.

Inventori negli Stati Uniti

In America, John Adams Dodge e John Knowles avevano provato a costruire cucitrici meccaniche ma senza successo; invece Walter Hunt, nel 1833, costruì una macchina da cucire funzionante, ma rinunciò a brevettarla.

LA VELOCITÀ DI UNA MACCHINA PER CUCIRE NEL 1862 ERA DI 200 PUNTI AL MINUTO. OGGI LE MACCHINE ROTATIVE PFAFF, UN COSTRUTTORE TEDESCO TRADIZIONALMENTE CONCORRENTE DI SINGER, RIESCONO A IMPRIMERE BEN 6000 PUNTI AL MINUTO.

Il modello di Singer

La macchina di Singer, brevettata nel 1851, era la combinazione, con miglioramenti, di parti meccaniche dei modelli di Thimonnier, Hunt e Howe. Quest'ultimo ottenne da Singer un risarcimento di 200 000 dollari, somma che gli permise di entrare in società con il suo rivale nel 1854. La macchina di Singer cuciva con un ago a movimento verticale e un trasportatore che faceva scorrere il tessuto attraverso una fessura del piano orizzontale. Vicino all'ago era posto un piedino che bloccava la stoffa durante la cucitura, per la quale venivano utilizzati due fili per ogni punto: il cappio del filo che si formava all'estremità inferiore dell'ago alla fine del movimento verso il basso si allacciava al filo di una navetta per mezzo di un moto alternativo.

L'impiego delle macchine velocizzò i tempi di confezione degli abiti e abbassò sensibilmente i costi di produzione; **nacque così l'industria dell'abbigliamento** per la produzione in serie di abiti preconfezionati.

MATERIALI

I colori, la carta, il ferro, l'acciaio, il vetro e il calcestruzzo sono i materiali che hanno permesso di realizzare le opere che l'uomo concepiva, lasciando così ai posteri una traccia indelebile della sua presenza.

I materiali e le età storiche

Lo studio di una civiltà non può prescindere dai materiali che essa usava e il suo grado di evoluzione è in stretto rapporto con l'uso di prodotti sempre più sofisticati, anche tra civiltà contemporanee. Il nome stesso di un materiale è stato usato dagli studiosi per classificare le ere della preistoria indicando con età della pietra il periodo che arriva fino all'8000-5000 a.C., seguito dall'età del rame (8000-3500 a.C.), da quella del bronzo (3500-1200 a.C.) e, ultima, l'età del ferro (1200-800 a.C.), al termine della quale inizia la storia.

▶ In pittura si applicano dei pigmenti di colore, diluiti per renderli liquidi, a superfici di materiali diversi come carta, tela, legno, ceramica, vetro o intonaco di muro.

◀ Le prime bottiglie in vetro furono prodotte in Siria nel I secolo d.C.; erano più robuste di anfore e brocche grazie alle pareti molto più spesse.

• LA CARTA

La carta non serve soltanto per leggere e scrivere, ma si usa anche per confezionare prodotti di ogni genere e persino come materiale da costruzione; nel corso dei secoli ha contribuito ad aumentare il livello di cultura ed educazione nella società.

• IL VETRO E I COLORI

Le stupende vetrate delle cattedrali gotiche sono il risultato dell'incontro di due materiali: il vetro e i colori. La trasparenza del vetro assicurava l'entrata della luce mentre i colori, mescolati agli impasti vetrosi, consentivano agli artisti medievali di realizzare veri e propri capolavori.

La scoperta dei metalli

I primi metalli e le prime leghe utilizzate dall'umanità furono il rame e il bronzo, entrambi molto malleabili e facilmente lavorabili con martellature per ottenere oggetti di piccole dimensioni quali armi e ornamenti. La scoperta dei processi di fusione e la tecnologia dell'acciaio permise la fabbricazione di oggetti molto più grandi, fino ad arrivare all'età industriale, quando l'evoluzione della siderurgia portò alla produzione di grandi quantità di acciaio e ghisa utilizzati per costruzioni, ponti, cannoni, navi e mezzi di trasporto.

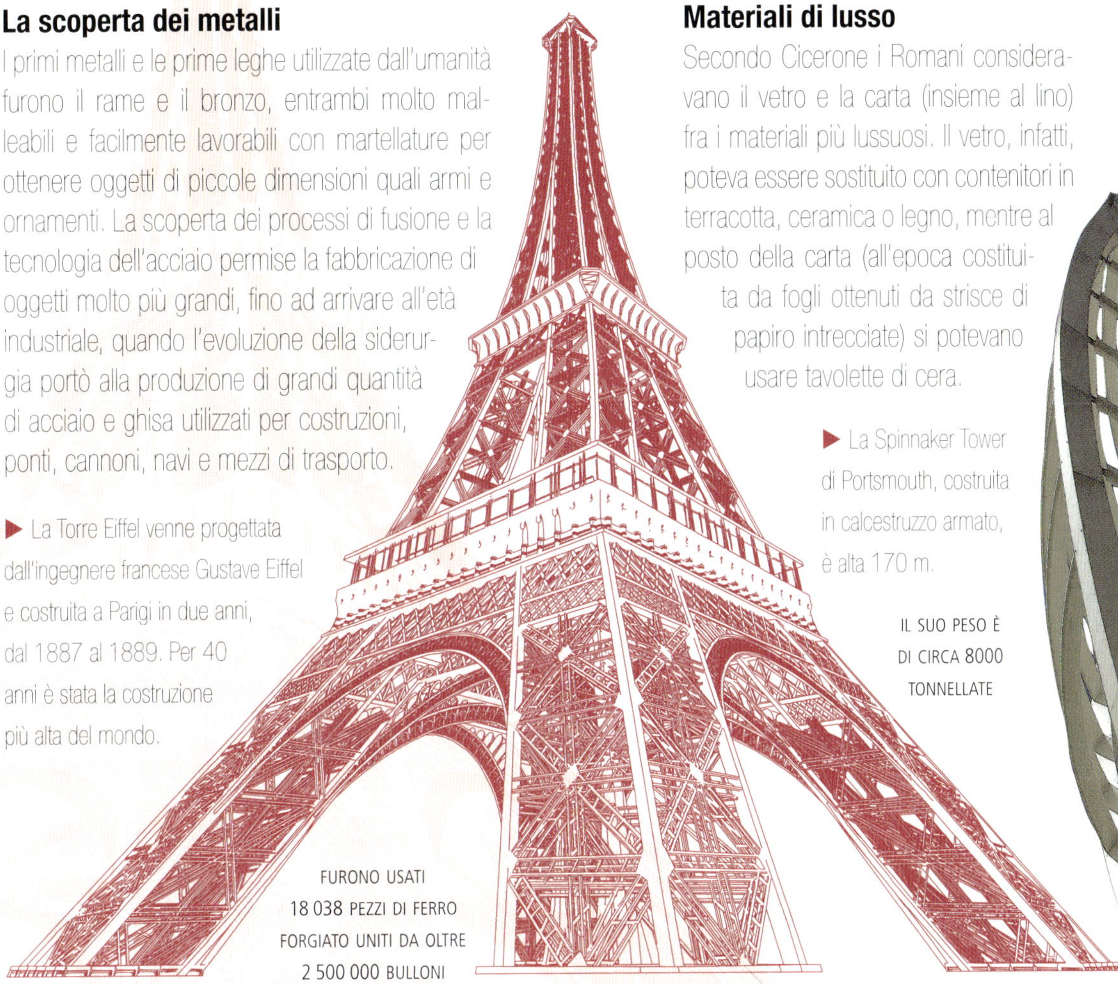

▶ La Torre Eiffel venne progettata dall'ingegnere francese Gustave Eiffel e costruita a Parigi in due anni, dal 1887 al 1889. Per 40 anni è stata la costruzione più alta del mondo.

Materiali di lusso

Secondo Cicerone i Romani consideravano il vetro e la carta (insieme al lino) fra i materiali più lussuosi. Il vetro, infatti, poteva essere sostituito con contenitori in terracotta, ceramica o legno, mentre al posto della carta (all'epoca costituita da fogli ottenuti da strisce di papiro intrecciate) si potevano usare tavolette di cera.

▶ La Spinnaker Tower di Portsmouth, costruita in calcestruzzo armato, è alta 170 m.

Materiali da costruzione

Le prime architetture con materiali in pietra risalgono al III millennio a.C. e furono erette in zone dove si potevano estrarre blocchi di grandi dimensioni. All'incirca nello stesso periodo in Mesopotamia si producevano mattoni che però dovevano essere "legati" l'uno all'altro da collanti: nacquero così le malte e qualche secolo più tardi il calcestruzzo.

• IL CALCESTRUZZO

Le *skyline* delle moderne città sarebbero molto diverse se non esistesse il calcestruzzo. Questo è il materiale che, "armato" con il ferro, è diventato la struttura portante di ogni costruzione, dal piccolo edificio agli ormai altissimi grattacieli.

• FERRO E ACCIAIO

Con le moderne tecniche siderurgiche aumentò sensibilmente la produzione della ghisa (una lega ferro-carbonio con una percentuale di carbonio relativamente alta), dell'acciaio e di altre leghe ferrose.
Il passo successivo fu quello della produzione di semilavorati quali lingotti, billette, lamiere, profilati, tondini ecc.

LA CARTA

Il processo di fabbricazione della carta nacque in Cina verso l'inizio del I secolo d.C. In Occidente giunse verso l'anno mille, portata dagli Arabi che ne conobbero i segreti dai prigionieri cinesi catturati nel 751 durante la battaglia sul fiume Talas.

☐ LE VESPE CARTAIE

La *Polistes dominula* è una **vespa che costruisce il nido in cellulosa masticando legno e altre fibre vegetali** che, ammorbidite, possono essere plasmate per costruire celle esagonali che poi si induriranno. La tradizione cinese vuole che proprio dall'osservazione delle vespe cartaie il ministro Ts'ai-Lun abbia "inventato" la carta.

Dopo aver osservato a lungo le vespe, Ts'ai-Lun fece macinare nell'acqua pezzetti di bambù: ottenne una **pasta liquida** che, filtrata in un setaccio fine e asciugata al sole, si trasformò in un foglio di carta.

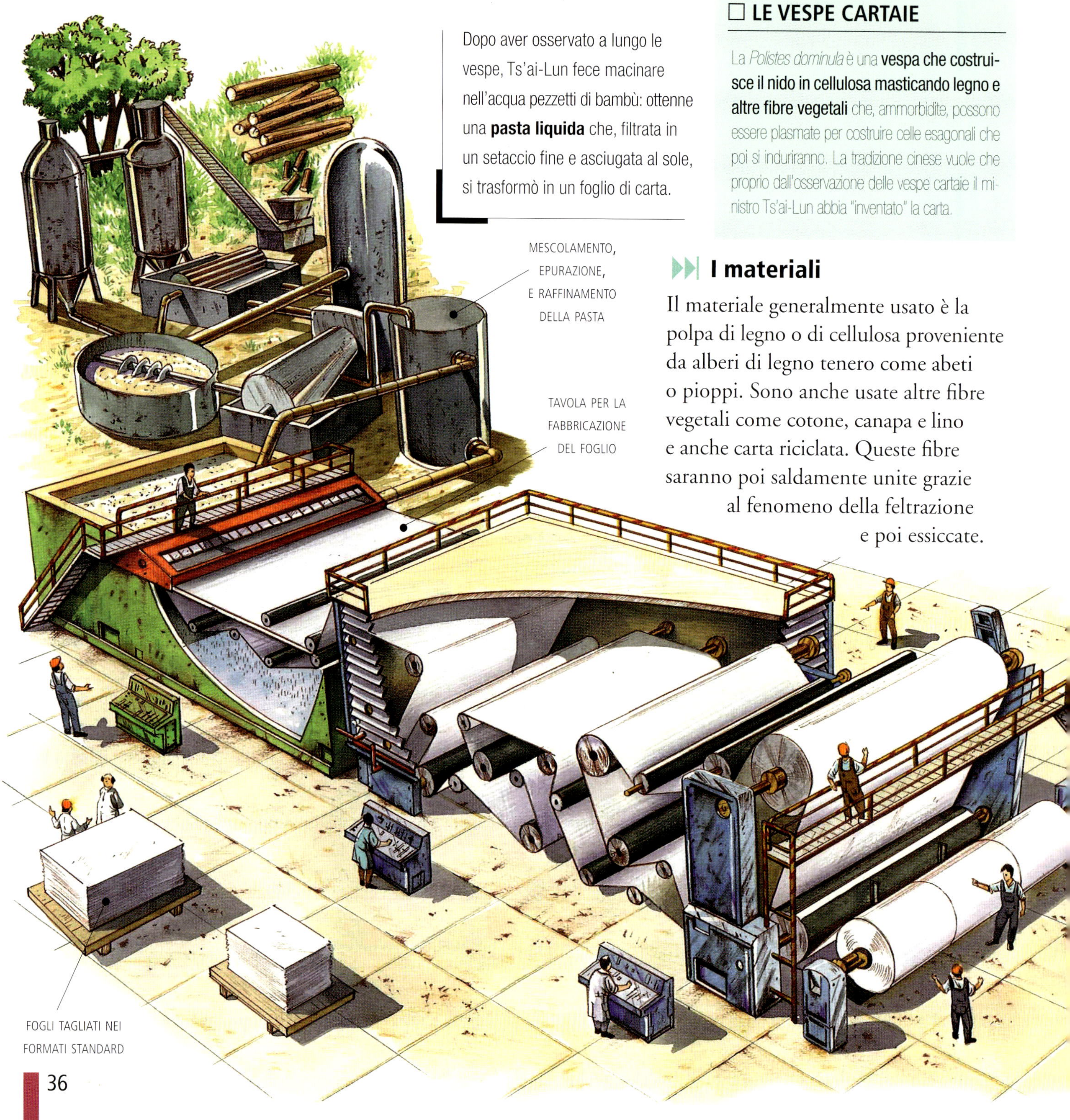

I materiali

Il materiale generalmente usato è la polpa di legno o di cellulosa proveniente da alberi di legno tenero come abeti o pioppi. Sono anche usate altre fibre vegetali come cotone, canapa e lino e anche carta riciclata. Queste fibre saranno poi saldamente unite grazie al fenomeno della feltrazione e poi essiccate.

La calandratura dei fogli

La calandra è una macchina costituita da una serie di rulli che nell'industria cartaria viene utilizzata per lisciare e lucidare la superficie del foglio di carta. Il nastro di carta continuo passa attraverso molte coppie di cilindri disposti orizzontalmente, l'uno sull'altro e alternati, uno di ghisa lucida e uno di carta fortemente compressa; a metà del percorso, la disposizione dei cilindri si inverte affinché anche l'altro lato del foglio venga a contatto con il cilindro di ghisa.

Nel 1105, l'imperatore cinese Hui Zong della dinastia Song introdusse l'**uso della carta per stampare monete** usando matrici di rame a tre colori: azzurro, rosso e nero.

Le fasi del processo di produzione della carta

Le principali fasi della produzione sono lo SPAPPOLAMENTO delle fibre, lo SBIANCAMENTO del pastone, la FORMAZIONE del foglio, la PRESSATURA dei fogli in cilindri, i TRATTAMENTI superficiali, l'ESSICCATURA, la BOBINATURA o il TAGLIO.

I MAYA DELL'AMERICA CENTRALE FABBRICAVANO UN TIPO DI CARTA CON UN PROCESSO SIMILE A QUELLO USATO IN CINA FIN DAL V SECOLO D.C.; ESSI FACEVANO BOLLIRE LE CORTECCE E POI LE PESTAVANO FINO A OTTENERE FOGLI SOTTILI.

Strisce di papiro erano strappate dalla pianta e incrociate tra di loro su una superficie umida, dura e liscia; **vari colpi di martelletto** le facevano amalgamare.

Carta e ambiente

Poiché la materia prima per la fabbricazione della carta è il legno, le cartiere hanno contribuito alla deforestazione devastando soprattutto la foresta pluviale. Oggi sono state prese misure dai governi a salvaguardia dell'ambiente ed è aumentata la produzione di carta riciclata dove, però, nel processo di sbiancamento della cellulosa vengono usati ossidanti derivati del cloro, che, se dispersi o non opportunamente trattati, possono inquinare i corsi d'acqua.

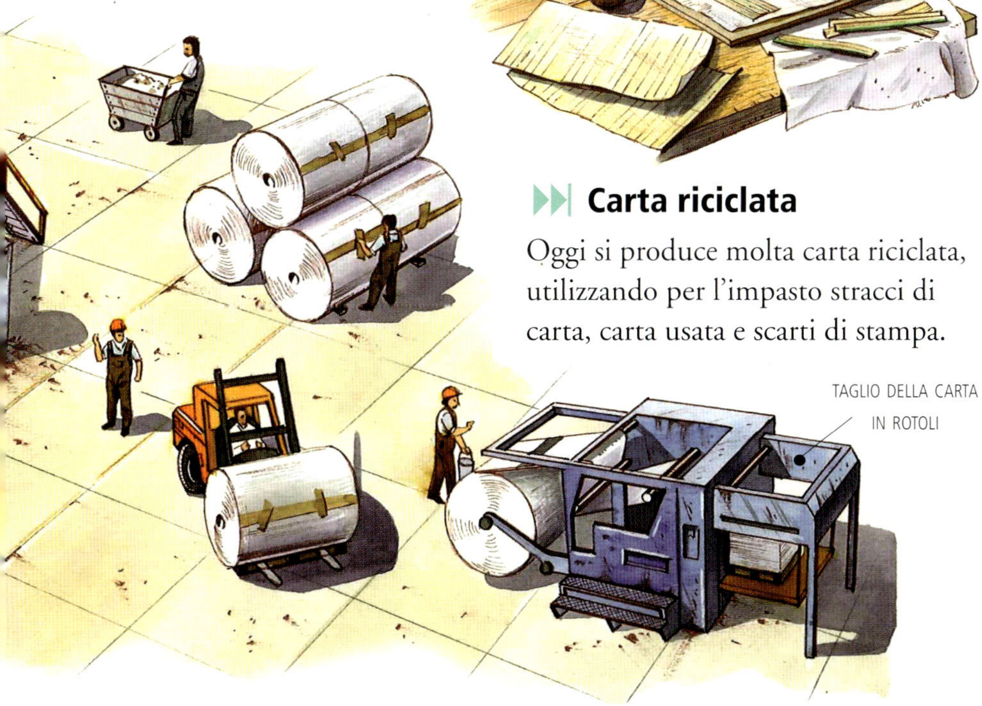

Carta riciclata

Oggi si produce molta carta riciclata, utilizzando per l'impasto stracci di carta, carta usata e scarti di stampa.

NEL II SECOLO A.C. LA BIBLIOTECA DI PERGAMO RIVALEGGIAVA CON QUELLA DI ALESSANDRIA. IL RE DELL'EGITTO TOLOMEO V PROIBÌ L'ESPORTAZIONE DEL PAPIRO VERSO IL REGNO DI PERGAMO E IL RE EUMENE II REAGÌ SVILUPPANDO LA FABBRICAZIONE DI UN SUPPORTO PER SCRIVERE RICAVATO DA PELLI ANIMALI: LA PERGAMENA, CHE POI NEL MEDIOEVO EBBE UNA VASTISSIMA DIFFUSIONE.

I COLORI

Millenni prima del sorgere delle civiltà, il colore era uno strumento espressivo già noto e diffuso, come dimostrano le pitture rupestri, in cui gli artisti del paleolitico usavano terre e pigmenti minerali mescolati a grassi animali.

☐ LA LUCE E I COLORI

La luce è una **radiazione elettromagnetica di determinate frequenze e lunghezze d'onda**. Solo alcune sono percepite dall'occhio umano: dai 380 nm del rosso ai 760 nm del violetto, il cosiddetto "spettro visibile". Esistono altre radiazioni con lunghezze e frequenze non visibili, per esempio le radiazioni infrarosse (prima del rosso) e quelle ultraviolette (oltre il viola).

Il materiale sul quale si stendeva un colore era molto importante: per esempio, **la carta di riso**, estremamente assorbente, impediva al pittore di soffermarsi a riflettere perché la tinta si espandeva subito.

I segreti dell'arte dei tintori medievali

La Corporazione dell'Arte dei Tintori vietava agli associati di andare a esercitare la propria attività fuori Firenze senza una specifica autorizzazione; così i segreti dei meravigliosi colori fiorentini venivano custoditi gelosamente e tramandati di padre in figlio.

I pigmenti

I primi a essere usati furono l'ocra rossa, l'ocra gialla, il carbone, il manganese e l'ematite.
I composti venivano soffiati dall'interno di ossa cave, con un effetto a spruzzo; in altri casi semplicemente tamponati sulla parete con le dita o con pennelli rudimentali o anche utilizzati come gessi. L'impiego di ossidi ferrosi, molto resistenti alle intemperie, ha permesso a molte pitture rupestri di giungere quasi inalterate fino ai nostri giorni.

LE STATUE GRECHE CI SONO PERVENUTE PRIVE DEI LORO COLORI, MENO RESISTENTI AL TEMPO RISPETTO AL MARMO. CIÒ È ORMAI PROVATO DAI RITROVAMENTI CHE CONFERMANO TRACCE DI COLORE.

Spionaggio industriale tra Firenze e le Fiandre

La conoscenza dei segreti sia dei componenti sia dei processi di fabbricazione dei pigmenti e della tintura dei tessuti erano oggetto di un'intensa attività spionistica fra le città italiane e le Fiandre.

ADDETTO ALLA MESCITA DEI MATERIALI IN POLVERE CON I LIQUIDI

BOLLITURA DEI TESSUTI NEL SAPONE PER SGRASSARLI

Nel 1671, Isaac Newton fece attraversare un raggio di luce in un **prisma di vetro**: una parte ne usciva scomposta in bande colorate che Newton chiamò **spettro**.

La percezione dei colori negli animali

È completamente diversa da quella umana e differente anche tra specie molto simili. Alcuni vedono solo tonalità di grigio, altri riconoscono un numero inferiore di colori; le immagini percepite per esempio da cani e gatti sono meno nitide, ma la visione notturna è migliore di quella umana.

Nuovi pigmenti e nuove tonalità di colori

Nel Settecento i progressi della chimica permisero la scoperta di molti nuovi pigmenti, come il blu di prussia, il primo pigmento sintetico moderno scoperto per caso nel 1704, e altri come il giallo cromo e il verde smeraldo.

PER TINGERE ANCHE UNA SOLA VESTE DI COLORE PORPORA OCCORREVANO MIGLIAIA DI ESEMPLARI DI MURICI, TANTO CHE I FENICI, PER PROCURARSENE COSÌ GRANDI QUANTITÀ, SI SPINGEVANO FINO ALLE ISOLE CANARIE.

La **porpora** era un colore usato per tingere le stoffe che si estraeva dalle ghiandole del **murice** (*Bolinus brandaris*) e da altre specie di **molluschi gasteropodi**, specie del genere *Murex* e *Purpura*.

I Fenici furono i primi a **produrre la porpora**, ma il processo di lavorazione andò perduto fino al 1833, quando fu riscoperto dall'italiano Bartolomeo Bizio.

Colori e culture

Il significato e la percezione emotiva di un colore può essere totalmente differente in culture diverse. Per esempio in Cina e Giappone il colore del lutto non è il nero, bensì il bianco; il rosa, che in molti popoli era legato alla sfera maschile perché tonalità del rosso (simbolo di forza), viene oggi associato alla femminilità mentre il colore del maschio è diventato il celeste; il rosso, che in India significa purezza, è considerato il colore del peccato dagli Ebrei.

☐ I COLORI PRIMARI

Tutti i colori esistenti sono la combinazione di un insieme di pochi colori base che vengono chiamati "colori primari". Questi sono suddivisi un due categorie, ciascuna costituita da tre colori: gli "additivi" verde, rosso e blu e i "sottrattivi" ciano, magenta e giallo, che in pittura diventano il blu, il rosso e il giallo. I colori secondari derivano dalla mescolanza di colori primari in eguali quantità (in pittura abbiamo l'arancione, il verde e il viola), mentre i terziari si ottengono anch'essi dall'unione di due primari ma in quantità diverse, ottenendo così un altissimo numero di tonalità per ogni combinazione base.

IL VETRO

Il vetro è un materiale costituito da derivati del silicio, un elemento chimico presente nella crosta terrestre e caratterizzato da fragilità e trasparenza.

Il vetro nella storia

I primi monili e intarsi in vetro provengono dalla Mesopotamia e risalgono addirittura al III millennio a.C. Una prima vera industria nacque in Egitto e si diffuse in tutto il bacino del Mediterraneo, soprattutto nei territori dell'Impero romano.

L'arte del vetro soffiato

Questo processo si diffuse nel I secolo a.C., con centri di produzione molto attivi in Siria e soprattutto ad Alessandria d'Egitto. Verso il III secolo d.C. la trasparenza aveva già raggiunto un livello altissimo e l'uso del vetro per chiudere le finestre, già noto ai Romani, si conservò a Costantinopoli.

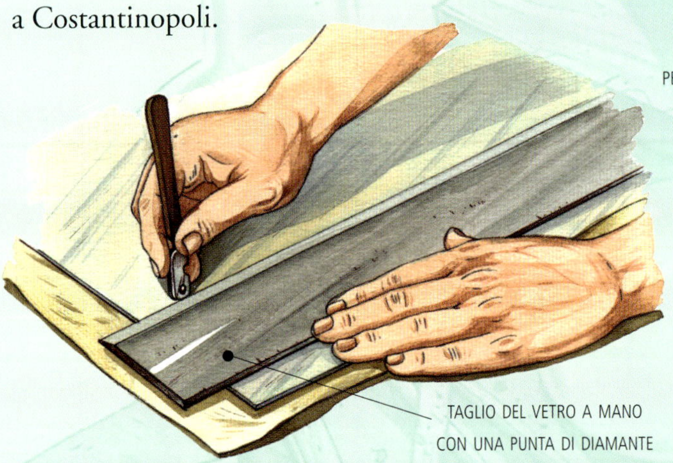

Il vetro deve essere tagliato con strumenti appositi e il **lato tagliente va sottoposto a molatura**. Può anche essere forato con punte diamantate purché raffreddate con getti d'acqua.

Il processo di lavorazione del vetro

È costituito da quattro operazioni distinte: FUSIONE del materiale polverizzato in forno; FORMATURA dell'oggetto per mezzo della soffiatura (se cavo), pressatura e centrifugazione; RICOTTURA per poter apportare i trattamenti di finitura; FINITURA vera e propria, che consiste in smerigliatura, molatura, eventuale piegatura, tempra e taglio.

☐ COSTRUZIONI IN VETRO

Nel XIX secolo, lo sviluppo dell'industria siderurgica e del vetro spinsero gli architetti a progettare costruzioni completamente ricoperte di vetro in settori particolari come le serre e i passaggi coperti. La tecnica di costruzione delle serre fu utilizzata per la realizzazione del celebre **Crystal Palace a Londra** per l'Esposizione Internazionale del 1851. Oggi interi edifici e anche grattacieli hanno le pareti esterne di vetro.

Venezia e i segreti dell'arte vetraria

Nel 1271, il governo della Repubblica di Venezia proibì l'importazione di vetri dall'estero negando ai vetrai stranieri la possibilità di operare in città. Pochi anni dopo le vetrerie vennero tutte spostate nell'isola di Murano per evitare incendi.

Nel Medioevo si diffonde l'uso di decorare le alte finestre e i rosoni delle cattedrali con **vetri colorati bordati di lamelle in piombo** che, oltre a trattenere i vetri, tracciano anche i contorni del disegno.

La produzione industriale

Verso la metà del XVII secolo, si sviluppò un nuovo processo di fusione che rese il vetro un materiale molto più comune; nel 1827, l'invenzione della pressa per vetro permise una produzione di massa e, nel 1903, nacque la prima macchina per la produzione industriale di bottiglie.

I silicati fondono tra **i 1200° e i 1500°**, ma la temperatura può arrivare anche a **1800°** e più, se vi sono composti con un punto di fusione più elevato; la miscela va fatta raffreddare a circa **800°**.

AGLI INIZI, PER LA SOFFIATURA DEL VETRO SI UTILIZZAVANO CANNE DI VETRO CAVE CHE VENIVANO CHIUSE A UNA ESTREMITÀ A FORMA DI BOCCETTA, PERMETTENDO COSÌ LA MODELLAZIONE DI QUELLA ZONA; SUCCESSIVAMENTE SI PASSÒ ALLA CANNA METALLICA.

Nuovo vetro dal vetro

Oggi buona parte della produzione di oggetti in vetro deriva dall'utilizzo di altro vetro come materiale da fondere. Prima della fusione, i materiali raccolti devono essere accuratamente selezionati per eliminare altri materiali e rendere omogeneo il materiale di fusione (i rottami di vetro dovrebbero essere tutti dello stesso colore).

FERRO E ACCIAIO

Il ferro è uno dei metalli che dà il nome a uno dei tre periodi di classificazione delle società preistoriche. L'adozione di questo nuovo materiale ha portato miglioramenti sia in agricoltura e artigianato sia nella guerra.

SI BATTE IL FERRO PER MODELLARLO A CALDO

Per lungo tempo il ferro non riuscì a soppiantare il bronzo, a parità di peso meno robusto ma più economico. Alla fine del II millennio a.C. cominciarono a diffondersi le **armi di ferro**, già usate dagli Hittiti.

La scoperta del processo di carburazione

In Medio Oriente si scoprì che, riscaldando a lungo il ferro insieme a polvere di carbone, il suo strato superficiale si trasformava in acciaio e poteva, quindi, essere temprato.

Armi in acciaio: filo tagliente e flessibilità

L'evoluzione dei processi di fusione e forgiatura, con arricchimento di carbonio, portò alla produzione di acciai molto robusti che vennero utilizzati dai maestri spadai di Damasco (XII secolo ca.) per ottenere armi affilatissime e anche robuste, in particolare spade. I crociati, che ne subirono le conseguenze, raccontavano che una lama di Damasco poteva tagliare la roccia con facilità.

IL PRIMO FERRO UTILIZZATO FU QUELLO PRESENTE NEI METEORITI; OTTENERLO DA MINERALI FU ABBASTANZA RAPIDO, POICHÉ SI CONOSCEVANO GIÀ LE TECNICHE DI RIDUZIONE DEI MINERALI DI RAME.

La tempra

Ben presto ci si accorse che, raffreddando velocemente il ferro arricchito di polveri di carbone (ovvero di carbonio) nell'acqua o nell'olio, questo diventava incredibilmente duro, mantenendo però inalterata la sua elasticità.

GRANDE CAMINO IN PIETRA

GRANDI MANTICI AZIONATI MANUALMENTE PER ALIMENTARE IL FUOCO CON OSSIGENO

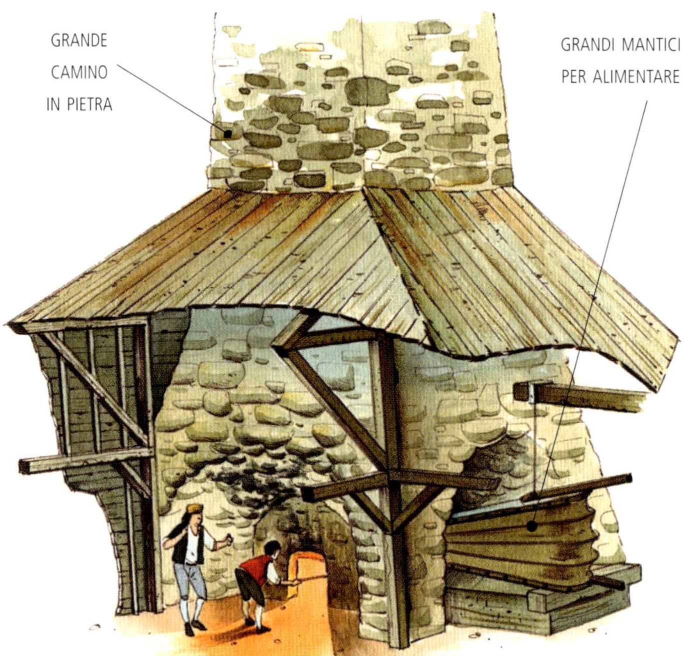

Un tipo di fornace, che si usava per fondere i minerali di ferro, era il cosiddetto **forno catalano**, diffuso in Spagna e in Francia fino al XVII secolo. Per aumentare la temperatura di combustione si utilizzavano dei grossi mantici che soffiavano aria all'interno della fornace.

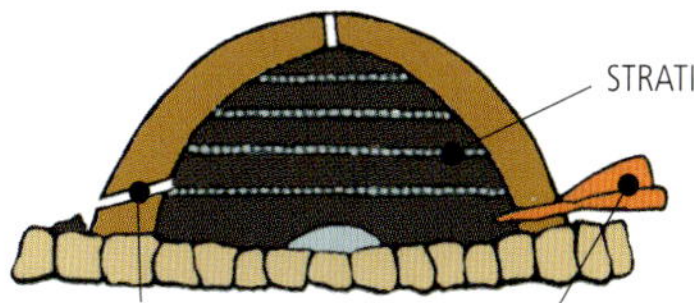

Un forno primitivo per la produzione di ferro dolce: **minerale ferroso e carbone** sono posti su una piattaforma circolare in pietra e ricoperti d'argilla.

La siderurgia moderna

In Europa si cominciò a produrre ghisa (una lega con alto contenuto di carbonio) fin dal Medioevo. La necessità di fabbricare cannoni e la scoperta nel Settecento del *carbon coke*, che venne usato al posto del legno, incrementò notevolmente la produzione di ghisa e acciaio in strutture via via sempre più perfezionate: gli altiforni.

LA FORMA DI UN CANALE DI COLATA CON I VARI STAMPI DEVE ESSERE PROVVISTA DI PICCOLI CANALI DI SFIATO, CHE SERVONO PER ELIMINARE IL GAS CHE VIENE INTRAPPOLATO NEL GETTO DEL METALLO FUSO A CAUSA DELLE ALTE TEMPERATURE.

L'acciaio fuso viene colato nelle celle di una **lingottiera** dove, raffreddandosi, assume la forma di lingotti.

Temperatura e variazioni di colore

Importantissimo era il colore del metallo, che cambiava a differenti gradi di temperatura raggiunta: dalle diverse tonalità di rosso (dai 600° in poi) all'arancione, fino al giallo e al bianco (1200°).

Tipologie di liquido di raffreddamento

Quale liquido di raffreddamento si usavano acqua semplice o saponata, olio di semi o d'oliva e altri grassi; altrettanto importante era la sua temperatura, il cui segreto era custodito gelosamente dai fabbri.

☐ CIVILTÀ SENZA FERRO

Alcune civiltà non hanno mai conosciuto un'età del ferro, pur avendo raggiunto uno sviluppo sociale e tecnologico elevato, come nel caso delle **civiltà precolombiane**, che sapevano però lavorare metalli teneri come oro, rame e argento, mentre per costruire armi da taglio utilizzavano l'ossidiana o altre pietre. Tra tutte quelle civiltà, solo in Perù si riuscì a produrre, in tempi relativamente moderni, bronzo di scarsa qualità.

IL CALCESTRUZZO

Già Egizi e Assiri realizzavano costruzioni utilizzando dei conglomerati, ovvero miscele di leganti, quali malte, acqua e materiali inerti, sabbia o ghiaia, che indurendo diventavano delle vere e proprie rocce artificiali.

Dopo essere stato versato nelle casseforme, il calcestruzzo va **rimescolato più volte** per impedire la formazione di bolle d'aria che, dopo l'indurimento, lo renderebbero meno resistente.

COME NASCE IL CEMENTO

Calcare e argilla sono le materie prime da cui nasce il cemento. Generalmente queste si estraggono in giacimenti situati vicino alle cementerie e vengono subito frantumate prima del trasporto nei centri di lavorazione. Le prime due fasi del processo di produzione del cemento sono la macinazione e l'essiccazione dei materiali, che vengono dosati e addizionati con correttivi per essere poi ridotti in polvere finissima chiamata "farina". Questa viene poi riscaldata prima di essere introdotta in forni che sviluppano una temperatura di 1450° per ottenere il *clinker*, un materiale denso e resistente che, all'uscita dal forno, viene bruscamente raffreddato per mezzo dell'esposizione ad aria fredda e stoccato. Al *clinker* si aggiungono materiali diversi quali gesso, ceneri volanti, pozzolana, calcare e poi il composto viene macinato. A seconda dei materiali aggiunti e delle proporzioni, si ottengono diversi tipi di cemento per differenti modalità di impiego. Le varie tipologie di cemento vengono poi stoccate in appositi grandi contenitori detti silos.

I Romani e il calcestruzzo

Anche i Greci utilizzarono il calcestruzzo, ma furono i Romani a realizzare con questo materiale un notevole numero di opere, ancora oggi in buono stato di conservazione, prima fra tutte il Pantheon, fatto costruire nel 27-25 a.C. da Marco Vipsanio Agrippa, amico e genero dell'imperatore Augusto. Il calcestruzzo veniva impiegato nelle costruzioni di strade, nelle fondazioni e nelle costruzioni murarie. Vitruvio, nel *De architectura*, ne descrive la tecnica: paramenti in mattoni o in pietre squadrate, che fungevano da casseri permanenti, venivano riempiti di malta nella quale venivano poi conficcati a mano, più o meno regolarmente, i rottami di pietra e mattoni.

Elevando la struttura in altezza, gli **strati di calcestruzzo si alleggerivano**: il primo era mescolato con cocci di travertino e marmo, poi con tufo e pomice e nella cupola con cruma.

Sabbia e pozzolana

Verso il I secolo a.C. la sabbia costituente la malta venne sostituita con la pietra pozzolana, di origine vulcanica, che veniva estratta nei dintorni di Napoli. Dopo la caduta dell'Impero, cessò l'impiego della pozzolana per tutto il Medioevo.

PER IL TRASPORTO DEL CALCESTRUZZO FRESCO SI USANO AUTOBETONIERE, CHE CONTINUANO A IMPASTARE I COMPONENTI ANCHE DURANTE IL PERCORSO DAL LUOGO DI PRODUZIONE AL CANTIERE.

La riscoperta del calcestruzzo nel Rinascimento

La traduzione delle opere di Plinio il Vecchio e di Vitruvio, a opera degli umanisti del XV secolo, diede un forte contributo per svelare i segreti del calcestruzzo romano, tanto che nei secoli successivi, soprattutto in Francia, si ricominciò a usare questo materiale nelle costruzioni, mentre nel Settecento venne scoperta la calce idraulica.

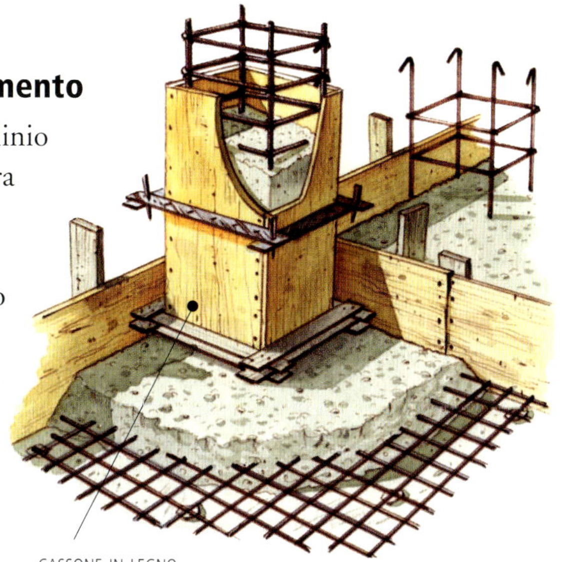

Caratteristica dell'armatura dei pavimenti è il **tondino di ferro** posizionato in modo da costituire una ragnatela all'interno del cemento.

Il cemento armato

Nel 1847, l'industriale francese François Coignet progetta la prima copertura in cemento gettato in casseforme e rinforzato con barre di ferro profilato tra loro interconnesse: nasce così il cemento armato, oggi utilizzato in ogni costruzione, grande o piccola.

IN ESTATE IL CALCESTRUZZO TENDE A ESSICCARSI PRECOCEMENTE MENTRE IN INVERNO IL CLIMA FREDDO ALLUNGA I TEMPI DI PRESA E INDURIMENTO. QUANDO LA TEMPERATURA SCENDE OLTRE I -10° IL PROCESSO DI PRESA CESSA.

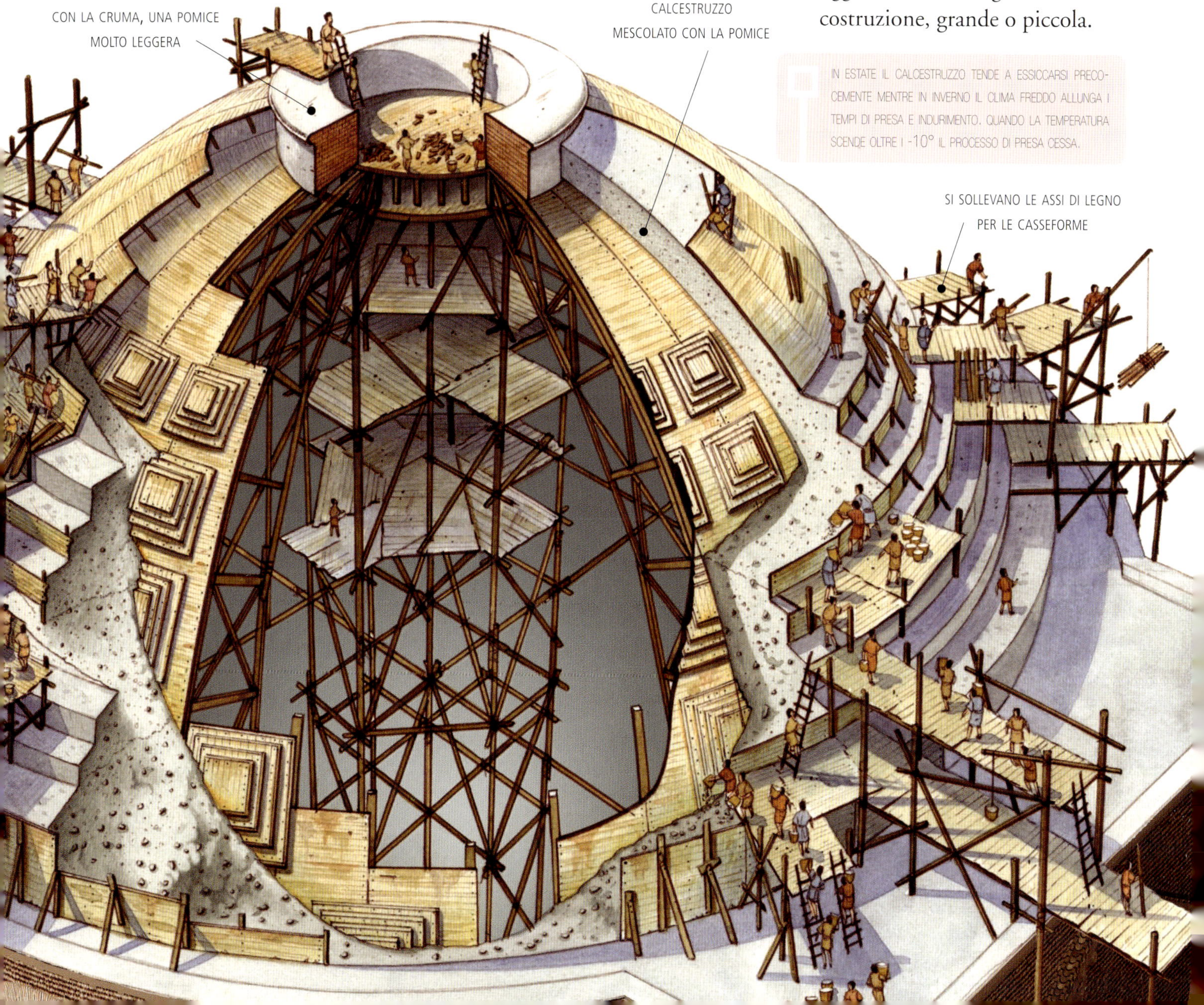

L'UNIVERSO, LA TERRA E IL TEMPO

Capire l'immensità dell'Universo e scoprire la grandezza della Terra sono state grandi sfide per l'uomo, così come il calcolo e la misura del tempo.

L'osservazione del cielo

L'osservazione della volta celeste ha fatto comprendere all'uomo il ciclico susseguirsi di fenomeni che potevano essere previsti e utilizzati principalmente nell'agricoltura. I risultati delle osservazioni a occhio nudo permisero di comprendere molte dinamiche celesti, ma solo per mezzo del telescopio fu possibile individuare corpi celesti sconosciuti, satelliti di pianeti e "vedere" la morfologia della superficie lunare.

▼ La mappa del 1500 di Juan de la Cosa, compagno di Cristoforo Colombo, la prima che contiene il Nuovo Mondo.

◀ Il *cerchio ripetitore* inventato nel XVIII secolo dal francese Jean-Charles de Borda, usato per le triangolazioni.

PIEDINI REGOLABILI PER OTTENERE UNA PERFETTA PERPENDICOLARITÀ

• OROLOGI

I primi strumenti di misura del tempo furono orologi solari e ad acqua. Nel Medioevo si costruirono i primi orologi meccanici azionati da pesi che saranno poi sostituiti da una molla. Meccanismi e ingranaggi diventano sempre più complessi e i materiali usati sono studiati per evitare dilatazioni termiche.

• PAPA GREGORIO XIII

L'anno solare è più lungo di quello terrestre di quasi 6 ore e occorreva aggiungere dei giorni per evitare lo slittamento delle stagioni. L'ultima grande riforma del calendario, lo stesso oggi utilizzato in quasi tutte le parti del mondo, fu quella promulgata nel 1582 da papa Gregorio XIII.

◀ Il re di Francia Luigi XVI dà istruzioni a Jean-François de la Pérouse, comandante della spedizione scientifica di esplorazione nell'oceano Pacifico, con la partecipazione di astronomi, matematici, geologi e botanici.

▲ Astrolabio usato in navigazione per il calcolo della latitudine osservando l'altezza di un astro sull'orizzonte.

La misura della Terra

L'ormai assodata certezza della forma sferica della Terra, unitamente ai progressi nella geometria, permisero nel III secolo a.C. a Eratostene il calcolo della dimensioni del nostro Pianeta: la sua misura si avvicinava incredibilmente a quella reale. Ma già da molti secoli le superfici dei terreni agricoli venivano accuratamente misurate da funzionari statali per determinare i tributi da pagare o per essere assegnate ai coloni. Con l'inizio dell'età moderna e delle navigazioni oceaniche crebbe l'esigenza di misure molto precise, non solo per il calcolo di superfici terrestri, ma soprattutto per determinare le distanze fra località in continenti diversi.

Il calcolo del tempo

L'organizzazione della vita sociale creò poi la necessità di misurare il tempo, dalle ore del giorno al calcolo preciso dell'inizio di ogni anno, dando origine al calendario. L'esigenza di determinare con la maggior precisione possibile lo scorrere del tempo era anche molto sentita dai comandanti delle navi per poter calcolare esattamente la longitudine.

• *MAPPA MUNDI*

Così erano chiamate nel Medioevo le carte geografiche che tentavano di riprodurre tutta la superficie terrestre in maniera primitiva e non accurata. Tuttavia, proprio in quell'epoca, sorsero le prime carte nautiche che mostravano accurati disegni delle coste e, dal Rinascimento in poi, anche longitudini e latitudini.

• SFERE ARMILLARI

Sono modelli della sfera celeste inventati da Eratostene nel III secolo a.C. Esse riproducono i movimenti di pianeti e stelle attorno alla Terra (o al Sole) grazie a meccanismi complessi. Venivano usate come strumento didattico e di osservazione e ne vennero costruite di grandi dimensioni.

STUDIARE IL CIELO

L'osservazione del cielo si perde nella notte dei tempi e l'astronomia è molto probabilmente la prima delle scienze naturali a essere stata studiata dall'uomo.

SI MISURA L'ANGOLAZIONE DELL'ASTRO

SFERA ARMILLARE CHE RAPPRESENTA UN MODELLO DELLA SFERA CELESTE, AL CENTRO SI TROVA LA TERRA

I BABILONESI FURONO I PRIMI A CALCOLARE I TEMPI DI PERCORRENZA DELLE ORBITE DEI PIANETI MERCURIO, VENERE, MARTE, GIOVE E SATURNO CON UN MARGINE DI ERRORE DI POCHI GIORNI.

Le stelle fisse

A causa della distanza talmente elevata dalla Terra, le stelle sembrano restare sempre nella stessa posizione sulla sfera celeste, che di notte vediamo ruotare da oriente a occidente "apparentemente" perché è la Terra che ruota su se stessa.

I pianeti: stelle erranti

Nell'antichità erano così chiamati quei corpi celesti che, a differenza delle stelle fisse, si spostavano nel cielo notturno, cioè la Luna, il Sole, Mercurio, Venere, Marte, Giove e Saturno. Erano escluse le comete, che si riteneva fossero fenomeni atmosferici.

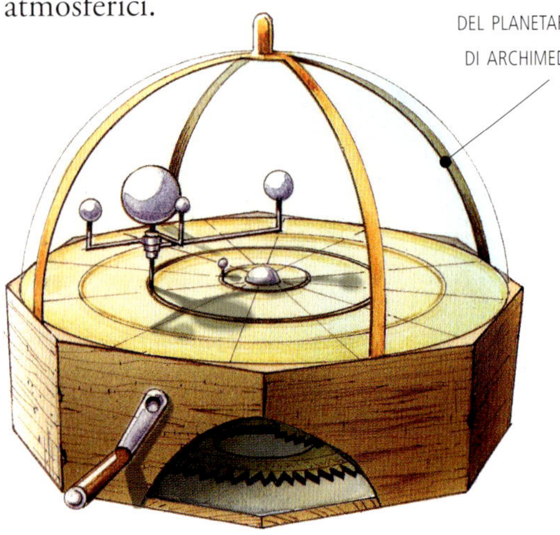

UNA RICOSTRUZIONE DEL PLANETARIO DI ARCHIMEDE

I pianeti si fermano e retrocedono

Poiché i pianeti percorrono le loro orbite a velocità differenti da quelle della Terra, osservati nel cielo dal nostro Pianeta a volte sembrano fermarsi e invertire la direzione del loro moto. Questo fenomeno poteva essere spiegato solo se tutti i pianeti, inclusa la Terra, ruotavano intorno al Sole e non viceversa.

Scrive Cicerone del planetario di Archimede: **«riproduceva i moti dei pianeti con una rotazione unica** e le loro orbite. Così si vedeva la Luna succedere al Sole a ogni giro come si vede in cielo».

☐ ELIOCENTRISMO

Già lo scienziato greco **Aristarco di Samo** (III secolo a.C.) aveva ipotizzato che la Terra non fosse al centro dell'Universo, ma ruotasse attorno al Sole. Dovettero trascorrere 18 secoli prima che Niccolò Copernico, nel 1536, formulasse la stessa teoria.

Un addetto fa ruotare la grande sfera armillare, per effettuare rilevazioni degli astri sulla sfera celeste.

Gli astronomi arabi utilizzavano nozioni di **geometria sferica** apprese dalla traduzione dell'*Almagesto*, scritto da Tolomeo di Alessandria nel I-II secolo d.C.

VIENE UTILIZZATO UNO DEI PRIMI GLOBI TERRESTRI

☐ LE COSTELLAZIONI

La costellazione è una delle 88 parti in cui viene convenzionalmente suddivisa la sfera celeste per studiarla; alcune di queste zone intersecano l'orbita terrestre in una fascia larga 8° da entrambi i suoi lati che viene chiamata zodiaco. Inizialmente le costellazioni dello zodiaco erano dodici (oggi rimaste solo nell'astrologia), ma nel tempo ne sono state individuate e aggiunte molte altre.

L'inclinazione dell'asse terrestre

Osservando il cielo si comprese che la Terra ruota su se stessa e su un asse inclinato rispetto al piano orbitale; questo determina la maggiore o minore quantità di luce e calore che arriva dal Sole nei due emisferi, originando il ciclo delle stagioni. Il valore di questa inclinazione è di 23° 27'.

FINO ALL'EPOCA MODERNA SI RITENEVA CHE IL FIRMAMENTO FOSSE UNA CUPOLA RUOTANTE ATTORNO ALLA TERRA, DI MATERIALE CRISTALLINO E SULLA QUALE ERANO INCASTONATE LE STELLE CHE BRILLAVANO COME FIAMMELLE. ANCORA GIOVANNI KEPLERO, AGLI INIZI DEL SEICENTO, NE AVEVA STIMATO LO SPESSORE IN DUE MIGLIA GERMANICHE.

PARTI DI UN ASTROLABIO: BRACCIO ROTANTE (ALIDADA), CERCHIO GRADUATO, DISCO INTERCAMBIABILE E RETE CON PUNTE

L'astrolabio è uno strumento portatile che serviva a determinare **l'altezza del Sole o di un astro rispetto all'orizzonte** individuando la latitudine di un luogo e calcolandone l'ora locale.

Sole e Luna: quanto grandi?

Aristarco di Samo stimò le dimensioni di Sole e Luna utilizzando teoremi di geometria; Archimede costruì uno strumento che gli permetteva di calcolare le dimensioni del Sole quando, all'alba o al tramonto, era possibile guardarlo senza danni. Le dimensioni della Luna risultarono corrette, quelle del Sole, invece, ampiamente sottovalutate.

MISURARE IL TEMPO

Misurare il trascorrere del tempo è un'esigenza che l'uomo ha sentito fin dall'antichità, quando si era accorto che le ombre si accorciavano dopo l'alba per poi allungarsi verso il tramonto.

Orologi solari: gnomoni e meridiane

I primi orologi furono quelli solari, basati sulla lunghezza delle ombre proiettate da un'asta infissa sul terreno, un grande obelisco o un bastoncino posto su una parete. Curve geometriche indicavano le ore del giorno, la cui durata, allora, variava secondo le stagioni.

Orologi ad acqua: le clessidre

Poiché gli orologi solari non funzionavano di notte o con il cielo nuvoloso, si pensò di utilizzare lo scorrere dell'acqua verso il basso da un contenitore posto più in alto. Il livello dell'acqua residua indicava il tempo trascorso.

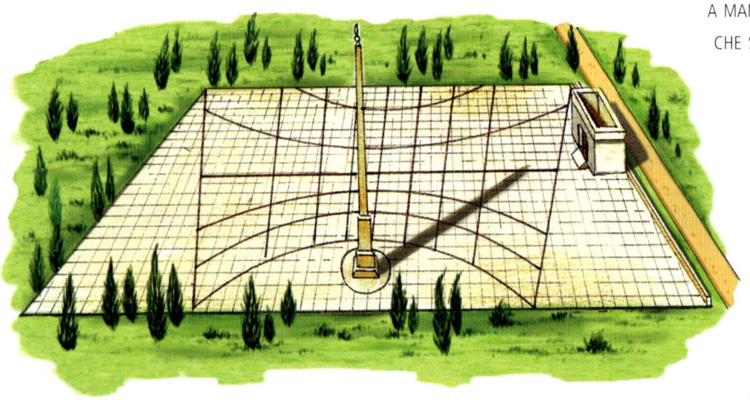

La più grande meridiana del mondo antico è l'***Horologium augusti***, fatto costruire a Roma dall'imperatore Augusto nel 13 a.C. Era alto 30 m e, sul pavimento di marmo della vasta piazza, listelli di bronzo indicavano le ore del giorno su grandi archi parabolici disegnati sulla superficie.

Congegni di precisione

In epoca ellenistica vennero realizzati orologi di precisione ad acqua riuscendo a uniformare la pressione dell'acqua che variava la velocità di uscita. Questo fu possibile mantenendo sempre lo stesso livello in uno dei contenitori fra essi collegati che scaricavano o ricevevano l'acqua: Ctesibio di Alessandria costruì il primo orologio di precisione, poi migliorato da Archimede di Siracusa (III secolo a.C.).

☐ TORRI, CAMPANILI E OROLOGI

Dopo l'invenzione dei primi orologi meccanici, a partire dal XIV secolo nelle piazze dei comuni **molte torri civiche vennero dotate di orologi per scandire l'ora cittadina**. Alcuni di questi congegni sono vere e proprie opere d'arte, come quello di Praga, dotato anche di un quadrante astronomico e di un meccanismo che aziona allo scoccare di ogni ora il movimento del corteo dei dodici apostoli.

I primi orologi meccanici

I primi orologi meccanici a bilanciere furono inventati nel corso del Medioevo, ma nel '600, Galileo Galilei, osservando che le oscillazioni di un peso avevano tutte la stessa durata, indipendentemente dalla loro ampiezza, riuscì a costruire orologi meccanici dove la scansione del tempo era data proprio dal movimento oscillatorio.

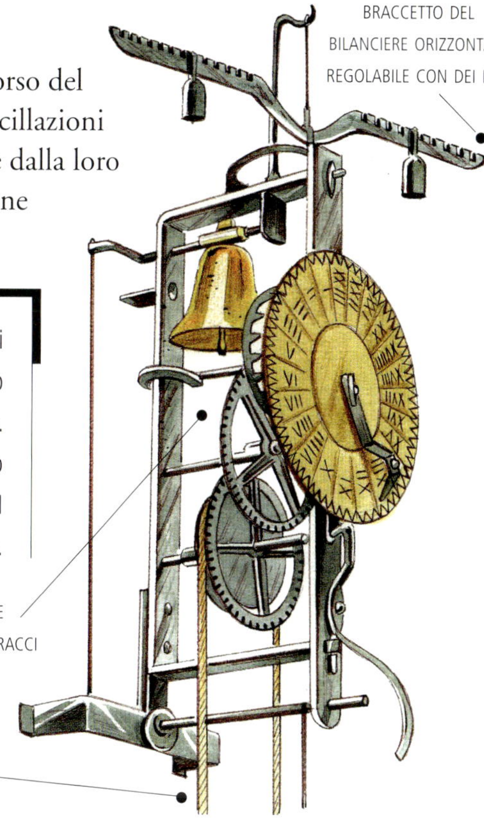

Gli **svegliatori** venivano utilizzati dai monaci per **calcolare le ore** che regolavano i loro ritmi di vita, che si svolgevano anche di notte. Inizialmente ad acqua, tra il XIII e il XIV secolo divennero completamente meccanici, dove il movimento sfruttava l'energia di caduta di un peso.

La **suddivisione del quadrante** degli orologi in 12 settori si diffuse nel periodo della Rivoluzione francese. Prima di allora si usavano quadranti sui quali erano indicate da 6 a 24 ore.

UN'ALTERNATIVA ALL'ENERGIA FORNITA DAL MOVIMENTO DEL PESO DI UN PENDOLO FU L'UTILIZZO DI UN VOLANO, DI MASSA OPPORTUNA, FATTO RUOTARE INTORNO AL SUO ASSE IN SENSO ORARIO E ANTIORARIO GRAZIE ALLA FORZA DI UNA MOLLA A TORSIONE.

Orologio al quarzo e atomico

Le scoperte della fisica del '900 hanno permesso di calcolare frazioni di tempo sempre più precise. Dalle oscillazioni dei cristalli di quarzo si è arrivati all'orologio atomico, preciso al miliardesimo di secondo, che sfrutta la durata delle oscillazioni delle onde elettromagnetiche del cesio.

IL CALENDARIO

Il calendario è un sistema di ripartizione del tempo determinato dall'osservazione nel cielo della ripetitività di fenomeni astronomici connessi ai movimenti apparenti del Sole e alla Luna.

A UNA DATA ORA IL SOLE È ALLINEATO CON UNA STELLA FISSA (A); DOPO 24 H IL SOLE È NELLA STESSA POSIZIONE, MA NON LA STELLA (B)

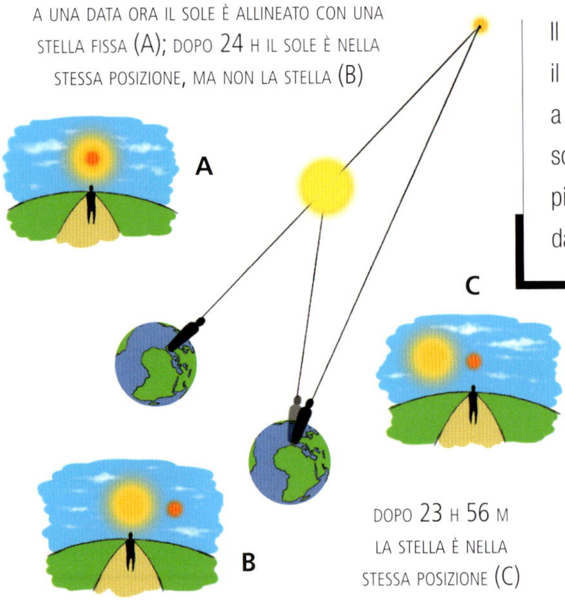

DOPO 23 H 56 M LA STELLA È NELLA STESSA POSIZIONE (C)

Il tempo che la Terra impiega a fare il suo **giro di rotazione** rispetto a una stella fissa è più corto del giorno solare di 4 minuti, pari a un giorno in più in un anno che viene compensato dal moto di rivoluzione contrario.

☐ IL CALENDARIO MAYA

Il calendario usato dai Maya, e da altri popoli dell'America Centrale quali Aztechi e Toltechi, era molto elaborato anche perché **basato su diversi cicli, ciascuno di durata diversa**: il *Tzolkin* di 260 giorni, l'*Haab* di 360 più 5 giorni chiamati "fuori dal tempo" e il *Lungo computo, che* indicava il numero dei giorni dall'inizio dell'era maya.

Anno solare e anno del calendario

L'ANNO SOLARE è il tempo che la Terra impiega per fare un giro completo attorno al Sole; solo dopo millenni si riuscì a stabilirne la durata precisa in 365 giorni, 5 ore, 48 minuti e 46 secondi, cifra non divisibile in numeri interi, per cui l'anno solare non potrà mai coincidere con l'ANNO DEL CALENDARIO a causa di questa differenza di circa 6 ore che gli astronomi e matematici cercarono di ricuperare aggiungendo un giorno ogni 4 anni (4 volte 6 ore è pari a un giorno) e trovando poi anche altri aggiustamenti per la residua piccola differenza.

Giorno, Sole e Luna

Il GIORNO è l'intervallo tra due albe successive diviso fin dall'antichità in 24 ore (ma in realtà dura circa 4 minuti in meno). Il MESE LUNARE è l'intervallo tra due lune piene, pari a circa 25,5 giorni. L'ANNO SOLARE è l'arco di tempo tra due levate successive del Sole nello stesso punto dell'orizzonte e nella stessa stagione ed è pari a circa 365,24 giorni. A questi eventi sono stati assegnati numeri e nomi per regolare i ritmi della vita umana.

IL CALENDARIO GIULIANO STABILIVA CHE L'ANNO INIZIASSE IL 1° GENNAIO, MA DURANTE IL MEDIOEVO OGNI STATO E OGNI CITTÀ AVEVANO IL PROPRIO "STILE DI DATAZIONE" PER L'INIZIO DELL'ANNO.

CLEOPATRA PRESENTA SOSIGENE A GIULIO CESARE

GIULIO CESARE ASCOLTA LE SPIEGAZIONI DI SOSIGENE

Il **primo anno bisestile fu il 45 a.C.,** anno in cui il calendario giuliano entrò in vigore; gli errori furono poi fatti correggere da Augusto.

Calendario gregoriano

La riforma ordinata da Giulio Cesare e realizzata da Sosigene conteneva ancora un errore di circa 11 minuti, che nell'arco di quindici secoli era diventato di 10 giorni. Papa Gregorio XIII convocò così una commissione di matematici e astronomi allo scopo di riformare il calendario (ed evitare che la festività della Pasqua, nel tempo, arrivasse a cadere d'estate). Il risultato fu un calendario adottato ai tempi in Europa e oggi in quasi tutto il mondo.

Calendario e agricoltura

Per seminare nel periodo giusto occorreva seguire le stagioni ed era quindi utile che queste, nel calendario, iniziassero sempre nello stesso mese e, magari, nello stesso giorno. Ci riuscì l'ateniese Metone nel 432 a.C.

LA SETTIMANA DI SETTE GIORNI VENNE INTRODOTTA NEL 321 DALL'IMPERATORE COSTANTINO, CHE DECRETÒ ANCHE CHE IL GIORNO DI RIPOSO FOSSE LA DOMENICA (*DIES SOLI*) ANZICHÉ IL SABATO, ALLORA GIORNO FESTIVO ANCHE PER I CRISTIANI.

Dal 325, anno del concilio di Nicea in cui si era deciso come calcolare la **data della Pasqua**, al 1582 si era accumulata una differenza di circa 10 giorni. La riforma di papa Gregorio XIII stabilì di ricuperare i giorni persi decretando che a giovedì 4 ottobre 1582 succedesse venerdì 15 ottobre.

Calendario giuliano

Metone aveva formulato un ciclo di 19 anni solari che conteneva 235 mesi lunari. Le stagioni si spostavano di qualche giorno, ma tutto tornava giusto a fine ciclo. Scienziati alessandrini pensarono di aggiungere un giorno ogni quattro anni e di ristabilire la concordanza fra calendario solare e calendario civile. Per questo il re Tolomeo III aveva emesso un decreto che restò inattuato, ma che fu la base della riforma di Giulio Cesare.

Durante la Rivoluzione francese **venne cambiato il calendario**: si diedero nuovi nomi ai mesi di 30 giorni e si aggiunsero 5 giorni alla fine dell'anno (6 nei bisestili).

ASTRONOMI E MATEMATICI DISCUTONO I CALCOLI DI NICCOLÒ COPERNICO

LA MANCANZA DELL'ANNO ZERO

Intorno al 523 il monaco **Dionigi il Piccolo calcolò l'inizio dell'era cristiana**, 753 anni dopo la fondazione di Roma, indicando come anno 1 quello della nascita di Gesù. La corretta cronologia fu introdotta nel Seicento dall'astronomo Jacques Cassini che usò il numero zero per indicare l'anno 1 e numeri negativi per gli anni precedenti con l'aggiunta della locuzione a.C. (avanti Cristo).

MAPPE E CARTE GEOGRAFICHE

I primi tentativi di rappresentare simbolicamente ampi spazi risalgono già al neolitico, quando incisioni rupestri con segni geometrici sono ritenuti schizzi di villaggi o terreni.

PER SCOPI COMMERCIALI E SOPRATTUTTO MILITARI I ROMANI UTILIZZAVANO LE "CARTE ITINERARIE", NELLE QUALI NON VENIVANO RISPETTATE LE FORME DEI TERRITORI MA SOLO LE DISTANZE. LA *TABULA PEUTINGERIANA* MOSTRA ADDIRITTURA 200 000 KM DI STRADE.

MUSULMANI, EBREI E CRISTIANI COLLABORANO INSIEME ALLA REALIZZAZIONE DELL'*ATLANTE CATALANO*

VASO CON COLLA PER ATTACCARE I FOGLI DI PERGAMENA SU TAVOLE DI LEGNO

Dalla cosiddetta mappa di Nuzi al mondo di Anassimandro

Una tavoletta d'argilla ritrovata a Nuzi, in Mesopotamia, con la rappresentazione di una zona fluviale viene considerata la più antica mappa al mondo (2300 a.C. ca.). La prima carta della Terra, circondata dall'oceano, è attribuita a Anassimandro (VI secolo a.C.).

La *Geografia* di Tolomeo

Nel periodo ellenistico si produssero diverse carte del mondo che furono la base della *Geografia* di Claudio Tolomeo (II secolo d.C.), contenente una carta in proiezione in un reticolo di meridiani e paralleli con le coordinate in latitudine e in longitudine di ben 6345 località.

GERARDO MERCATORE DISEGNA LA SUA CARTA

La cartografia nel Medioevo

L'eredità della cultura ellenistica fu ripresa dagli Arabi, che svilupparono una cartografia molto avanzata anche grazie alle maggiori conoscenze dell'Asia e dell'oceano Indiano. In Occidente la cartografia decadde fino alla sua rinascita avvenuta, grazie agli Arabi, dopo il XII secolo.

Lo scienziato fiammingo Gerardo Mercatore (1512-1594) inventò nel 1569 un **sistema di proiezione cartografica** che ancora oggi è noto con il suo nome; è la più usata nelle carte nautiche.

☐ SEGRETEZZA DELLE MAPPE

Con l'inizio delle esplorazioni geografiche e l'apertura di nuove vie di comunicazione in Spagna e in Portogallo, **dal XV secolo le carte nautiche vennero coperte dal segreto di stato** e la loro esportazione in altri paesi era considerata un crimine punito severamente.

L'*Atlante catalano* (1375 ca.) venne realizzato dalla Scuola di Maiorca e si suppone che sia opera di **Abraham Cresques e di suo figlio Jehuda**. Vi è indicata una stima della circonferenza terrestre abbastanza vicina a quella reale.

☐ IL MERIDIANO ZERO

Nella sua carta del mondo (III secolo a.C.), **Eratostene aveva utilizzato come riferimento il meridiano di Alessandria**. Tolomeo, tre secoli più tardi, indicò come meridiano zero quello del punto più occidentale dell'ecumene conosciuto, le Isole Fortunate, identificate nelle Canarie o, secondo altre interpretazioni, nelle Antille. Nel corso dei secoli furono utilizzati altri meridiani, fino al 1634 quando una conferenza di astronomi convocata dal re di Francia Luigi XIII stabilì che il meridiano di Ferro (nelle isole Canarie) doveva essere quello di riferimento. Un secolo dopo iniziò la competizione fra il meridiano di Parigi e quello di Greenwich, che durò fino al 1884, quando la Conferenza internazionale di Washington optò per quest'ultimo.

Gli atlanti

Dopo la scoperta del Nuovo Mondo e il viaggio di Magellano, la conoscenza di sempre più vaste aree del globo rese necessario riprodurre porzioni della Terra in carte geografiche più dettagliate che venivano raccolte in libri chiamati atlanti.

LE MAPPE NAUTICHE DEI NAVIGATORI POLINESIANI ERANO COSTITUITE DA UN RETICOLO DI BASTONCINI DOVE ERANO LEGATE STRISCE DI FOGLIE DI PALME PER RAPPRESENTARE I VENTI E LE CORRENTI E CONCHIGLIE PER INDICARE LE POSIZIONI DELLE ISOLE.

La prima riproduzione in scala della Terra è il **Globo terrestre di Norimberga**, costruito tra il 1490 e il 1492 dal tedesco Martin Behaim. Il continente americano non viene rappresentato perché non era ancora giunta in Europa la notizia della sua scoperta. La scala è 1:40 000 000, che viene usata ancora oggi.

La cartografia scientifica

Nel Settecento iniziò la cartografia moderna grazie a due strumenti che consentivano una maggiore conoscenza della Terra: il CRONOMETRO, necessario per il calcolo preciso della longitudine in mare e la TRIANGOLAZIONE GEODETICA per la misura delle aree terrestri, mentre il progresso della trigonometria sferica consentiva proiezioni più precise. Nel Novecento iniziò la rilevazione aerea che dagli anni Ottanta fu sostituita dalle immagini inviate dai satelliti in orbita.

IL BAROMETRO

L'aria è una miscela di vari elementi e ha un peso che schiaccia la Terra e preme su di essa. Questa forza è la pressione atmosferica, che varia a seconda della densità del momento e può essere misurata con uno strumento.

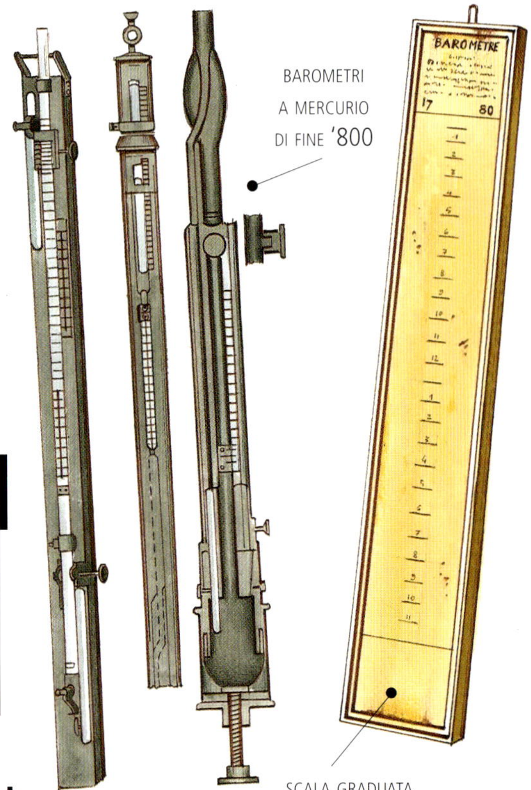

Il termine "barometro" fu coniato nel 1665 dall'irlandese **Robert Boyle**, lo stesso che enunciò la legge fisica che afferma che la pressione di un gas perfetto è inversamente proporzionale al suo volume.

☐ GLI EMISFERI DI MAGDEBURGO

Il politico e fisico tedesco **Otto von Guericke** nel 1654, a Ratisbona, diede una dimostrazione della straordinaria potenza della forza esercitata dalla pressione dell'aria. **Egli fece costruire due calotte emisferiche in rame, di circa 50 cm di diametro, perfettamente combacianti**, poi, utilizzando una pompa da lui stesso costruita, estrasse quasi tutta l'aria contenuta all'interno della sfera e fece agganciare a delle robuste catene le due opposte estremità. Le catene erano a loro volta attaccate a due pariglie di cavalli che cercavano di separarle muovendosi in direzioni opposte: neppure la forza di ben 16 rubusti cavalli da tiro poté superare quella esercitata dalla pressione atmosferica sulle due semisfere. Sulla superficie della sfera di raggio 25 cm, pari a circa 7850 cm^2, insisteva una forza pari al peso di 1 kg per ogni cm^2, ovvero quasi 8 t. L'esperimento venne condotto più volte aumentando il numero dei cavalli, anche alla presenza di membri del parlamento del Sacro Romano Impero e dell'imperatore Ferdinando III.

La pressione dell'aria

La pressione dell'aria si esercita in tutte le direzioni, come dimostra il classico esperimento del bicchiere pieno d'acqua ricoperto con un cartoncino sottile dal quale, se rovesciato, non cade l'acqua: infatti, la pressione atmosferica dal basso spinge il coperchio verso l'alto e impedisce così la caduta del liquido per la forza di gravità.

La pressione atmosferica

Alla latitudine di 45°, al livello del mare e a una temperatura di 15° C la pressione atmosferica corrisponde al peso di una colonna di mercurio di 760 mm, pari a circa 1 kg ogni cm^2 di superficie.

SEMBRA CHE UN RUDIMENTALE BAROMETRO FOSSE GIÀ UTILIZZATO DAI PADRI PELLEGRINI DURANTE LE LORO TRAVERSATE VERSO IL CONTINENTE AMERICANO PER PREVEDERE LA FORMAZIONE DI TEMPESTE.

Primi esperimenti e studi

Il primo strumento per misurare la pressione dell'aria fu sviluppato, nel 1641, dal genovese Giovanni Battista Baliani; invece del mercurio si usava acqua colorata che, per il principio dei vasi comunicanti, cambiava livello in base alla pressione.

Per verificare i risultati ottenuti da Torricelli, Blaise Pascal incaricò Florin Périer, suo cognato, di **eseguire lo stesso esperimento sul monte Puy de Dôme**, a oltre 1000 m.

Il tubo di Torricelli

L'invenzione del barometro viene attribuita all'italiano Evangelista Torricelli, allievo di Galileo, che, nel 1643, realizzò uno strumento più preciso di quello di Baliani sostituendo all'acqua il mercurio. Questo riempiva un tubo cieco di circa 1 m di diametro e una vaschetta posta alla base del tubo. Sia il tubo sia la base erano riempiti con mercurio che scendeva verso il basso, ma non oltre l'altezza di 76 cm. Questo significava che la pressione dell'aria sulla base era pari al peso del mercurio rimasto nel tubo.

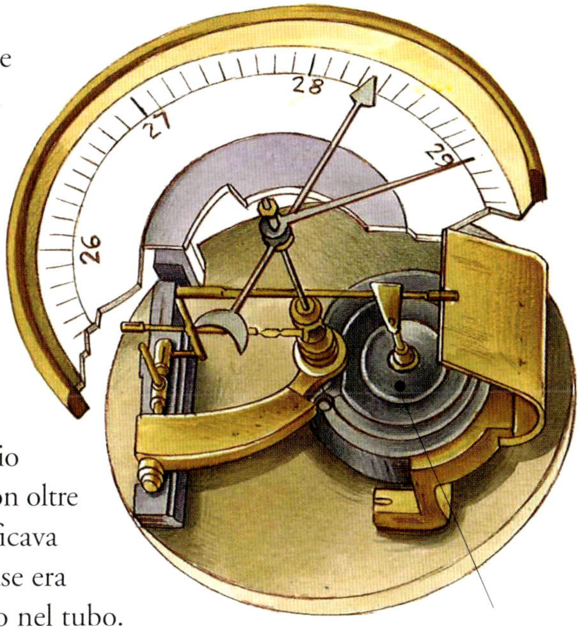

DISCO CON ARIA RAREFATTA AL SUO INTERNO

Nel 1844 il francese Lucien Vidi brevettò un barometro che funzionava sfruttando la **sensibilità alla pressione di una sottile parete elastica** di un recipiente al cui interno stava aria molto rarefatta.

I barometri moderni

Con l'avvento dell'elettronica, nei moderni barometri non a mercurio, un sensore rileva la deformazione della sottile parete della cella di carico prodotta dalla pressione dell'aria e invia un segnale elettrico che viene elaborato da un microprocessore o da un voltmetro.

Il barometro come strumento meteorologico

Poiché la densità dell'aria, e quindi la pressione, varia sia in funzione della temperatura sia della presenza di vapore acqueo, il barometro è usato in meteorologia per rilevare dati utili per le previsioni del tempo.

L'ESPERIMENTO SUL PUY DE DÔME VENNE RIPETUTO DA FLORIN PÉRIER SULLA TORRE DELLA CATTEDRALE DI CLERMONT-FERRAND, ALTA 50 M, CONSTATANDO ANCHE LÌ UN ABBASSAMENTO DELLA COLONNINA DI MERCURIO DI CIRCA 4 MM.

FLORIN PÉRIER OSSERVA LA COLONNA DI MERCURIO

TUBO DI VETRO LUNGO UN METRO CIRCA

VASCHETTA CON IL MERCURIO

IL CRONOMETRO

Nei secoli passati nessuno sentiva il bisogno di conoscere l'esatta ora del giorno, minuti e secondi, tranne i naviganti che invece avevano la necessità di conoscere la loro esatta posizione: per questo occorreva un orologio molto preciso.

☐ IL LONGITUDE ACT

Nel 1707, vicino alle isole Scilly, si verificò il **maggior disastro navale della storia britannica**, causato dall'errata rilevazione della longitudine. Nel 1714 il Parlamento inglese emise il Longitude Act, con il quale offriva un forte premio in denaro a chi fosse stato in grado di calcolare con precisione la longitudine in navigazione.

La **circonferenza terrestre**, all'equatore, è di circa 40 000 km e un arco di 15° è lungo 1667 km. L'errore di un grado era pari a 111 km, lunghezza che diminuiva a mano a mano che ci si avvicinava ai poli.

IL MODELLO *HARRISON N. 1*, COSTRUITO FRA IL 1728 E IL 1735

IL MODELLO *HARRISON N. 2*, COSTRUITO FRA IL 1737 E IL 1740

John Harrison al lavoro sul suo ultimo modello, l'*Harrison n. 4* (1755-1759), costruito negli stessi anni in cui stava lavorando ancora al modello *Harrison n. 3*. Diverso dagli altri, pesava 1,45 kg con un diametro di 13 cm; ne furono fatte due copie, l'*Harrison n. 5* e il *K1*, costruito da Larcum Kendall.

La longitudine in mare

Per calcolare la longitudine in alto mare occorre conoscere l'ora a bordo della nave in un dato momento e anche, nello stesso istante, l'ora nel porto di partenza o nel meridiano di riferimento. Le ore segnate dai due orologi rendono possibile la trasformazione della differenza oraria in distanza geografica: un'ora indica un avanzamento di 15°.

MARINAIO ADDETTO AL CAPOVOLGIMENTO DI UNA CLEPSAMIA

FILA DI 12 CLEPSAMIE (CLESSIDRE A SABBIA)

Il congegno di Harrison

Nel cronometro di Harrison il movimento era controllato da due bilancieri, i cui movimenti erano opposti l'uno all'altro per neutralizzare gli effetti del movimento della nave. Disponeva di un nuovo tipo di scappamento, due molle e un sistema di compensazione per le variazioni di temperatura. La molla principale veniva ricaricata ogni sette secondi e un congegno impediva che l'orologio rallentasse durante questa fase.

In navigazione si cercava di individuare **l'ora di riferimento di una località** di cui era nota la longitudine utilizzando delle clessidre a sabbia.

HARRISON PRESE SOLO METÀ DELLA RICOMPENSA CON L'IMPEGNO DEL SALDO TOTALE DOPO LA FORNITURA DI ALTRE DUE COPIE. L'OROLOGIAIO OTTENNE PERÒ ANCORA UNA SOMMA GRAZIE ALL'INTERVENTO PERSONALE DI RE GIORGIO III.

John Harrison

Nato nel 1693 nello Yorkshire, Harrison si mise a costruire orologi senza mai aver fatto alcuna pratica; ne costruì alcuni tutti in legno e poi, dal 1728, si dedicò completamente allo studio e alla realizzazione del cronometro aiutato dal figlio William.

A terra il meccanismo dell'orologio a pendolo era abbastanza preciso, ma **a bordo di una nave rullio e beccheggio lo rallentavano o lo acceleravano** (a volte fermandolo), mentre temperatura e pressione atmosferica alteravano la viscosità dei lubrificanti degli ingranaggi.

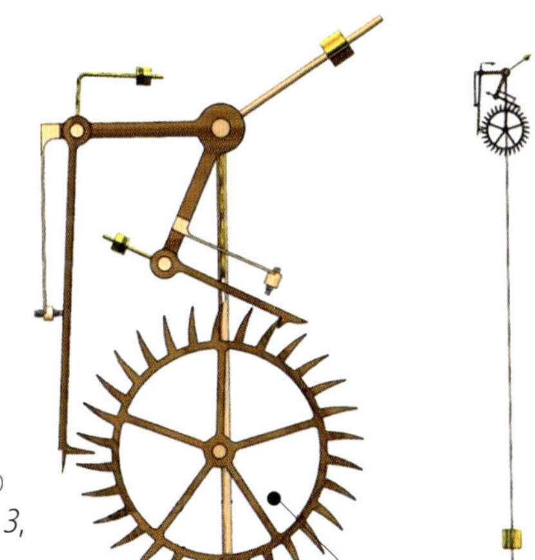

MECCANISMO DI SCAPPAMENTO DI UN OROLOGIO A PENDOLO

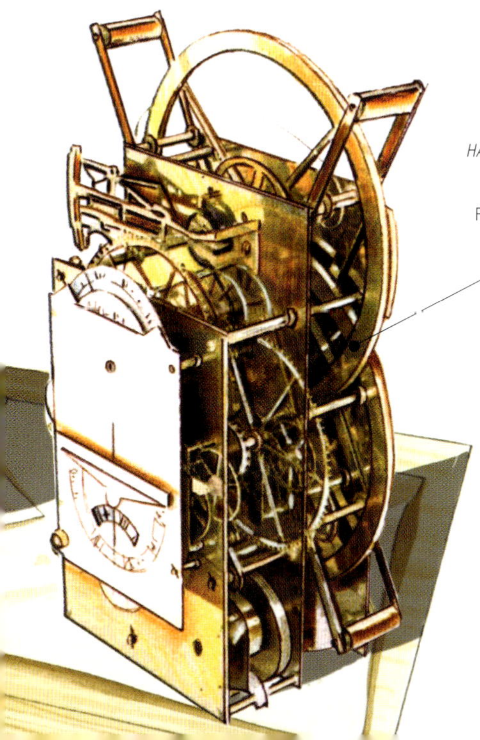

IL MODELLO *HARRISON N. 3*, COSTRUITO FRA IL 1740 E IL 1759

Vicissitudini del *K2*

Larcum Kendall costruì alcuni cronometri migliorando l'*Harrison n. 4*. Uno di questi, il *K2*, venne affidato al capitano Bligh, comandante del *Bounty*, e restò fino al 1808 nell'isola di Pitcairn in mano agli ammutinati, quando fu venduto al capitano di una baleniera americana. Riapparve in Cile anni dopo in possesso di un avventuriero spagnolo e fu venduto a un ufficiale britannico che lo riportò in Patria. Era ancora perfettamente funzionante dopo oltre 60 anni.

☐ DAL CRONOMETRO AL CRONOGRAFO

La necessità di misurare il tempo a partire da un esatto istante portò all'elaborazione dei **primi cronografi per uso medico, militare e industriale**. Il primo con queste caratteristiche fu costruito dal francese Louis Moinet nel 1816: il suo modello riusciva a misurare il 60° di secondo ed era dotato di un dispositivo di azzeramento.

MISURARE I TERRENI

La perfetta perpendicolarità dei quattro lati della base della piramide di Giza dimostra che già 4500 anni fa gli Egizi conoscevano le tecniche e utilizzavano strumenti per tracciare linee di rilevamento attraverso i terreni con precisione.

☐ CENTURIAZIONE ROMANA

I Romani organizzavano i territori agricoli usando lo schema adottato per accampamenti e città, **tracciando un reticolo ortogonale di strade**, canali e appezzamenti da destinare ai coloni; dall'alto è ancora visibile oggi.

SI SOSTIENE L'ASTA DELLA GROMA PERPENDICOLARE AL TERRENO

La groma era costituita da un braccio di sostegno sul quale erano collocate **due aste fra loro perpendicolari** dalle quali scendevano quattro fili a piombo che, a coppia, servivano per traguardare punti a distanza.

Antichi strumenti di lavoro

Lo strumento di lavoro usato per la rilevazione nell'Egitto faraonico era la groma, che passò praticamente senza subire variazioni ai Greci dell'età ellenistica e poi ai Romani, che la usarono costantemente per tracciare strade, nuove città e frazionare il territorio.

Gli agrimensori

L'agrimensura, l'arte di misurare e dividere il suolo, è nata in Egitto, dalle esigenze di misurare i confini e ripristinare le superfici dei terreni coltivati dopo le inondazioni del Nilo. Poiché questo avveniva regolarmente, si sentì l'esigenza di incaricare dei funzionari statali che, oltre a effettuare le misurazioni, avevano anche il compito di risolvere le controversie che si verificavano.

PER TRACCIARE DUE LINEE PERPENDICOLARI FRA LORO GLI EGIZI ELABORARONO QUESTO SISTEMA: DIVIDEVANO UNA CORDA IN 12 PARTI E POI LA TENDEVANO FRA TRE PALETTI, UNO ALL'INIZIO, L'ALTRO SULLA TERZA TACCA E IL TERZO SULLA SETTIMA. LA FIGURA GEOMETRICA CHE NE RISULTAVA ERA UN TRIANGOLO RETTANGOLO E I PROLUNGAMENTI DEI SUOI DUE CATETI LE LINEE PERPENDICOLARI.

La dioptra ellenistica

Lo sviluppo della scienza dell'ottica da parte degli scienziati alessandrini portò alla realizzazione della DIOPTRA, uno strumento che può essere considerato come l'antenato del moderno TEODOLITE. Lo descrive Erone alcuni secoli più tardi (I-II secolo d.C.).

SI EFFETTUA IL PUNTAMENTO VERSO LA SOMMITÀ DI UN'ASTA

La tecnica della triangolazione

La triangolazione è una tecnica che permette di calcolare distanze tra punti sfruttando le proprietà dei triangoli. Venne introdotta nel 1615 dall'olandese Willebrordus Snellius e consiste nel collegare i punti scelti sul terreno fino a formare un insieme di triangoli aventi a due a due un lato in comune. Quali vertici si scelgono cime di montagne, campanili, torri e punti dominanti.

La dioptra descritta da Erone è l'antenato del moderno teodolite: consisteva in un **disco graduato sul quale era posto un asse con due fessure per il puntamento**; l'asse era libero di ruotare nel disco che, a sua volta, ruotava sia sul proprio asse sia verticalmente perché fissato sopra un semicerchio dentato in ottone.

La misura del meridiano

La tecnica della triangolazione di Snellius fu utilizzata da Jean-Baptiste Delambre e Pierre Méchain durante la spedizione scientifica incaricata, nel 1792, dal governo rivoluzionario francese per misurare con precisione la lunghezza dell'arco di meridiano fra Dunkerque e Barcellona, allo scopo di stabilire la lunghezza del metro che doveva risultarne la 40 milionesima parte. Le rilevazioni, dopo varie peripezie, si conclusero nel 1799 e portarono alla determinazione della lunghezza della nuova unità di misura e all'introduzione del sistema metrico decimale.

IL SIGNIFICATO DELLA PAROLA GEOMETRIA DERIVA DAL GRECO *MÉTRON* ("MISURA") E *GEA* ("TERRA"); FURONO I GRECI CHE TRASFORMARONO QUESTA PRATICA NELLA SCIENZA ASTRATTA CHE STUDIA LE FORME NEL PIANO E NELLO SPAZIO.

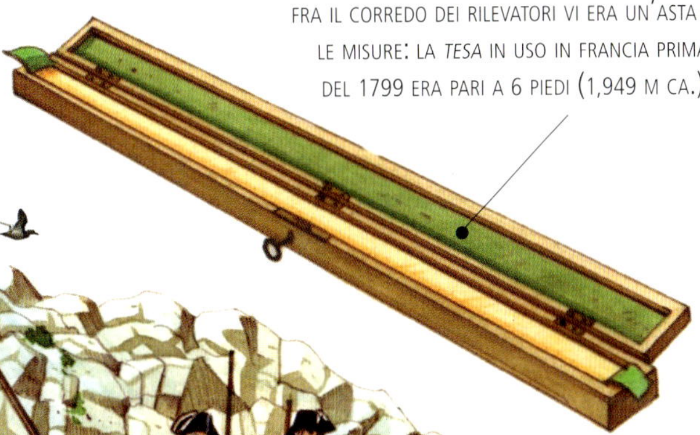

FRA IL CORREDO DEI RILEVATORI VI ERA UN'ASTA PER LE MISURE: LA *TESA* IN USO IN FRANCIA PRIMA DEL 1799 ERA PARI A 6 PIEDI (1,949 M CA.)

SOLDATI SPAGNOLI CONTROLLANO L'ATTIVITÀ DEI RILEVATORI FRANCESI

SI POSIZIONANO LE ASTE DI PUNTAMENTO PERFETTAMENTE VERTICALI

Mentre i rilevatori misuravano il meridiano nei pressi di Barcellona scoppiò la guerra tra Francia e Spagna ed essi rischiarono di essere considerati **spie francesi**.

Strumenti moderni

Con lo sviluppo della trigonometria e della matematica anche gli strumenti di rilevazione subirono una costante evoluzione, soprattutto dopo l'invenzione del cannocchiale. Il TACHEOMETRO e il TEODOLITE sono strumenti a cannocchiale che misurano sia gli angoli orizzontali sia gli angoli verticali, il primo più preciso nella misura degli angoli mentre il secondo lo è per le distanze. Altri sono i CLISIMETRI, usati per la misura delle pendenze, e le LIVELLE, per rilevare le differenze di quote.

☐ LA FRANCIA DI RE SOLE SI CONTRAE

Chiamato in Francia a dirigere l'Osservatorio di Parigi nel 1669, l'italiano **Gian Domenico Cassini** effettuò misurazioni precise del meridiano passante per la capitale e calcolò tavole matematiche. Quando il primo ministro Colbert chiese misurazioni del territorio francese all'Académie des Sciences, questa incaricò l'astronomo Jean Picard e il matematico Philippe de la Hire di misurare la costa atlantica usando le tabelle di Cassini. Nella carta disegnata con i nuovi dati la Francia risultò meno estesa, tanto che re Luigi XIV scherzosamente accusò Cassini di avergli fatto perdere, con le sue tabelle, più territori di una guerra persa.

COMUNICARE E CALCOLARE

Lo sviluppo della civiltà moderna, ma anche di quella antica, non sarebbe stato possibile senza possedere i mezzi per comunicare con altri ed effettuare calcoli complessi.

Comunicare

Il primo passo verso la realizzazione di un sistema di comunicazione in forma materiale e durevole è stata la fissazione di un significato su un supporto materiale: i numeri hanno, in questo caso, preceduto la rappresentazione di altri concetti e dei suoni, ultimo passo in ordine cronologico a utilizzare delle regole di corrispondenza che avrebbero permesso, più tardi, la nascita degli alfabeti. Quello fenicio, nato verso l'XI secolo a.C., grazie ai commerci, fu il più diffuso nell'area mediterranea.

▼ Cilindro in scrittura cuneiforme della prima metà del VI secolo a.C. con descrizione dei lavori eseguiti in un tempio.

APPARECCHIO TELEFONICO A MURO DEL 1907

• CHARLES BABBAGE

Per evitare l'alto numero di errori di calcolo delle tavole matematiche, l'inglese Charles Babbage studiò un metodo per far eseguire calcoli complessi da una macchina, non soggetta a errori umani. Nacque così la macchina differenziale, che poteva sviluppare complesse funzioni matematiche.

• UN AIUTO AGLI SCRITTORI

Molti modelli di macchine per scrivere hanno scritto la storia della letteratura, dalla *Smith Premier Mod. 10,* usata da Jack London, alla *Royal Arrow*, usata da Ernest Hemingway. Molti scrittori del passato sono stati immortalati accanto al loro prezioso strumento di lavoro, al quale si affezionavano al punto da rifiutare di sostituirlo con modelli più evoluti.

◀ Controllo di una prova di stampa della famosa *Bibbia* a 42 linee, realizzata da Johannes Gutenberg nel 1455, in una stampa originale della seconda metà del XIX secolo. Stampata in 180 copie, è considerata oggi uno dei libri più preziosi al mondo.

5

▲ Apparato ricevente di un telegrafo Morse costruito in Francia nel 1868 da Louis Breguet.

Comunicare a distanza

La necessità di comunicare è esistita in ogni civiltà e in ogni epoca e l'uomo ha elaborato, nel tempo, molti sistemi; dai segnali di fumo a quelli visivi, dagli strumenti a fiato e a tamburo ai corrieri, senza considerare animali come i piccioni viaggiatori; ma solo alla fine del Settecento nacque il primo vero e proprio sistema di comunicazioni attraverso una catena di segnalatori a distanza. Non passarono che pochi decenni quando, grazie all'impiego dell'energia elettrica, l'americano Samuel Morse brevettò il primo telegrafo e l'italiano Meucci scoprì come trasmettere a distanza non solo segni grafici, ma anche la voce: era nato il telefono.

Calcolare

Addizioni e sottrazioni sono operazioni semplici, ma non così moltiplicazioni, divisioni, estrazioni di radici e altri calcoli complessi. Geometria e abaco permisero nell'antichità molti tipi di calcoli fino alla nascita, dopo molti secoli, delle prime macchine da calcolo, antenate dei computer.

• MACCHINE CALCOLATRICI

Prima dell'avvento della calcolatrice, venivano usati strumenti di calcolo meccanici non automatizzati quali abachi, bastoncini di Nepero e regoli calcolatori. Nella prima metà del XVII secolo comparve la prima macchina calcolatrice meccanica, costruita dal tedesco Wilhelm Schickard, cui seguì, vent'anni più tardi, la *Pascalina*, del francese Blaise Pascal.

• ELABORATORI ELETTRONICI

La macchina analitica di Charles Babbage, progettata nel 1833 ma mai realizzata, viene considerata il primo computer della storia. I progressi nella matematica (algebra di Boole) e nell'elettronica (valvole termoioniche e transistor) resero possibile lo sviluppo di potenti calcolatori e poi dei personal computer.

LA SCRITTURA

Già nel paleolitico superiore apparvero serie di tacche incise su ossa e suddivise in strani gruppi. Un'ipotesi è che, riprodotte in più copie, servissero a indicare il numero di giorni da trascorrere per fissare un appuntamento tra gruppi di cacciatori.

CONTENITORI CON DIVERSI STILI E ASTICELLE DI OSSO, O METALLO, PER LA SCRITTURA

VASCHETTE CON I COLORI

Lo scriba egizio utilizzava **pennelli, palette, pestelli e mortai per i colori** (sei oltre al nero e al bianco), coltelli, rulli per i papiri e un cubito (righello graduato), oltre ai minerali usati per i pigmenti.

☐ SCRITTURA CUNEIFORME

Creata dai Sumeri e tipica della Mesopotamia, la **scrittura cuneiforme** era caratterizzata da segni incisi su tavolette di argilla con stili a forma di cuneo; le tavolette venivano poi fatte essiccare al sole. Molte iscrizioni erano anche scolpite su materiali duri come la pietra.

Dalla scrittura ai numeri naturali

Per indicare le quantità si ripeteva più volte il pittogramma, ma alla fine del quarto millennio comparvero simboli per indicare la quantità: era nato il concetto di numero naturale e i segni usati furono quindi un vero e proprio sottoprodotto della scrittura. Tuttavia i pittogrammi indicavano, pur con alcune variazioni, sempre e solo un oggetto e non un nome proprio, un verbo o un concetto astratto.

Origine in Mesopotamia

Con lo sviluppo dell'agricoltura, dell'allevamento e del commercio di prodotti agricoli e di animali si rese necessario trovare una forma di registrazione dei beni o dei tributi dovuti. Nacquero allora dei "gettoni" d'argilla con la rappresentazione pittorica del bene. Un insieme di gettoni racchiuso in un contenitore sigillato poteva rappresentare il carico di una carovana o il deposito di un magazzino.

ALCUNI RICERCATORI RITENEVANO DI AVER INDIVIDUATO NELLE PITTURE RUPESTRI UNA RICORRENZA NELLA MODELLAZIONE DI ALMENO 26 SEGNI E SIMBOLI RIMASTI INALTERATI PER QUASI 20 000 ANNI.

SI CARICANO I SACCHI DI MERCE SIGILLATI CON I GETTONI

SI REALIZZANO I CALCHI PER LA PRODUZIONE DI GETTONI D'ARGILLA

Ogni gettone rappresentava un tipo di merce, un numero di pecore, un sacco di orzo ecc.

Nell'antico Egitto gli scribi formavano una casta molto potente che si occupava dell'amministrazione del Regno.

Gli Egizi usavano una **penna ottenuta dalla lavorazione del gambo di un giunco** intinta in un inchiostro composto da acqua, colla e cenere.

Sistemi di scrittura

Molti e differenti tra loro sono i sistemi di scrittura che si sono sviluppati nel corso dei secoli. Quelli cosiddetti LOGOGRAFICI, come il cinese, che rappresentano una parola con un segno; quelli SILLABICI; quelli che usano soltanto CONSONANTI (come arabo ed ebraico) e quelli che usano l'ALFABETO, dove ogni segno indica un fonema, ovvero un suono.

ALCUNI STUDIOSI NON ACCETTANO LA TESI CHE LA SCRITTURA SIA STATA INVENTATA INDIPENDENTEMENTE DA DIVERSE CIVILTÀ, IN PARTICOLARE DA QUELLE PRECOLOMBIANE DOVE NON SI HANNO EVIDENZE CRONOLOGICHE DI FASI DI SVILUPPO.

Dai logogrammi ai simboli fonetici

Con il passare del tempo, i Sumeri svilupparono una scrittura più funzionale scomponendo i suoni delle parole in sillabe e attribuendo a ciascuna sillaba un segno convenzionale; furono così in grado di redigere documenti a mano a mano sempre più complessi fino a comporre lettere e poemi.

Un **gettone di forma circolare** con incisa una croce indicava una pecora, uno di forma conica indicava una misura di grano, uno ovoidale indicava un'anfora d'olio. Ulteriori segni distinguevano tra pecore, montoni o agnelli.

Uso diffuso della scrittura

Dovettero però passare diversi secoli prima che la scrittura fosse usata per scopi diversi da quelli contabili. Una delle più antiche scritte funerarie sumere risale al 2600 a.C. e contiene nome e titolo del defunto. All'inizio del secondo millennio la scrittura era ormai usata per testi legali, cronache, letteratura, testi scolastici e documenti di stato.

La scrittura dei Maya (dal III secolo a.C.) usava logogrammi completati da una serie di **glifi sillabici**.

☐ LE TRE SCRITTURE EGIZIE

La prima è quella **geroglifica**, la scrittura egizia per eccellenza, usata diffusamente su templi e tombe; la seconda è quella **ieratica**, che può essere considerata come il corsivo della scrittura geroglifica, molto più veloce e usata nei documenti. La terza è la **demotica**, ancora più semplificata della ieratica.

STRUMENTI PER CALCOLARE

I primi strumenti di calcolo furono le dita delle mani. In seguito si iniziò a usare gruppi di piccoli oggetti (pietre, conchiglie, ossa): aggiungerne o toglierne significava fare un'addizione o una sottrazione.

LA "TAVOLA PITAGORICA", UTILIZZATA PER FARE LE MOLTIPLICAZIONI, VENNE ATTRIBUITA A PITAGORA (VI SECOLO A.C.) PER L'ERRORE DI UN COPISTA NELLA TRADUZIONE DELL'*ARS GEOMETRICA* DI BOEZIO. QUESTA TAVOLA DI MOLTIPLICAZIONE RISALE AL V SECOLO D.C.

Sistemi di numerazione

Uno dei più antichi sistemi di numerazione è quello su BASE SESSAGESIMALE, usato in Mesopotamia e ancora oggi utilizzato per misurare angoli e intervalli di tempo. Il SISTEMA DECIMALE, originato dal numero delle dita, anch'esso antichissimo, è diventato ormai comune in tutto il mondo. Il BINARIO è oggi il sistema dell'informatica.

L'abaco

L'abaco è il più antico strumento di calcolo utilizzato per effettuare operazioni matematiche, usato dalla Mezzaluna fertile fino alla Cina. Anche Romani e Greci lo utilizzavano: questi ultimi avevano anche elaborato sistemi di calcolo con la geometria.

FOGLI UTILIZZATI PER I CALCOLI ELABORATI CON GLI ALGORITMI

TAVOLA DI CALCOLO CON ABACO COSIDDETTO "A LAPILLI"

Nascono gli algoritmi per calcolo

I calcoli che elaboriamo ancora oggi furono sviluppati in Mesopotamia nel II millennio a.C. I Babilonesi svilupparono anche un avanzato sistema aritmetico, con il quale erano in grado di fare calcoli in modo algoritmico, e le prime formule per risolvere problemi.

La pascalina, inventata e costruita dallo **scienziato francese Blaise Pascal**, nel 1642, fu uno strumento di calcolo precursore delle moderne calcolatrici.

☐ PRIMA DELLA PASCALINA

Lo scienziato tedesco **Wilhelm Schickard** costruì una macchina calcolatrice anticipando di 20 anni quella di Pascal e ritenuta da molti addirittura superiore, soprattutto nelle sottrazioni. Distrutto in un incendio, questo congegno fu ricostruito nel 1960.

Il matematico persiano del IX secolo **Al-Khwarizmi inventò uno dei primi algoritmi** della storia: come sommare 2 numeri incolonnandoli e procedendo da destra verso sinistra tenendo conto dei riporti.

L'IMPERATORE DEL SACRO ROMANO IMPERO FEDERICO II DI SVEVIA

SFIDA FRA ABACISTI E ALGORITMISTI IN UN TORNEO MATEMATICO SVOLTOSI A PISA NEL 1223 DAVANTI ALL'IMPERATORE FEDERICO II

☐ LE TAVOLE DEI LOGARITMI

Agli inizi del XVII secolo l'espansione delle nazioni europee e, in particolare, le sorti economiche dell'Inghilterra legate alla navigazione sugli oceani, resero sempre più pressante la necessità di **risolvere complicati problemi di calcolo legati alla determinazione di distanze o di posizioni**. Un potente metodo per semplificare i calcoli sostituendo moltiplicazioni e divisioni con addizioni e sottrazioni nacque con l'introduzione delle tavole logaritmiche per opera dello scozzese John Napier e dell'inglese Henry Briggs, che ne continuò l'opera pubblicando nel 1617 le tavole numeriche che contenevano i logaritmi dei numeri da 1 a 1000. L'aiuto fornito dalle tavole e dai successivi strumenti di calcolo basati sui logaritmi come il regolo, usato dagli ingegneri ancora nella seconda metà del XX secolo, permise di svolgere velocemente una serie di calcoli che altrimenti avrebbero richiesto dei tempi lunghissimi.

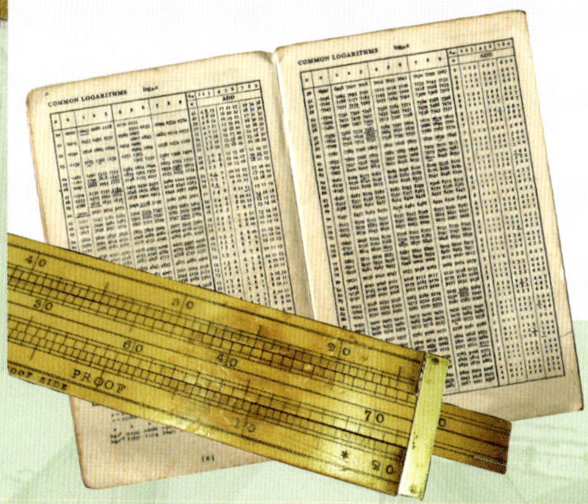

I BASTONCINI DI NEPERO (LE *VIRGULAE NUMERATRICES*) SONO UNO STRUMENTO DI CALCOLO LA CUI INVENZIONE È ATTRIBUITA AL MATEMATICO SCOZZESE JOHN NAPIER NEL 1617; VIENE CONSIDERATO COME UNA TRANSIZIONE TRA IL PALLOTTOLIERE E LE PRIME MACCHINE CALCOLATRICI MECCANICHE COSTRUITE NEGLI ANNI SUCCESSIVI DA SCHICKARD E DA PASCAL.

Lo strumento di calcolo usato dai Greci, soprattutto per quantità non intere, era fornito dalla geometria. Risolvere un problema significava **costruire un segmento che ne rappresentava la soluzione,** dalle semplici addizioni alle divisioni o moltiplicazioni fino all'estrazione di radici quadrate e anche cubiche.

ESTRAZIONE DI UNA RADICE QUADRATA CON IL TEOREMA DI EUCLIDE

⏭ Macchine calcolatrici

La più antica macchina che effettuava calcoli complicati (astronomici) per mezzo di ruote dentate e ingranaggi è la cosiddetta MACCHINA DI ANTICITERA, risalente alla prima metà del I secolo a.C. Dovevano passare quasi due millenni per arrivare alla costruzione di congegni altrettanto elaborati come la CALCOLATRICE DI PASCAL (1642). Da allora il progresso è stato esponenziale e oggi i calcolatori digitali riescono a elaborare calcoli di una complessità inimmaginabile.

LA STAMPA

Nel III secolo a.C. in Cina si hanno evidenze di stampa di disegni su tessuto, un millennio dopo il primo testo stampato con matrici in legno e nel 1023 i primi caratteri mobili per stampare banconote. In Europa la stampa nacque con Johannes Gutenberg verso il 1450.

I CARATTERI MOBILI CINESI FURONO INVENTATI DA BI SHENG VERSO IL 1040. NEL 1403 L'USO DEI CARATTERI MOBILI IN METALLO (RAME) COMPARE IN COREA DOVE LA SCRITTURA, CHE SI BASA SU UN ALFABETO DI 40 SEGNI ANZICHÉ DI MIGLIAIA DI CARATTERI COME IN CINA, NE FACILITA L'UTILIZZO E LA DIFFUSIONE.

Bottega tipografica del Rinascimento: addetto al torchio, inchiostratore, compositore delle forme e incisore dei caratteri.

Xilografia

La tecnica di riprodurre immagini e anche testi brevi incidendo tavolette di legno (dette matrici) permetteva già da secoli la riproduzione in più copie di un originale su tessuti o carta (a partire dall'VIII secolo). In Europa ebbe molta diffusione fin dal 1300 e possiamo considerare proprio la xilografia come la vera e propria madre del processo di stampa.

Johannes Gutenberg

Il moderno processo di stampa con caratteri mobili nacque a Magonza, in Germania, grazie a Johannes Gutenberg che pare non fosse a conoscenza, nonostante gli scambi per vie commerciali, dei caratteri mobili già usati da diversi decenni in Corea.

La prima tipografia

Proveniente da una famiglia i cui interessi economici erano già dedicati alla lavorazione dei metalli, Gutenberg lavorò come orafo occupandosi del conio di monete. Ritornato a Magonza, nel 1450, costituì una società con il banchiere Johannes Fust e l'incisore Peter Schöffer finalizzata alla stampa di una *Bibbia* con il procedimento di composizione da lui inventato e ormai messo a punto.

La rotativa è una **macchina da stampa ad alta velocità**, che viene raggiunta grazie all'alimentazione della carta in bobina anziché in fogli.

IL PUNZONE

Il punzone serve per ottenere i caratteri in più copie. Costituito da un sottile parallelepipedo, sulla cui testa è inciso, in rilievo e a rovescio, un carattere, il punzone, martellato a caldo, crea la matrice dentro la quale vengono fusi in piombo i caratteri.

Nella tipografia rinascimentale lavoravano **apprendisti e operai tra i 15 e i 20 anni**: questi ultimi, se desideravano diventare compositori, dovevano imparare il latino.

☐ LA *BIBBIA* DI GUTENBERG

Il primo libro stampato in Europa con la tecnica dei caratteri mobili fu una *Bibbia* a 42 linee, realizzata da Johannes Gutenberg e dai suoi due soci Johannes Fust e Peter Schöffer fra il 1453 e il 1455 a Magonza, in Germania. Quest'opera è stata inserita dall'UNESCO nel 2001 tra i documenti storici considerati Memorie del mondo. La *Bibbia* di Gutenberg si compone di due volumi per complessive 1286 pagine, in formato 307 x 445 mm; la carta, di qualità, venne importata dall'Italia. Ne furono stampate 180 copie con un lavoro di circa tre anni, il tempo che avrebbe impiegato un amanuense a riprodurne una copia. I fogli stampati contenevano degli spazi vuoti per permettere l'inserimento di miniature e rubriche (parti di testo in rosso, capilettera, inizi di capitoli ecc.). Un acquirente poteva far completare queste parti mancanti da artisti di sua fiducia.

La creazione di caratteri di stampa

La stampa a caratteri mobili si diffuse rapidamente in Europa e, 50 anni dopo, la città con il maggior numero di tipografie era Venezia: lì si trasferì Aldo Manuzio, le cui innovazioni segnarono la storia della stampa moderna.

L'IMPERO OTTOMANO PROIBÌ SIA LA STAMPA SIA LA VENDITA DI LIBRI STAMPATI IN LINGUA ARABA E TURCA. NEL 1538, ALESSANDRO PAGANINI VENNE ARRESTATO E CONDANNATO PER AVER CERCATO DI VENDERE A COSTANTINOPOLI UN CARICO DI CORANI STAMPATI IN ITALIA.

Nel 1298 Wang Zhen, un funzionario dell'imperatore cinese Kublai Khan, sviluppò un **complesso sistema di tavole girevoli** per la composizione con caratteri mobili, associando combinazioni di numeri di circa 30 000 caratteri ideogrammatici in legno e scrivendo anche un manuale.

Stampa offset e linotype

Dalla seconda metà dell'Ottocento, la stampa fu completamente rivoluzionata dalla comparsa delle macchine da stampa OFFSET, che raggiungevano alte velocità, e dalla compositrice a caldo linotype, che fondeva direttamente i caratteri in piombo in una riga seguendo le istruzioni originate dalla composizione delle parole su una tastiera. Queste due innovazioni permisero la redazione e la stampa di giornali in molte copie in giornata.

IL TELEGRAFO

In ogni epoca e civiltà è sempre esistita la necessità di comunicare a distanza. Falò, suoni e segnali ottici furono tutti superati dall'invenzione del telegrafo.

☐ L'ALFABETO MORSE

È la prima forma embrionale di comunicazione digitale basata, anziché su 1 e 0, su linee e punti, combinati con intervalli brevi (tra le lettere), medi (tra le parole) e lunghi per distinguere le frasi. Studiato da Morse fu realizzato dal tecnico statunitense Alfred Vail.

Energia elettrica a disposizione per comunicare

Agli inizi dell'Ottocento, avendo a disposizione uno strumento che poteva generare energia elettrica in modo intenso e continuo (la pila inventata da Alessandro Volta), studiosi e inventori dedicarono le loro energie alla realizzazione di dispositivi che fossero in grado di trasmettere un segnale elettrico a grandi distanze.

I tentativi precedenti

Nel 1774, lo scienziato ginevrino Georges Lesage aveva costruito un apparecchio che trasmetteva un segnale elettrico prodotto da un generatore elettrostatico; funzionava a distanze limitate con un cavo per ogni lettera.

CLAUDE CHAPPE PRESENTA IL SUO TELEGRAFO A NAPOLEONE

Il francese Claude Chappe inventò un **telegrafo ottico** che in 12 minuti trasmetteva un segnale attraverso 120 stazioni.

Fili e trasmissioni

Importante fu l'apporto dello scienziato tedesco Carl August von Steinheil che, nel 1832, scoprì che si poteva utilizzare un solo filo di collegamento fra due stazioni chiudendo il circuito elettrico attraverso la terra. Intanto in Europa si realizzavano diversi dispositivi per la trasmissione di segnali.

☐ IL PANTELEGRAFO, UN'INVENZIONE ITALIANA

Il pantelegrafo era un dispositivo di telecomunicazione in grado di trasmettere immagini statiche in modo simile all'odierno telefax, inventato dall'abate italiano Giovanni Caselli. Napoleone III, imperatore di Francia, ne fu entusiasta e lo fece installare sulle linee telegrafiche Parigi-Lione-Marsiglia, ma anche Russia e Inghilterra si interessarono al dispositivo che era in grado di riprodurre a distanza caratteri, segni e immagini al tratto effettuando una scansione lineare e riproducendo i dati nel ricevitore grazie a una reazione elettrochimica.

Il telegrafo di Samuel Morse

Brevettato nel 1837 dall'americano Samuel Morse, si compone di un generatore elettrico (batteria di pile), una linea di alimentazione e un elettromagnete che opera da ricevitore. Il segnale doveva essere ritrasmesso ogni 32 km da una stazione.

Le prime linee telegrafiche con i cavi elettrici seguivano il percorso dei binari e le **stazioni di trasmissione e ricezione** erano collocate all'interno delle stazioni ferroviarie.

Il funzionamento

Al dispositivo del trasmettitore è collegato un tasto che consente di inviare corrente in linea o di interromperla, provocando nel ricevitore il movimento dell'ancora metallica attratta dal magnete e spinta sul nastro di carta.

FINO AL 1864 I TELEGRAFI ERANO COMPOSTI DA DUE DIVERSI DISPOSITIVI, UNO PER TRASMETTERE E UNO PER RICEVERE; IN QUELL'ANNO THOMAS EDISON BREVETTÒ L'INVENZIONE DEL TELEGRAFO BIDIREZIONALE (FORSE GIÀ REALIZZATO IN AUSTRIA), DOVE UN SOLO DISPOSITIVO POTEVA ESSERE UTILIZZATO PER SVOLGERE ENTRAMBE LE FUNZIONI.

Il primo **cavo sottomarino attraverso l'oceano Atlantico**, che permetteva la comunicazione fra due continenti, venne posato nel 1858 dall'Irlanda a Terranova (Canada) ed era lungo 2200 km.

Dal tasto alla tastiera

Nel 1855 l'anglo-americano David Hughes sostituì al tasto con cui battere le sequenze di punti e linee una tastiera con 28 tasti, abbastanza simile a quella di un pianoforte, con un tasto per ogni lettera dell'alfabeto. Il vantaggio era che l'operatore poteva anche non conoscere il codice Morse e il messaggio veniva ricevuto direttamente in lettere dell'alfabeto; era stampato su fogli di carta da una stampante simile a quelle "a margherita".

LA MACCHINA PER SCRIVERE

Gli storici hanno scoperto che ben 52 inventori, fin dalla seconda metà del Cinquecento, avevano elaborato progetti di macchine per scrivere, ma la prima costruzione industriale venne prodotta negli Stati Uniti nel 1873.

Spesso i martelletti si incastravano tra loro a causa della velocità di battitura. Per limitare ciò, si **posizionarono i tasti in funzione della frequenza di ogni lettera** per essere utilizzati da due mani e poter dattilografare a memoria.

☐ IL CEMBALO SCRIVANO

Può essere considerato come il primo vero e proprio prototipo di macchina per scrivere. Questo dispositivo, brevettato dall'italiano **Giuseppe Ravizza** nel 1855, per quasi vent'anni fu la macchina per scrivere più completa, almeno fino al 1873, data della nascita della *Remington Mod. 1*, ed era già dotato di gran parte delle innovazioni tecnologiche che avrebbero caratterizzato tutte le successive macchine per scrivere. Il nome curioso derivava dalla somiglianza con i tasti del clavicembalo, da cui derivava anche il meccanismo. La macchina utilizzava una tastiera con i tasti collocati su due linee sovrapposte, con le lettere in mezzo e i segni d'interpunzione posti ai lati. I tasti spingevano dei martelletti disposti in cerchio e facevano muovere un nastro inchiostratore che sostituiva il tampone usato per inchiostrare i tasti di scrittura; era dotata di un dispositivo per fissare l'interlinea e di un campanello che suonava a ogni fine riga. Ne vennero costruiti 16 modelli, l'ultimo dei quali, prodotto nel 1881, permetteva la lettura immediata del testo scritto, dato che il foglio era posizionato verticalmente. Nessuno dei modelli realizzati venne però prodotto a livello industriale, contrariamente a quanto avvenne negli Stati Uniti dove si comprese l'importanza di questa invenzione.

I primi tentativi

Nel 1575, il tipografo italiano Francesco Rampazzetto inventa un sistema da lui chiamato "scrittura tattile", perché originato dai primi tentativi d'insegnare ai non vedenti a leggere con il senso del tatto. Questo sistema era basato su elementi montati su aste di legno che configuravano dei caratteri in rilievo.

I primi prototipi di macchine da scrivere

Nel 1714, l'inglese Henry Mill brevetta una macchina che sembra fosse molto simile a una macchina per scrivere; nel 1801, l'italiano Agostino Fantoni, per permettere alla sorella cieca di scrivere, costruisce una macchina poi perfezionata da Pellegrino Turri.

PER FORNIRE INCHIOSTRO ALLA MACCHINA PER SCRIVERE REALIZZATA NEL 1801 DALL'AMICO GIUSEPPE FANTONI, L'ITALIANO PELLEGRINO TURRI INVENTÒ NEL 1806 LA CARTA CARBONE.

LA SCRIVANIA DA LAVORO DI JACK LONDON

Un susseguirsi di invenzioni

Nel 1823, l'italiano Pietro Conti di Cilavegna inventa il tacheografo (dal greco "scrivere velocemente"); sei anni più tardi l'americano William Austin Burt brevetta la *typographer* e, nel 1843, il suo compatriota Charles Thurber sviluppa il *chirographer*, come aiuto per i non vedenti.

Molte macchine per scrivere, come per esempio **quella di Jack London**, hanno davvero scritto la storia della letteratura.

Scrivere parole e note musicali

Nel 1833, il francese Xavier Progin costruisce la PLUME KTYPOGRAPHIQUE, una macchina senza carrello e con un meccanismo che muoveva 66 leve disposte in circolo, con i corrispondenti segni alfabetici, che, sostituite con altre, potevano scrivere anche note musicali. Tre anni dopo, l'italiano Giuseppe Ravizza brevetta il CEMBALO SCRIVANO, la prima macchina per scrivere.

Con le macchine della Sholes, Glidden & Soule (le prime dal 1868) si iniziò l'impiego delle donne come dattilografe.

Grazie al **lavoro di dattilografa** per la prima volta le donne hanno la possibilità di lavorare negli uffici e l'opportunità di far carriera; iniziano anche le possibilità reali di emancipazione dalla famiglia.

La prima macchina per scrivere elettrica

Venne prodotta negli Stati Uniti nel 1902 ma, a causa dell'uso non ancora standardizzato dell'energia elettrica, non ebbe all'inizio una buona diffusione. Oggi il personal computer l'ha sostituita completamente.

Dal cembalo scrivano alla prima macchina industriale

Dopo il cembalo vengono sviluppati ancora altri modelli fino a quando, nel 1868, lo statunitense Christopher Latham Sholes presenta agli industriali Remington il suo brevetto e si inizia la produzione industriale.

L'AMERICANO MARK TWAIN È STATO IL PRIMO SCRITTORE AD AVER PRESENTATO ALL'EDITORE, NEL 1883, IL MANOSCRITTO DEL SUO LIBRO *VITA SUL MISSISSIPPI* COMPLETAMENTE DATTILOSCRITTO DA UNA COPISTA CON UNA *REMINGTON*.

IL TELEFONO

Già anni prima del telefono elettromagnetico esistevano dispositivi meccanici acustici per trasmettere voce e musica a distanze anche rilevanti per mezzo di tubi o altri supporti, come le corde, nei quali il suono produceva delle vibrazioni.

☐ IL TELEFONO A SPAGO

Della trasmissione del suono a distanza si interessò lo scienziato inglese **Robert Hooke** che, nel 1667, realizzò un telefono a spago. Questo dispositivo riuscì a fare concorrenza ai primi telefoni elettromagnetici, ma la portata restò molto limitata sebbene quella di un modello del 1888 per le ferrovie raggiungesse i 4,8 km.

Meucci stava localizzando la zona dei reumatismi di un paziente con l'**elettroterapia** quando da un'altra stanza, attraverso il filo conduttore, udì il grido di questi che aveva ricevuto una scossa.

Il primo dispositivo di Meucci

L'italiano Antonio Meucci, durante dei trattamenti di elettroterapia, scoprì la tramissione della voce attraverso il filo elettrico tra lui e il suo paziente. Nel 1854 realizzò il primo prototipo di telefono, che chiamò telettrofono, usato per comunicare dal suo laboratorio con la stanza dove vi era la moglie, costretta a letto da una malattia.

Meucci adottò un circuito a 4 fili allo scopo di **separare i due sensi di trasmissione** per evitare nella ricezione i rumori di fondo, quel disturbo noto come **effetto locale**.

☐ LA DISPUTA SULLA PATERNITÀ DELL'INVENZIONE

Meucci aveva sottoposto alla **compagnia telegrafica Western Union** diversi prototipi del suo telefono per ottenere finanziamenti. La società rifiutò l'offerta, ma non restituì il materiale a Meucci sostenendo di averlo perso; nel 1876 Alexander Graham Bell, avendo avuto accesso al materiale di Meucci brevettò l'invenzione. Ne nacque una lunga controversia legale, ma nel frattempo l'italiano moriva in povertà.

Far parlare un automa

Nel 1865, lo scienziato e inventore italiano Innocenzo Manzetti presentò alla stampa il suo TÉLÉGRAPHE VOCAL, un vero e proprio telefono elettromagnetico in grado di trasmettere la voce a una distanza superiore al mezzo chilometro. Manzetti aveva lavorato al telefono già molti anni prima, allo scopo di far parlare il suo SUONATORE DI FLAUTO, un automa realizzato nel 1840 che suonava per mezzo di aria compressa e programmato da un cilindro rotante.

L'ingegnere ungherese Tivadar Puskás ebbe l'idea della **centrale telefonica,** che venne realizzata a Boston nel 1877 dalla compagnia telefonica di Graham Bell.

Meucci: venti anni di prototipi

Dopo la realizzazione del suo prototipo, lavorò per 20 anni alla sua invenzione migliorandola, producendo una trentina di modelli e riuscendo a ottenere, verso il 1865, uno strumento tecnicamente completo nelle sue funzioni.

LA PRIMA TELEFONATA NEL MONDO A LUNGA DISTANZA AVVENNE IL 10 AGOSTO DEL 1876 FRA BRANTFORD E PARIS, NELL'ONTARIO. IL SEGNALE AVEVA PERCORSO 106 KM DI LINEA TELEFONICA PASSANDO ANCHE PER TORONTO.

Nel primo microfono di Meucci **il diaframma vibrante era in pelle**, ma nel modello costruito tra il 1858 e il 1860 questo era stato sostituito con una lamina completamente in metallo.

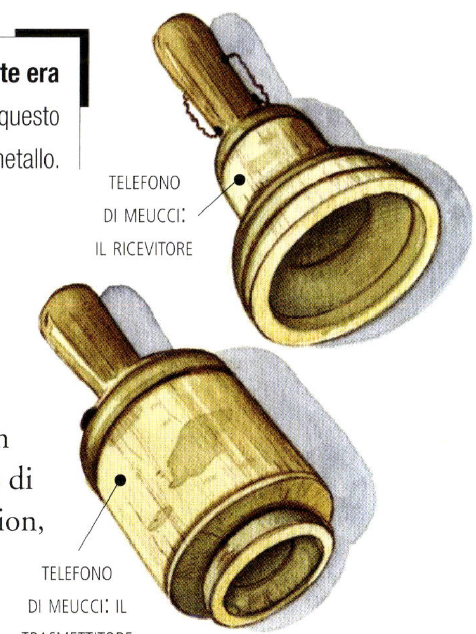

Graham Bell, Elisha Gray e la Western Union

Nel 1876 Alexander Graham Bell, probabilmente entrato in possesso del materiale di Meucci, brevettò un apparecchio identico al telettrofono di Meucci offrendolo alla Western Union, che lo rifiutò classificandolo come un giocattolo; allora Bell creò una sua società per la diffusione del telefono. La Western Union però cambiò idea e puntò su un brevetto concorrente di Elisha Gray; ne nacque una causa con la Bell Company, già impegnata a difendersi contro Meucci.

IL SUONO SI PROPAGA NELL'ARIA A UNA VELOCITÀ DI CIRCA 340 METRI AL SECONDO, MENTRE NEL TELEFONO IL SUONO, TRASFORMATO IN UN SEGNALE ELETTRICO, VIAGGIA A UNA VELOCITÀ FRA I 20 E I 35 000 KM AL SECONDO ATTRAVERSO CAVI AEREI, E ADDIRITTURA CIRCA 300 000 KM AL SECONDO SE LA TRASMISSIONE AVVIENE CON ONDE ELETTROMAGNETICHE COME NEI TELEFONI CELLULARI.

IL COMPUTER

Insieme al televisore, il computer è lo strumento tecnologico simbolo che più di altri ha cambiato le abitudini umane negli ultimi decenni; è certamente il protagonista principale di quella che viene chiamata la terza rivoluzione industriale.

☐ LA PROGRAMMAZIONE

Il computer è una **macchina calcolatrice** in grado di effettuare calcoli a velocità incredibili, ma solo se riceve istruzioni per eseguirli. Per questo necessita di sequenze ordinate di istruzioni (software) che, a partire dai dati in ingresso, restituiscano risultati in uscita in seguito alla loro elaborazione o manipolazione da parte dell'hardware della macchina.

Ada Byron e Charles Babbage immaginarono il comportamento dei computer prima che la tecnologia fosse in grado di realizzarli; ci volle un secolo prima che questi fossero in grado di espletare tutte le funzioni che i due avevano previsto.

I padri del computer

Tre persone hanno dato un contributo fondamentale per la nascita del calcolatore elettronico. Due sono inglesi: CHARLES BABBAGE, che nel 1837 progettò la macchina analitica, il primo vero calcolatore programmabile in senso moderno, e ADA BYRON, figlia del poeta George, che scrisse i primi programmi per la macchina di Babbage. La terza è l'irlandese GEORGE BOOLE, che inventò il codice binario e l'algebra di Boole.

IL *PROGRAMMA 101* DELL'ITALIANA OLIVETTI È STATO IL PRIMO CALCOLATORE COMMERCIALE DIGITALE, PROGRAMMABILE, DI DIMENSIONI RIDOTTE E VENDUTO A UN PREZZO ACCESSIBILE.

Componenti essenziali e di supporto

Nel 1858, gli svedesi Georg e Edvard Scheutz svilupparono il progetto di Babbage realizzando una macchina per calcolare polinomi e, nel 1889, lo statunitense Herman Hollerith brevettò l'utilizzo delle schede perforate, che sarebbero rimaste in uso fino all'avvento dei floppy disk. Fondamentale per la trasformazione dei sistemi di calcolo da meccanici a elettronici, molto più veloci, fu l'invenzione delle valvole termoioniche che, dopo un trentennio di studi ed esperimenti, vennero realizzate dall'inglese John Ambrose Fleming (il diodo) nel 1904 e dall'americano Lee De Forest nel 1906 (il triodo).

PRESENTAZIONE DEL *PROGRAMMA 101* DURANTE UNA FIERA ALLO STAND DELL'OLIVETTI

FU SVILUPPATO NEGLI ANNI TRA IL 1962 E IL 1964

Il *Programma 101* dell'Olivetti, il primo personal computer.

Il *Colossus* era **in grado di decifrare 4000 messaggi al giorno** con una potenza simile a quella di un piccolo processore degli anni '90.

Alan Turing

Dopo il MEMEX, ideato negli anni trenta da Vannevar Bush, BOMBA del polacco Marian Rejewski e altri progetti, il matematico e logico inglese Alan Turing ideò un modello astratto di macchina ideale in grado di eseguire algoritmi che permise durante il periodo bellico di costruire il COLOSSUS, un potentissimo calcolatore.

CON LA DIFFUSIONE DEL COMPUTER, NASCE QUELLA CHE GLI STUDIOSI DEFINISCONO LA SOCIETÀ DELL'INFORMAZIONE, CARATTERIZZATA DAL PREVALERE DI BENI IMMATERIALI, COME LE INFORMAZIONI, RISPETTO A QUELLI MATERIALI DELL'INDUSTRIA.

Il personal computer

Il funzionamento del modello detto macchina di Turing suggerì, nel 1946, a John von Neumann l'idea che la memoria dovesse contenere non solo i risultati delle operazioni svolte dal computer, ma anche le istruzioni di programmazione. Questa caratteristica, unitamente alla riduzione delle dimensioni, permise la nascita del personal computer, che in pochi anni si diffuse in tutto il mondo con una crescita esponenziale diventando un oggetto ormai presente in ogni abitazione.

Il *Colossus* venne **fatto costruire in gran segreto dalla Royal Navy britannica** durante la seconda guerra mondiale per decifrare i messaggi in codice inviati dagli *U-boot* tedeschi, che usavano la macchina crittografica *Enigma*.

ESEMPLARE DI *PROGRAMMA 101*

TRANSISTOR E CIRCUITI STAMPATI

L'invenzione dei transistor, che sostituivano le valvole termoioniche, **permise di ridurre incredibilmente le dimensioni dei computer** raccogliendo e miniaturizzando le istruzioni di base del sistema operativo in sottili pannelli, chiamati circuiti stampati, utilizzati per interconnettere tra di loro i vari componenti elettronici di un circuito tramite piste conduttive incise su di un materiale non conduttivo.

CONOSCERE IL CORPO UMANO

Parallelamente allo studio delle leggi della natura, l'uomo ha dovuto anche occuparsi di se stesso, spinto da una necessità pratica: quella di affrontare le malattie.

Malattie e ferite di guerra

Cercare di far guarire da traumi occasionali, ferite di guerra e malattie è stato uno dei compiti più ardui che l'uomo ha dovuto affrontare fin dagli albori della preistoria, trovando le più disparate soluzioni, dai rituali sciamanici alle preghiere e ai sacrifici religiosi. Fu in Grecia che

▲ Asclepio, il dio greco della medicina, raffigurato con un serpente che, se attorcigliato al suo bastone, è il simbolo internazionale che identifica i mezzi di soccorso sanitario.

▼ *La lezione di anatomia del dottor Tulip*, il famoso dipinto di Rembrandt del 1632 che ha come soggetto l'anatomia.

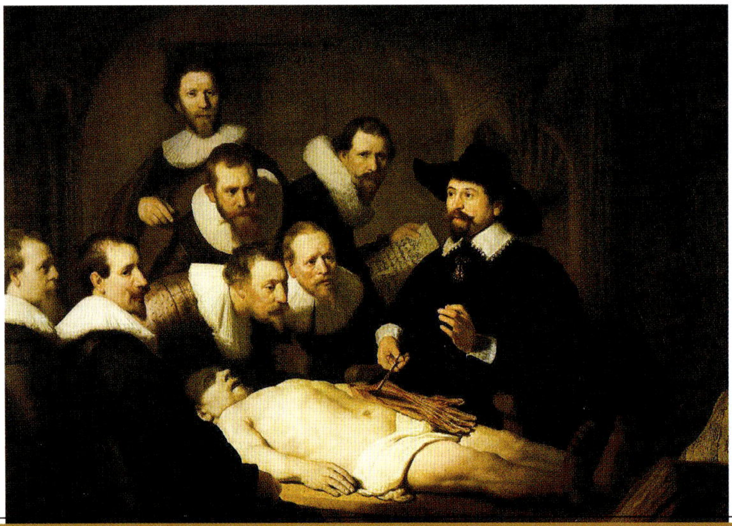

si sviluppò una medicina laica e più tardi, presso le scuole filosofiche, la medicina scientifica, che arrivò a risultati molto avanzati durante il periodo ellenistico.

Studi anatomici

L'unico mezzo per comprendere la struttura interna del corpo umano è la dissezione di cadaveri. Concezioni religiose hanno a lungo impedito questa pratica,

• DISEGNI E MODELLI

Un grande aiuto al progresso nella conoscenza del corpo umano fu la realizzazione di disegni molto accurati e poi di modelli in grandezza naturale, con le parti anatomiche illustrate in colori diversi per distinguere i vari organi, arterie o vene ecc.

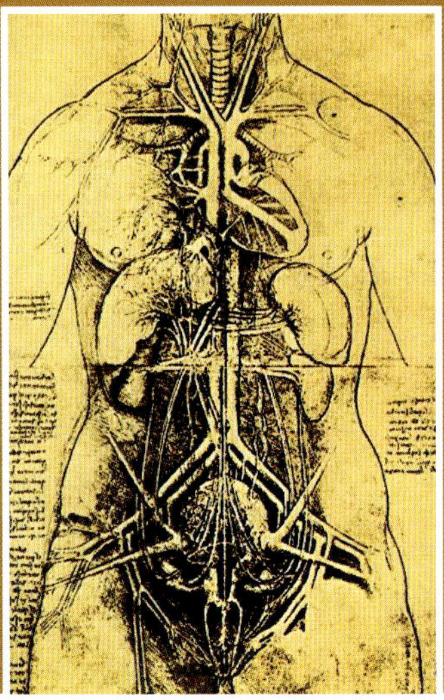

• LA DOPPIA ELICA

Nel 1953, James Watson e Francis Crick presentano alla comunità scientifica il loro modello della struttura della macromolecola del DNA, ottenendo per questo il premio Nobel. Un aiuto importante è stata l'analisi di fotografie ottenute con diffrazione a raggi x dalla scienziata Rosalind Franklin.

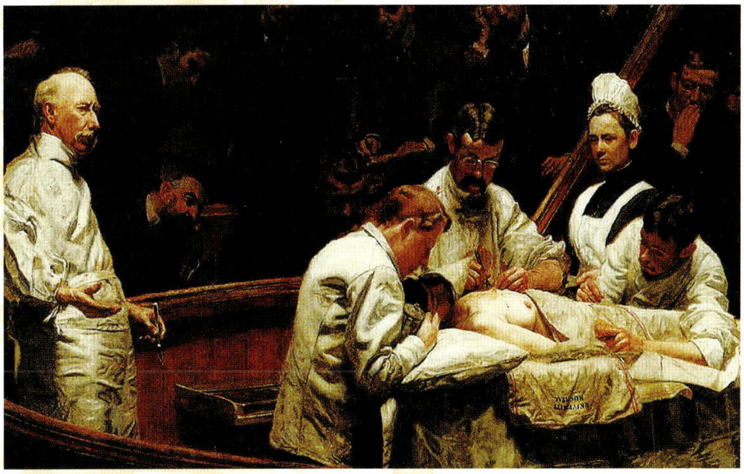

◀ Un dipinto del 1889 del pittore inglese Thomas Eakins: fu il primo nel quale i dottori indossavano camici bianchi al posto del tradizionale abbigliamento in nero.

206 OSSA LEGATE FRA DI LORO DA 68 ARTICOLAZIONI

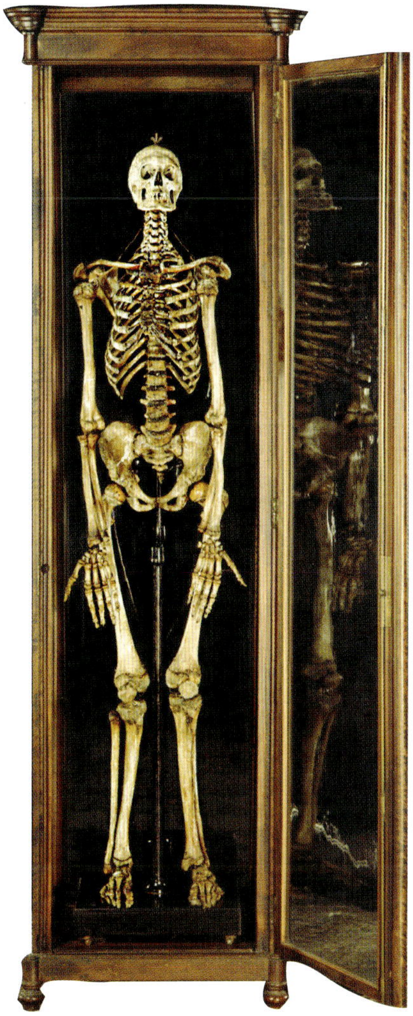

che ebbe origini in Grecia e il suo massimo sviluppo ad Alessandria d'Egitto; dopo una stasi durante il Medioevo, riprese nel Trecento per essere comunemente praticata dal Rinascimento in poi.

Difendersi dalle epidemie

Per secoli l'uomo ha lottato contro le epidemie, malattie infettive che colpivano quasi simultaneamente collettività di individui. Essenziale, anche prima di conoscerne le cause, fu l'osservazione che la sopravvivenza a un'infezione sviluppava l'immunità all'infezione stessa. Il primo vero e proprio vaccino fu scoperto da Edward Jenner, che inoculò materiale proveniente da una pustola di vaiolo bovino in un bambino di 8 anni il quale guarì. Da lì a poco il vaccino venne prodotto in grandi quantità e s'iniziò la vaccinazione di massa, che permise di salvaguardare intere popolazioni da contagi.

Il codice della vita

Una tappa fondamentale è stata la scoperta della struttura a doppia elica del DNA, acido desossiribonucleico, la macromolecola che contiene le informazioni genetiche indispensabili per lo sviluppo e il corretto funzionamento della maggior parte degli organismi viventi.

▶ Scheletro gigante per studi medici sulla patologia detta "gigantismo", appartenente a un maschio morto all'età di 18 anni e alto 2,19 m.

• KIT DI UN CHIRURGO DEL 1860

Manuali, stetoscopio e cassetta con strumenti chirurgici nel corredo di un medico militare durante la guerra civile americana. Gli strumenti includono alcuni tipi di seghetti per il taglio di ossa, forcipi utilizzati per l'estrazione di proiettili, coltelli e altri attrezzi primari da usare per le amputazioni, a quel tempo molto frequenti per evitare possibili cancrene.

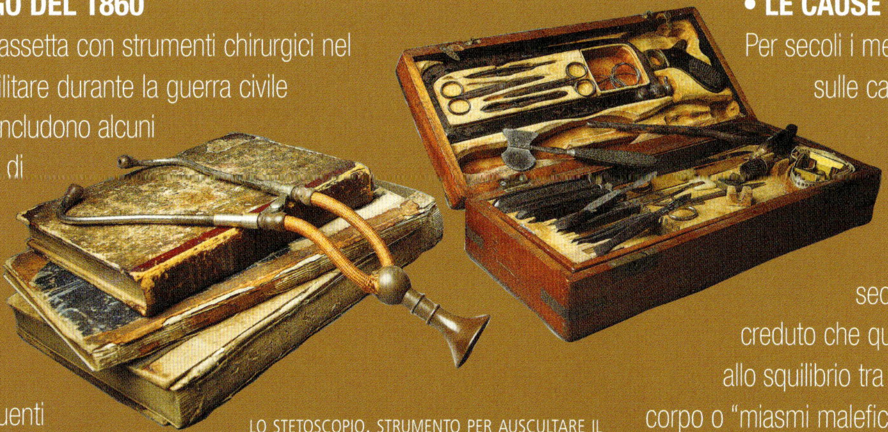

LO STETOSCOPIO, STRUMENTO PER AUSCULTARE IL TORACE, FU INVENTATO IN FRANCIA NEL 1816

• LE CAUSE DELLE MALATTIE

Per secoli i medici hanno discusso sulle cause che originavano le malattie, cause che furono definitivamente individuate nel XIX secolo, dopo che si era creduto che queste fossero dovute allo squilibrio tra i "quattro umori" del corpo o "miasmi malefici", quanto addirittura a stregonerie, maledizioni o punizioni divine.

ANATOMIA DEL CORPO UMANO

L'anatomia nasce nel III secolo a.C. ad Alessandria d'Egitto grazie a Erofilo di Calcedonia e a Erasistrato di Cnido.

Il luogo adibito alle dimostrazioni anatomiche pubbliche per mezzo della dissezione dei cadaveri era **l'anfiteatro anatomico**; il più antico è quello dell'Università degli Studi di Padova e risale al 1594.

LO STORICO SVETONIO RACCONTA CHE ANTISTIO, IL MEDICO DI GIULIO CESARE, PRATICÒ UN'AUTOPSIA SUL CADAVERE DEL DITTATORE E RIUSCÌ A STABILIRE QUALE DELLE 23 PUGNALATE FOSSE STATA QUELLA REALMENTE MORTALE.

PRIMA DI EROFILO

Prima degli studi di Erofilo **quasi tutte le conoscenze delle parti anatomiche derivavano dal bue**, la cui struttura corporale era abbastanza nota, soprattutto ai sacerdoti che usavano questo animale nei sacrifici rituali agli dèi. I medici, ai quali era negata la possibilità di esaminare i cadaveri per motivi religiosi, si basavano, per analogia, sulla struttura del bue, il cui organo più importante, il cuore, differisce da quello umano nell'avvitamento dei seni venosi, aspetto importante nello studio della circolazione sanguigna.

La scuola medica di Alessandria

Alessandria fu il punto d'incontro della vecchia anatomia egizia praticata dai sacerdoti con la medicina greca: la nuova scuola medica che si affermò nel Museo grazie al favore dei re tolemaici considerò la dissezione dei cadaveri essenziale per la conoscenza del corpo umano.

Le scoperte più importanti

Grazie all'anatomia si scoprirono i nervi, che vennero divisi in SENSORI e MOTORI con il centro del sistema nel cervello, e si introdussero molti termini scientifici che sono ancora oggi usati nella medicina.

Scimmie e maiali

In epoca imperiale cessa la pratica della dissezione e gli studiosi ripiegano, come in passato, sull'esame degli organi degli animali. Così Galeno (II secolo d.C.) riporta l'anatomia di macachi e maiali comparandola con quella umana.

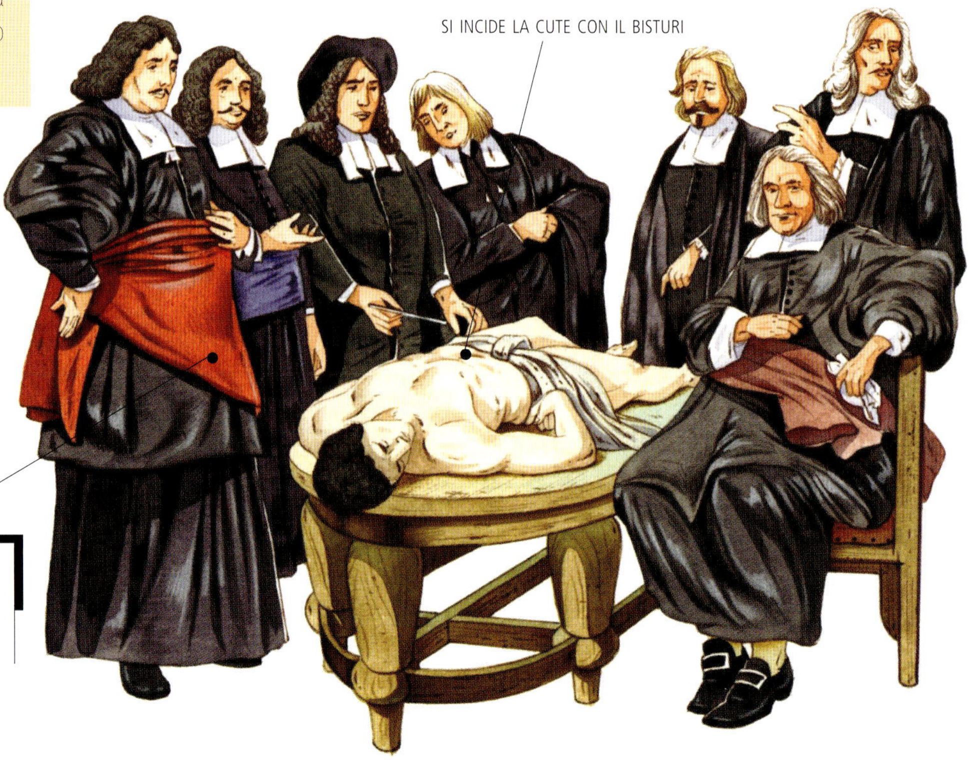

Dal '600 in avanti lo **studio dell'anatomia** si svolgeva negli ospedali, i luoghi dove si curano i malati ma al contempo si fa ricerca.

Un vuoto di 15 secoli

Verso il 1315, con l'italiano Mondino de' Liuzzi, ripresero gli studi anatomici che ebbero un forte sviluppo nel Rinascimento. Per due secoli il trattato scritto da Liuzzi, l'*Anatomia Mundini*, fu il testo base delle scuole di medicina. Un contributo importante venne dato dalla diffusione dei disegni anatomici, che raggiunsero un altissimo livello con Leonardo da Vinci.

Si osservano tessuti umani con il microscopio.

Nel XVII secolo, con l'invenzione del microscopio, si sviluppò l'**anatomia microscopica**, che oggi è suddivisa in due rami: l'**istologia**, che studia i tessuti, e la **citologia**, che studia le cellule.

Andrea Vesalio

Fiammingo e medico di corte dell'imperatore Carlo V, è considerato il fondatore della moderna anatomia. Riscrisse completamente le conoscenze mediche e anatomiche allora in uso con lo studio di autopsie e la dissezione di cadaveri.

Autopsie

Nel 1507, Leonardo da Vinci descrive l'autopsia di un uomo morto in un ospedale di Firenze e ne attribuisce il decesso al restringimento delle coronarie: è la prima osservazione di anatomia patologica con l'individuazione di arteriosclerosi.

«NESSUN CHIRURGO SIA AMMESSO ALLA PRATICA SE NON PRESENTA LETTERE DI MAESTRI ATTESTANTI CHE EGLI, ALMENO PER UN ANNO, HA IMPARATO NELLA SCUOLA L'ANATOMIA DEI CORPI UMANI E SIA PERFETTAMENTE ISTRUITO IN TALE BRANCA DELLA MEDICINA» (DALLE *COSTITUZIONI DI MELFI* PROMULGATE DALL'IMPERATORE FEDERICO II NEL 1231).

Tra i moltissimi **disegni anatomici** elaborati da Leonardo troviamo la struttura del cranio, il funzionamento del sistema muscolo-scheletrico e di quello delle valvole cardiache.

Anatomia su corpi viventi

Alla fine del XIX secolo la radiologia consente l'osservazione di organi interni nel corpo vivente, mentre, dopo il 1950, il microscopio elettronico permette di studiare strutture anatomiche con dimensioni di 3 milionesini di metro.

□ I MODELLI ANATOMICI IN CERA

Lo svilupparsi degli **studi anatomici nel Rinascimento** coinvolse anche artisti (come Leonardo, Raffaello e Michelangelo) per elaborare disegni di organi del corpo umano quanto più possibile fedeli alla realtà. Alla fine del Seicento lo scultore italiano Gaetano Zumbo produsse i primi modelli del corpo umano in cera colorata, di impressionante fedeltà. Da allora modelli anatomici in cera furono utilizzati nella didattica medica evitando così di impiegare cadaveri durante le lezioni; gli impasti di cera venivano colorati per evidenziare vene, arterie e singoli organi.

CURA DELLE MALATTIE

Fin dalla preistoria, l'uomo ha utilizzato tecniche o rituali per affrontare le sofferenze degli individui colpiti da traumi o da malattie. La percezione delle cause delle malattie è cambiata più volte nel corso dei secoli e solo oggi le procedure mediche si fondano su conoscenze che rendono le cure efficaci.

☐ OSPEDALI

Nell'antichità i malati trovavano cure e assistenza presso i templi; in Grecia, in quelli dedicati al dio Esculapio, si andarono formando le prime **scuole di medicina**. I primi ospedali in senso moderno nacquero durante le crociate a cura degli ordini cavallereschi e ben presto furono gestiti direttamente da entità statali.

In età ellenistica comparvero le *iatrinai*: **donne che praticavano la professione sanitaria** a tutti gli effetti, dopo una adeguata formazione specialistica, e curavano indistintamente donne e uomini.

⏭ La medicina greca e ellenistica

I Greci furono i primi a introdurre i concetti di DIAGNOSI MEDICA (individuazione della malattia attraverso i sintomi), di PROGNOSI (previsione dell'andamento della malattia) e dell'ETICA MEDICA (il giuramento di Ippocrate). Con la scuola di Alessandria si iniziò ad affrontare gli studi di medicina con metodo scientifico.

Le larve delle zanzare sono presenti sulle rive delle anse, dove l'acqua è stagnante.

Studi sulla malaria

Contro l'opinione corrente che riteneva che le infezioni fossero causate da miasmi, nel 1712 l'italiano Giovanni Maria Lancisi affermò che la malaria si trasmetteva per mezzo delle zanzare che vivevano nelle zone paludose. Ipotizzò anche due possibili vie di infezione: la prima che le zanzare depositassero organismi microscopici in cibi o bevande e la seconda che gli insetti inoculassero direttamente nelle ferite la loro saliva che conteneva liquido velenoso.

Giovanni Lancisi studiò le zanzare che infestavano le **paludi dell'Agro Pontino** e intervenne con papa Clemente XI affinché fossero bonificati quei territori.

La stasi e rinascita della medicina nel Medioevo

Grazie ai contatti con il mondo islamico, in Italia nacque la prima grande scuola medica occidentale, quella Salernitana, e nel corso del Duecento e del Trecento furono istituite le prime università in molte città europee.

SECONDO LA TEORIA DEGLI UMORI CONCEPITA DA IPPOCRATE DI COO (V-IV SECOLO A.C.), LE MALATTIE ERANO CAUSATE DA SCOMPENSI FRA I QUATTRO UMORI DI BASE DEL CORPO UMANO: BILE NERA, BILE GIALLA, FLEGMA E SANGUE.

Il farmacista esercitava l'arte della **farmacopea (preparazione dei farmaci)**: questi erano conservati in vasi di ceramica ed erano elencati e catalogati nei ricettari.

La comprensione delle cause delle malattie

I medici discussero a lungo se la causa di un morbo risiedesse in un unico fattore o se fosse il risultato di molteplici fattori che agissero sinergicamente. Nell'Ottocento questi due punti di vista furono sostenuti con opposte tesi da Louis Pasteur e Claude Bernard; oggi sono entrambe accettate: malattie come le infettive hanno una causa ben definita, mentre altre dipendono da più fattori.

Lo sviluppo dopo il Rinascimento

I contatti fra le università favorirono i progressi nelle conoscenze mediche; si iniziò a studiare il funzionamento degli organi arrivando a scoprire la circolazione sanguigna.

Marcellino (II secolo d.C.) riporta che l'orologio ad acqua usato da Erofilo veniva calibrato in base all'età del paziente.

IN OCCIDENTE, DOPO LA FINE DELL'ETÀ GRECO-ROMANA, PER LUNGO TEMPO SI CREDETTE CHE LE MALATTIE PENETRASSERO NEL CORPO A CAUSA DELLA DILATAZIONE DEI PORI DELLA PELLE FAVORITA DAI BAGNI FREQUENTI E CALDI, PERCHÉ IL CALORE NE AVREBBE AUMENTATO L'APERTURA. SOLO DAL SEICENTO SI INIZIÒ A CONSIDERARE L'IGIENE PERSONALE UN MEZZO DI PREVENZIONE DELLE MALATTIE.

VACCINI E PENICILLINA

L'idea della creazione di un vaccino si basa sull'osservazione, fatta già al tempo della peste che colpì Atene nel 430 a.C., che le persone che sopravvivono a un'epidemia restano quasi sempre immuni all'agente patogeno che l'ha causata.

Nel 1796 Jenner inocula a **James Phipps**, un bambino di otto anni figlio del suo giardiniere, del materiale prelevato dalle lesioni sul corpo di Sarah Nelmes, una lattaia che aveva contratto il vaiolo bovino.

EPIDEMIE E PROTEZIONI

Una delle epidemie più ricorrenti nel corso dei secoli fu la peste; quella abbattutasi sull'Europa a metà del Trecento ne ridusse di un terzo la popolazione. Con l'avvento dell'età industriale e il miglioramento delle condizioni sanitarie e igieniche, le epidemie si ridussero sensibilmente e nel giro di pochi decenni la malattia fu sconfitta definitivamente con antibiotici e vaccini. I medici erano impotenti di fronte alle epidemie e la loro maggiore preoccupazione era di non essere a loro volta contaminati per poter offrire assistenza agli ammalati. A questo scopo i medici indossavano una tonaca nera lunga fino alle caviglie, un paio di guanti, un paio di scarpe, un cappello a tesa larga, una maschera a forma di becco, dove erano contenute erbe aromatiche per non sentire l'odore dei malati e dei moribondi, e impugnavano una canna con la quale toccare i malati. La maschera dalla forma curiosa aveva la funzione di un respiratore, all'interno del quale erano contenute sostanze profumate in grado di allontanare i cattivi odori che erano ritenuti causa scatenante delle epidemie.

Il vaiolo

Fra tutte le malattie infettive il vaiolo era quella ancora più diffusa in Europa alla fine del Settecento. L'idea di contrastare il vaiolo usando materiale prelevato dalle lesioni sembra fossa già utilizzata in Cina nel X secolo. In Europa e in Medio Oriente si praticava la VARIOLIZZAZIONE mediante inoculazione, anche per sfregamento, di materiale infetto.

Edward Jenner (1749-1823)

Va a questo medico e naturalista britannico il merito di aver capito che si poteva anche usare materiale prelevato da animali (bovini) infettati da agenti patogeni di ceppi similari a quello del vaiolo.

ALBERT SABIN NEL 1957 SVILUPPÒ IL VACCINO CONTRO LA POLIOMIELITE, RINUNCIANDO ALLO SFRUTTAMENTO COMMERCIALE AFFINCHÉ IL PREZZO PIÙ BASSO NE PERMETTESSE UNA VASTA DIFFUSIONE.

Produzione di vaccini

Dopo un primo rifiuto da parte della Royal Society, la pratica di usare il metodo di Jenner si diffuse presto sia in Inghilterra sia in Europa. Venne coniato il termine "vaccinazione" e nel 1805 Napoleone Bonaparte rese obbligatorio il vaccino per i soldati del suo esercito.

ADDETTA ALLA MUNGITURA DELLE MUCCHE

Edward Jenner aveva notato che le **mungitrici** che prima si erano infettate con il vaiolo bovino restavano poi immuni dal contrarre questa malattia infettiva.

Louis Pasteur (1822-1895)

Il passo successivo nello sviluppo di vaccini si ebbe grazie al chimico francese Louis Pasteur, che viene considerato il fondatore della moderna microbiologia. Pasteur creò le basi scientifiche degli studi sull'immunità, ottenendo risultati positivi con il tetano e con la rabbia, malattie non molto diffuse ma sempre con esito mortale. Nel 1888, fondò a Parigi un istituto di ricerca per lo studio delle malattie infettive che diresse fino alla sua morte.

Le capsule di Petri, piccoli recipienti di forma cilindrica in vetro o plastica, vengono usate per le colture biologiche.

Alexander Fleming, mentre nel suo laboratorio esamina delle culture batteriche coltivate in capsule di Petri, nota che nelle zone dove si è **formata della muffa** queste si sono completamente dissolte.

La penicillina

Sebbene le proprietà delle muffe fossero già state individuate dal medico italiano Vincenzo Tiberio, la scoperta della penicillina fu dovuta allo scozzese Alexander Fleming nel 1929. Venne poi usata dal 1941 durante la seconda guerra mondiale.

Le cellule che conservano la memoria

I vaccini inducono il sistema immunitario a produrre cellule cosiddette "della memoria". Tali cellule permettono all'organismo di reagire efficacemente a ogni ulteriore contatto con quello stesso agente infettivo.

ALCUNI VIRUS (COME QUELLI DI RAFFREDDORE, INFLUENZA E AIDS) HANNO UN ALTO NUMERO DI MUTAZIONI CHE LI RENDONO NON RICONOSCIBILI DALLE CELLULE DELLA MEMORIA, COMPLICANDO NOTEVOLMENTE LO SVILUPPO DI VACCINI.

LA DOPPIA ELICA

L'acido desossiribonucleico, più noto come DNA, è la sede del patrimonio genetico di ogni essere vivente. Scoperto nel 1869, occorsero anni per capirne la struttura molecolare.

I componenti della macromolecola

Nel 1919, si capì che questa molecola di grandi dimensioni era composta di basi azotate, zuccheri e fosfati (nucleotidi), ma, con le conoscenze allora note dei legami che intercorrevano fra le molecole, non si riusciva a stabilire come queste fossero tra loro collegate.

La forma della macromolecola del DNA

È costituito da unità ripetute di nucleotidi che formano una catena molto sviluppata in lunghezza, sebbene occupi uno spazio molto ridotto. Il più grande cromosoma umano, il *cromosoma 1*, contiene ben 250 milioni di coppie di basi disposte tra due filamenti.

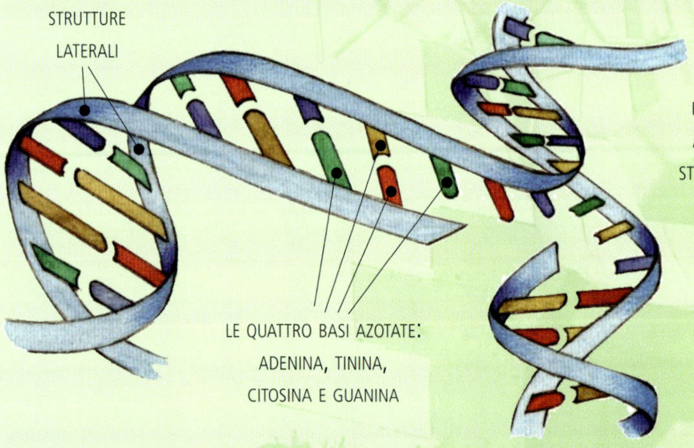

Con la replicazione si produce una copia del DNA: **la doppia elica si divide in due** e le basi azotate di ciascuna metà consentono l'accoppiamento con la base associata, formando il filamento mancante.

I geni e il genoma

Tratti ben definiti di DNA in sequenza costituiscono i GENI, unità fondamentali deputate alla trasmissione delle informazioni ereditarie in ogni essere vivente. L'insieme di tutte queste informazioni genetiche depositate nelle sequenze di DNA costituisce il GENOMA. Per mezzo di una ricerca durata dal 1990 al 22 giugno 2000, sono stati identificati e mappati tutti i geni del genoma umano.

□ LA FOTO NUMERO 51

Fondamentale per la scoperta della struttura a doppia elica è stato il contributo della ricercatrice britannica **Rosalind Franklin**, che utilizzò i raggi X per rilevare la struttura cristallina della molecola di DNA. Con una fotografia scattata nel maggio 1952 (la numero 51), la scienziata ottenne un'immagine dalla quale si poté individuare la forma elicoidale della struttura B del DNA di un organo di un vitello.

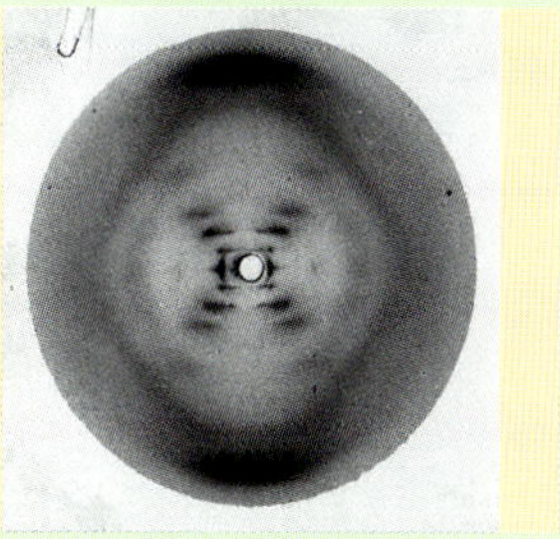

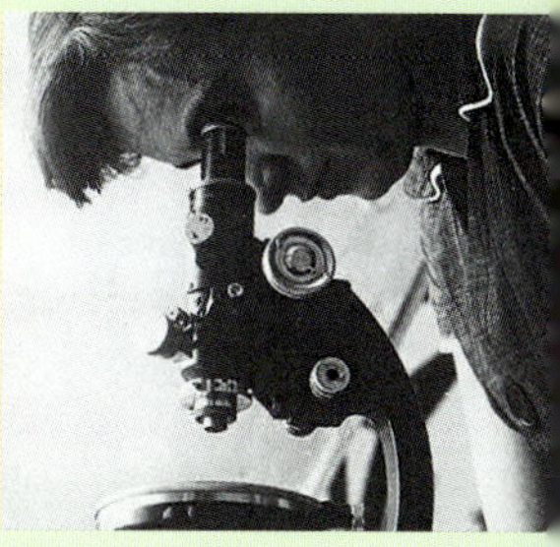

La struttura a doppia elica

Basandosi sulle deduzioni di Rosalind Franklin dalle fotografie a raggi X del DNA, il britannico Francis Crick e lo statunitense James Watson costruirono un modello di una struttura a doppia elica i cui due filamenti avevano direzioni opposte.

La conoscenza della replicazione

La conoscenza della struttura del DNA fece comprendere rapidamente il meccanismo della sua replicazione, ma non si conosceva ancora il modo in cui i geni trasmettono l'informazione genetica e come lo stesso DNA influisca sulla cellula.

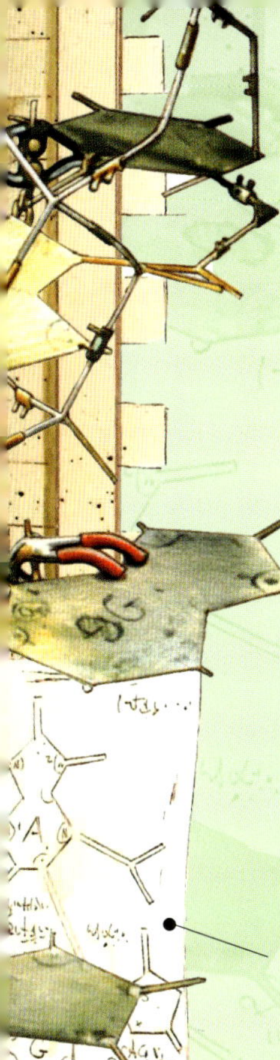

L'articolo inviato alla prestigiosa rivista *Nature* da Watson e Crick conteneva un **bozzetto del modello di struttura** disegnato da Odile Speed, moglie di Crick, secondo le indicazioni del consorte.

Watson e Crick costruiscono il modello delle struttura del DNA utilizzando cartone e filo di ferro per simulare la posizione delle molecole.

Segmenti di DNA possono essere assemblati artificialmente e inseriti all'interno di organismi viventi, che vengono poi chiamati **OGM**, ovvero "organismi geneticamente modificati".

COMPARANDO SEQUENZE DI DNA ALL'INTERNO DI UNA STESSA SPECIE, È OGGI POSSIBILE STUDIARE LA STORIA GENETICA DI PARTICOLARI POPOLAZIONI CHE NEL CORSO DEI SECOLI SI SONO SPOSTATE IN MASSA O CHE SI SONO ANCHE DIVISE SU PIÙ TERRITORI.

La decifrazione del codice genetico

Ricerche di fisici, chimici, genetisti e biochimici (1961-1966) culminarono con la decifrazione del "codice genetico", il meccanismo che presiede alla sintesi proteica chiarendo quel complicato processo cellulare che fa disporre gli amminoacidi nella sequenza corretta per la sintesi proteica e la formazione di una nuova macromolecola di DNA.

MODIFICARE LA NATURA

Per i latini l'uomo è *Homo faber*, ovvero un artefice capace di creare, costruire e trasformare l'ambiente e la realtà in cui vive adattandoli ai suoi bisogni.

Trasportare l'acqua

Le prime canalizzazioni di acque per irrigare i campi e per rifornire le città comparvero in Mesopotamia. Resti di acquedotti confermano che già a quel tempo esistevano anche condotte coperte. La tecnologia degli acquedotti fu molto sviluppata nel periodo ellenistico quando, grazie agli studi di idrostatica, veniva già utilizzato il principio del sifone. I Romani costruirono tantissimi acquedotti, con strutture ad arco imponenti, ma tutti a gravità. Il sifone venne riusato dal Seicento in poi, diventando uno strumento tecnologico presente in tutti gli acquedotti moderni.

▼ Fresatrice meccanica utilizzata per lo scavo e il rivestimento di gallerie. Può operare in rocce anche molto resistenti, così come in terreni impregnati da falde acquifere oppure al di sotto delle stesse.

Chiudere o deviare l'acqua

L'esigenza di bloccare il corso di un fiume nasce da due motivi: creare un invaso dove raccogliere grandi quantità d'acqua e collegare fra loro i corsi non comunicanti. Con i laghi artificiali si possono soddisfare le necessità d'acqua di città o villaggi, disporre la quantità d'acqua che serve per l'irrigazione e, grazie al dislivello che si crea fra l'altezza dell'acqua bloccata da una diga e quello alla base della diga stessa, fornire energia a una centrale idroelettrica con la forza originata dalla caduta.

• ACQUEDOTTI ROMANI

I Romani costruirono molti acquedotti per portare acqua alle città dell'Impero e alimentare terme, latrine, fontane e abitazioni private. A differenza degli acquedotti realizzati dagli scienziati ellenistici, quelli romani spostavano acqua solo per gravità.

• IL COLOSSO DI RODI

Una tra le cosiddette Sette meraviglie dell'antichità era una colossale statua del dio Helios, alta 32 m, che gli abitanti di Rodi avevano costruito per ringraziare il dio che li aveva aiutati a resistere al lungo assedio alla città da parte di Demetrio I Poliorcete nel 305-304 a.C.

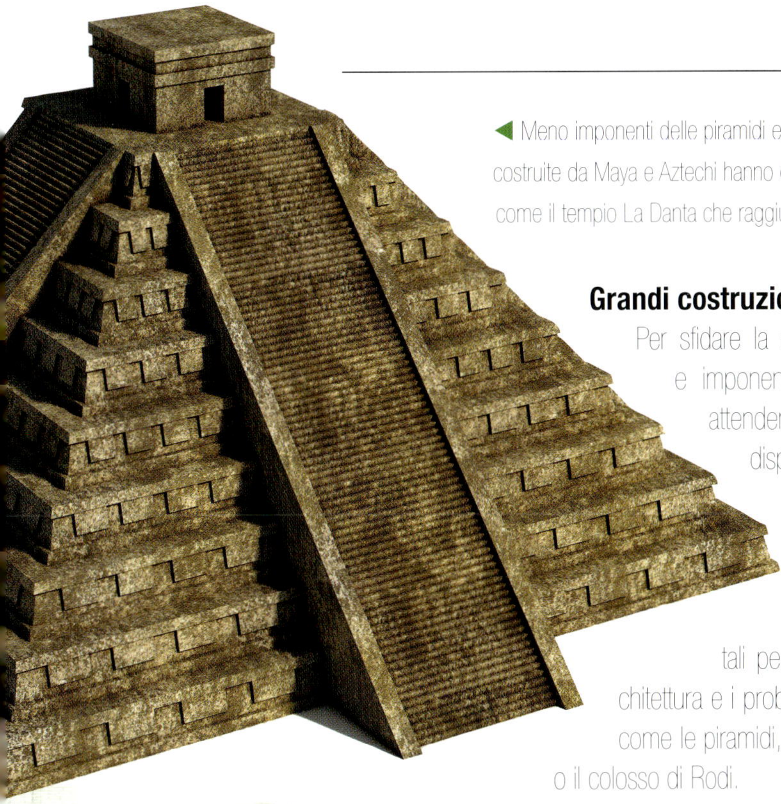

◀ Meno imponenti delle piramidi egizie, anche quelle costruite da Maya e Aztechi hanno dimensioni ragguardevoli, come il tempio La Danta che raggiunge i 72 m di altezza.

7

IL PROGETTO PREVEDE UN'ALTEZZA DI 182 M

Grandi costruzioni

Per sfidare la natura nella sua maestosità e imponenza l'uomo non ha dovuto attendere le risorse tecnologiche disponibili nell'età moderna. Già nell'antichità alcune grandi opere, che erano state chiamate "Sette meraviglie", erano tali per le dimensioni, l'architettura e i problemi strutturali risolti, come le piramidi, il faro di Alessandria o il colosso di Rodi.

Abbreviare il cammino

Attraversare i fiumi, scendere e risalire una valle scoscesa e valicare montagne erano tutte difficoltà che molto spesso l'uomo incontrava se voleva spostarsi da un luogo a un altro. Per questo, da un semplice tronco buttato sopra il letto di un fiume, si arrivò a costruire opere imponenti che facevano transitare treni e autoveicoli ad altezze incredibili, sopra fiumi, mari e attraverso montagne; le stesse che poi sono state forate da lunghe gallerie che hanno messo in comunicazione valli altrimenti raggiungibili solo dopo lunghi percorsi.

▶ Il monumento dedicato al leader del movimento indipendentista indiano Vallabhbhai Jhaverbhai Patel, in corso di costruzione nello stato del Gujarat, diventerà la statua più alta al mondo raggiungendo, compresa la base di 58 m, l'altezza totale di 240 m.

75 000 M^3 DI CEMENTO E 5700 T DI ACCIAIO

• IL PONTE SULLA DIGA HOOVER

È un'imponente struttura ad arco che congiunge le due pareti del canyon sul fiume Colorado oltre la altrettanto imponente diga. È lungo 579 m e si eleva a un'altezza di 279 m sopra il letto del fiume; gli archi si compongono di 106 pezzi da 7,3 m ciascuno.

• LA DIGA HOOVER

La diga di Hoover è una diga di tipo arco-gravità in calcestruzzo costruita fra il 1931 e il 1935 sul fiume Colorado, negli Stati Uniti: è alta 221 m e lunga 201. Al momento della sua costruzione era il più grande impianto per la produzione di energia elettrica della nazione.

ACQUEDOTTI

Già durante il periodo delle civiltà sorte in Mesopotamia, venivano utilizzate le acque dei fiumi Tigri ed Eufrate per rifornire i centri abitati per mezzo di canali artificiali e condotte coperte.

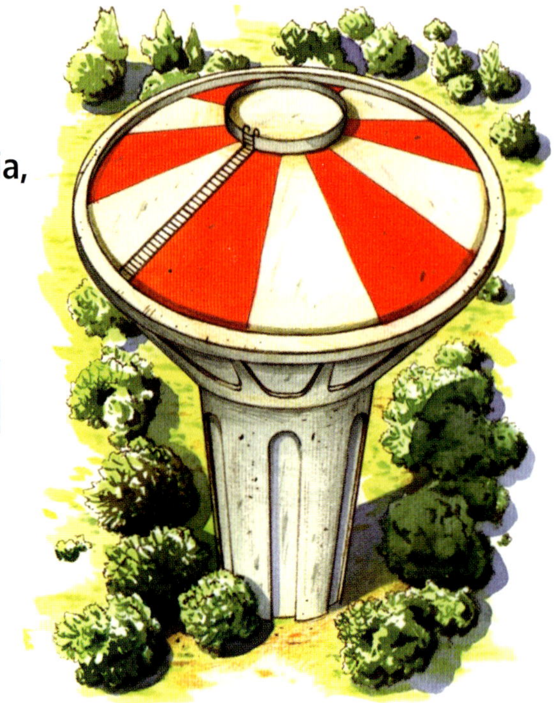

Affinché l'acqua arrivi agli utenti con un'adeguata pressione, si usano i **serbatoi idrici a torre** che accolgono l'acqua spinta da una pompa in un recipiente posto alla loro sommità per poi distribuirla sfruttando l'energia potenziale gravitazionale.

PRIME CONDOTTE FORZATE

Gli **acquedotti greci generalmente erano a "cielo aperto"**, ma durante il periodo ellenistico (dal 323 a.C.) vi furono notevoli sviluppi tecnologici grazie agli studi di idrostatica e alle scoperte di scienziati come Archimede, che le espose nel suo famoso trattato *Sui galleggianti*. Queste conoscenze permisero la costruzione di grandi sifoni invertiti con condotte forzate lunghe chilometri e con altezze di caduta che raggiungevano i 200 metri. Ingegneri ellenistici applicarono i principi della scienza idraulica in molti acquedotti che rifornivano città importanti e capitali di regni come Pergamo, Efeso, Methymna, Philadelphia, Blaundos, Patara (le cui condotte forzate sono rappresentate nella fotografia), Smyrna, Prymnessos, Tralleis, Trapezopolis, Apamea, Akmonia e Laodikeia. Inizialmente i sifoni erano costruiti in terracotta o pietra, ma ben presto le forti pressioni portarono all'utilizzo di metalli, specialmente il piombo. Il sifone del famoso acquedotto di Pergamo era lungo 3 km e superava un dislivello di circa 180 m, raggiungendo a fondovalle una pressione di quasi venti atmosfere.

Le prime tracce di acquedotti

Sappiamo che il re assiro Sennacherib fece costruire un canale per condurre sino a Ninive le acque del fiume Khosr. Molti canali furono scavati nella roccia in Fenicia e in Palestina, mentre molti resti di tubi in terracotta sono stati trovati a Cnosso, Micene e Itaca.

Acquedotti nel mondo greco-romano

In Italia molti acquedotti furono costruiti nella cosiddetta Magna Grecia, mentre i Romani crearono grandi opere pubbliche e Roma era rifornita da ben nove acquedotti.

PER STABILIRE LA TENUTA DEI TUBI SOTTOPOSTI ALLA PRESSIONE DI CADUTA NELLE CONDOTTE FORZATE DELL'ACQUEDOTTO DI GENOVA, GLI ARCHITETTI DISCUSSERO PER 120 ANNI, DAL 1650 AL 1772.

SI CONTROLLANO IL PROGETTO E I CALCOLI DELLA PENDENZA

Strutture

Gli acquedotti romani sono capolavori nelle strutture portanti ma non di ingegneria idraulica, che era invece applicata con risultati sorprendenti dai tecnici ellenistici con l'introduzione delle condotte forzate.

Gli ingegneri e gli architetti che progettavano condotte forzate nel XIX secolo disponevano di maggiori conoscenze sulla resistenza dei materiali impiegati.

I legionari romani sminuzzarono oltre 600 000 m^3 di pietra, pari a un quarto del volume della grande piramide di Cheope.

Medioevo e Rinascimento

Con la scomparsa della struttura amministrativa dell'Impero, gli acquedotti (ormai senza più manutenzione) divennero ben presto inattivi. Solo verso il XII secolo in Europa si cominciò a restaurare gli acquedotti romani e a costruirne di nuovi. A partire dal Rinascimento si ebbe una ripresa significativa di opere di ingegneria idraulica, e la scienza riscoprì il principio dei vasi comunicanti e anche dell'applicazione dei sifoni.

Nel 90 d.C., sotto l'impero di Domiziano, in Siria i **legionari romani scavarono nella roccia un acquedotto di quasi 100 km** per rifornire di acqua le città della Decapoli, ricche di terme pubbliche.

Acqua potabile

Trasferire acqua verso un centro abitato non è sufficiente: serve anche renderla potabile per poterla bere senza rischi. Per questo occorrono opere accessorie, pozzetti di decantazione e filtri per la depurazione, aggiungendo del cloro per disinfettare.

Dove prendere l'acqua?

L'acqua sgorga da sorgenti naturali dal terreno o si trova in falde acquifere sotterranee. Tuttavia, la quantità prelevata è spesso insufficiente e si ricorre a dighe per creare grandi invasi d'acqua da usare nei periodi di siccità.

DAL SEICENTO IN POI SI PENSÒ DI UTILIZZARE, QUANDO POSSIBILE, LE STRUTTURE DEGLI ACQUEDOTTI CHE ATTRAVERSAVANO FIUMI, VALLI E STRADE ANCHE COME CANALI NAVIGABILI. LE IMBARCAZIONI POTEVANO NAVIGARE SOPRA LE ARCATE DEI PONTI.

DIGHE E CANALI

Il controllo del flusso dell'acqua permette di raccogliere questo prezioso elemento per poi canalizzarlo e rifornire acquedotti o irrigare campi, ma anche di costruire nuovi percorsi navigabili collegando tra loro fiumi o mari.

In una **diga ad arco** la struttura verticale è arcuata in senso orizzontale; i due lati del corpo appoggiati alle pareti delle montagne scaricano la forte pressione dell'acqua grazie alle proprietà statiche dell'arco.

SINGOLI MODULI DELLA STRUTTURA IN COSTRUZIONE DA RIEMPIRE CON IL CALCESTRUZZO

CANTIERE CON MEZZI OPERATIVI, SILOS E ALLOGGIAMENTI

COSTRUTTORI DI DIGHE

Ancor prima dell'uomo **sono i castori a costruire le loro dighe con una abilità ingegneristica** impressionante. Essi innalzano una piccola diga a monte per diminuire la pressione sulla diga vera e propria, costruita più a valle; poi, al centro dell'invaso che si crea, costruiscono la loro tana, con l'entrata sotto il livello dell'acqua.

Dighe nella Mezzaluna fertile

Le dighe più antiche furono costruite in Mesopotamia e nel vicino Oriente: quella di Jawa, in Giordania, viene datata verso il 3000 a.C. Simili manufatti si ritrovano in Yemen, India e Cina. Molte dighe furono costruite in epoca romana e nel Medioevo la scienza araba riportò in Europa il sapere tecnico delle antiche costruzioni.

IL CANALE DI SUEZ

Iniziato dal **faraone Nekao verso il 600 a.C.**, fu completato da Dario I di Persia; cadde poi in disuso e fu riattivato dal re Tolomeo II. In epoca romana non era più percorribile e passarono quasi due millenni prima che, su progetto dell'ingegnere italiano Luigi Negrelli, venisse nuovamente costruito e inaugurato nel 1869.

Si passeggia sulla diga e si pesca nel lago artificiale di Proserpina, a Mérida (Spagna).

Comunicazioni tra i mari e gli oceani

Dopo l'apertura del canale di Suez, che abbreviava la rotta tra l'Asia e l'Europa di ben 6000 km, si iniziò a studiare la possibilità di mettere in comunicazione gli oceani Atlantico e Pacifico attraverso l'istmo che collegava le due parti del continente americano. I lavori vennero intrapresi dal Genio dell'Esercito statunitense nel 1907 e completati nel 1914.

Grazie alle caratteristiche costruttive molte dighe costruite in epoca romana **si sono conservate perfettamente** tanto che, nel Medioevo, alcune erano diventate luoghi di svago.

Terre strappate al mare

L'Olanda è un paese il cui territorio è per il 20% sotto il livello del mare. Una catena di dune e dighe lungo le coste e le rive dei fiumi principali impedisce che queste zone, tutte coltivate, vengano inondate.

ANCORA OGGI IL CANALE IMPERIALE DELLA CINA, FATTO COSTRUIRE DALL'IMPERATORE YANGDI DELLA DINASTIA SUI E COMPLETATO NEL 605, È IL FIUME ARTIFICIALE PIÙ LUNGO DEL MONDO (1776 KM) E COLLEGA PECHINO A ZHEJIANG.

Una conca fluviale è un piccolo **bacino artificiale racchiuso fra due chiuse** che, riempiendosi e svuotandosi d'acqua, permettono alle imbarcazioni di accedere a un livello superiore o inferiore di un canale.

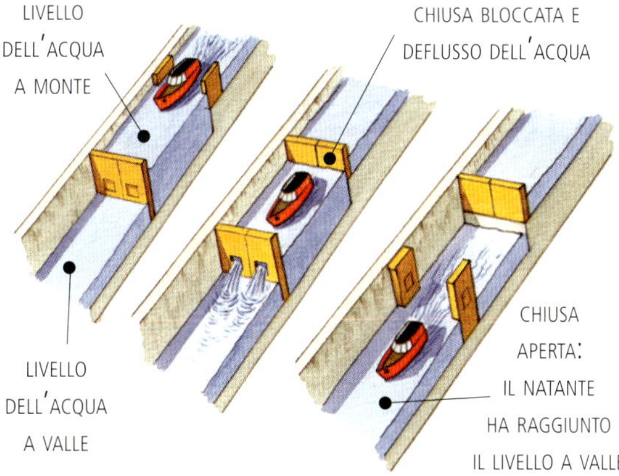

Canali navigabili

Per secoli, l'uomo ha dragato i fiumi per renderli navigabili e ne ha allargato le sponde fino a consentire il passaggio di navi. In Europa esiste una fitta rete di canali artificiali che mette in contatto vari fiumi, creando una rete viaria che, per esempio, in Francia permette di attraversare tutto il territorio dall'Atlantico fino al Mediterraneo navigando sul Canal du Midi. Questo è lungo 241 km e utilizzando 103 chiuse riesce a far superare un dislivello di 190 m.

Dighe produttrici di energia

Le dighe non si limitano soltanto a fornire acqua, ma sono anche produttrici di energia idroelettrica, prodotta da turbine azionate dalla forza di caduta dell'acqua.

PER POTER PROCEDERE ALLA COSTRUZIONE DI UNA DIGA, È NECESSARIO IL PROSCIUGAMENTO DELLA ZONA DOVE DOVRANNO ESSERE POSTE LE FONDAMENTA. QUESTO SI PUÒ OTTENERE IN DUE MODI: DEVIANDO IL CORSO DEL FIUME O CREANDO UN PICCOLO SBARRAMENTO A MONTE, UNA SORTA DI DIGA IN MINIATURA CHE BLOCCA IL FLUSSO DELLE ACQUE CHE VENGONO CONVOGLIATE PIÙ A VALLE.

GRANDI COSTRUZIONI

La leggenda della torre di Babele ben mostra l'innata spinta dell'uomo a realizzare opere ciclopiche, desiderio comune a tutti gli uomini di civiltà diverse e lontane fra loro.

Il faro di Alessandria

Ideato da Sostrato di Cnido, fu iniziato da Tolomeo I Sotere e completato dal figlio Tolomeo II Filadelfo. Si trovava sull'isola di Pharos, di fronte al porto di Alessandria. Da un'altezza di 134 m la cupola inviava un raggio di luce visibile fino a 48 km di distanza, permettendo ai naviganti di raggiungere il porto di notte senza rischiare di incagliarsi nei numerosi banchi di sabbia presenti nel tratto di mare da percorrere. Un meccanismo faceva ruotare lo specchio parabolico.

Il raggio di luce riflesso dallo specchio parabolico posto sulla sommità del faro poteva essere visto a 48 km di distanza, come testimonia lo storico Giuseppe Flavio; questo concorda con il limite imposto dalla curvatura terrestre rispetto all'altezza della torretta del faro, stimata in 134 metri.

Per la costruzione della Torre Eiffel furono utilizzati **18 038 pezzi di ferro forgiato e oltre 2 500 000 bulloni**; questi ultimi, durante i lavori, furono sostituiti da rivetti incandescenti.

Strutture a piramide

La PIRAMIDE è un tipo di struttura tra le prime a essere utilizzata per la realizzazione di grandi costruzioni nei tempi antichi; è una tipologia di architettura che si trova, oltreché in Egitto, anche nelle civiltà mesopotamiche (le ZIGGURAT) e in alcune civiltà precolombiane nell'America Centrale (Maya, Aztechi, Zapotechi, Toltechi ecc).

Il faro di Alessandria era diviso in tre parti: un **alto basamento quadrangolare**, una **torre ottagonale** e la **parte finale cilindrica**.

☐ FRA LE SETTE MERAVIGLIE

Alcune grandi costruzioni facevano parte delle cosiddette **Sette meraviglie del mondo** che Greci e Romani ritenevano le più belle opere dell'uomo. Fra queste il faro di Alessandria, la piramide di Cheope, il mausoleo di Alicarnasso e il colosso di Rodi, una statua alta 32 m sostenuta da colonne di pietra e putrelle di ferro, alle quali erano agganciate piastre di bronzo che formavano il rivestimento esterno.

La Grande muraglia cinese

Per difendersi dalle invasioni dei Xiongnu, l'imperatore Qin Shi Huang ordinò la costruzione di mura che collegassero tra loro fortezze esistenti ai confini. Con il tempo si arrivò a costruire una struttura lunga migliaia di chilometri.

La Torre Eiffel di Parigi

In epoca moderna rinasce il gusto delle grandi costruzioni sviluppate in altezza e, in occasione dell'Esposizione Universale di Parigi del 1889, si costruisce una grande struttura in ferro che raggiunge un'altezza di oltre 300 m e che, per 40 anni, resta la costruzione più alta al mondo.

Costruita a partire dal 215 a.C., la **Grande Muraglia** ha raggiunto nei secoli la lunghezza stimata fra 6700 e 7200 km. Il percorso sopra le sue mura larghe circa 5 m consentiva il passaggio di un esercito.

NELL'ANTICHITÀ GRANDI COSTRUZIONI MURARIE SONO STATE REALIZZATE SENZA L'USO DI MALTA O ALTRI LEGANTI, MA SOLO CON LA SOVRAPPOSIZIONE DI MASSI IN PIETRA DI NOTEVOLI DIMENSIONI, LAVORATI O MENO, IL CUI PESO GARANTIVA LA STABILITÀ ALLE STRUTTURE, PIÙ LARGHE ALLA BASE.

L'edificio più grande al mondo

Il New Century Global Centre di Chengdu, in Cina, inaugurato nel 2013, è oggi l'edificio più grande del mondo. Questa struttura, realizzata in vetro, cemento e acciaio, si sviluppa su una lunghezza di 500 m: è larga 400 m, alta 100 m e il suo volume complessivo raggiunge i 20 milioni di metri cubi.

PONTI E GALLERIE

Ponti e gallerie accorciano sensibilmente il tragitto da compiere per valicare le montagne o attraversare valli scoscese, fiumi o anche brevi tratti di mare; la rete viaria romana comprendeva molte di queste strutture.

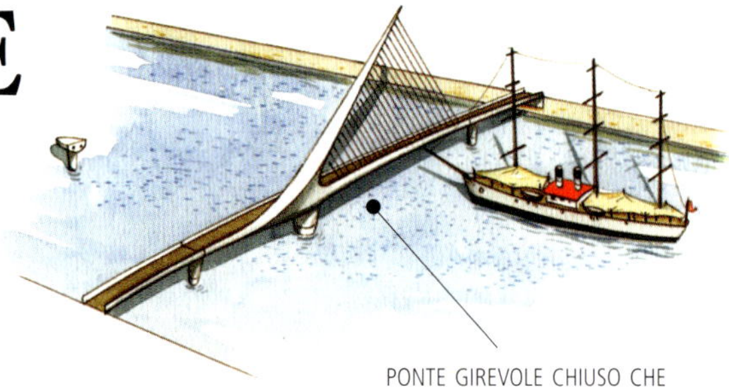

PONTE GIREVOLE CHIUSO CHE CONSENTE IL PASSAGGIO PEDONALE

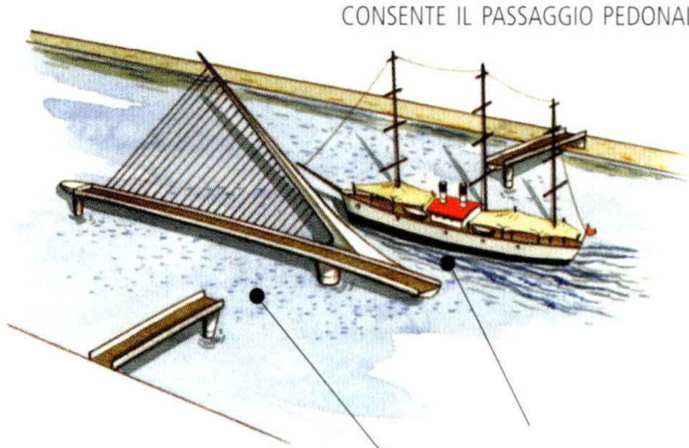

APERTURE CHE CONSENTONO IL PASSAGGIO ALLE IMBARCAZIONI

Ponte girevole con un solo albero sostenuto da cavi che **ruota di 90° permettendo il passaggio di imbarcazioni**. Costruito nel porto di Buenos Aires, ha un meccanismo che lo fa girare in circa due minuti.

☐ LA TALPA MECCANICA

La **fresa meccanica a piena sezione**, comunemente chiamata "talpa" in analogia con il piccolo animale che scava lunghe gallerie nel terreno, è una macchina che permette la meccanizzazione delle operazioni di scavo e il rivestimento delle stesse. Può frammentare rocce molto resistenti e anche lavorare al di sotto delle falde acquifere. Una prima macchina venne utilizzata a Londra nel 1825 nel tunnel sotto il fiume Tamigi, ma lo strumento automatizzava solo le operazioni di rivestimento delle pareti, mentre quelle di scavo erano ancora effettuate con picconi ed esplosivi. La prima vera e propria talpa meccanica venne usata durante i lavori di scavo della galleria ferroviara del Frejus, ma solo per scavare buche per le mine: la testa rotante, montata sull'estremità di un cilindro, è dotata degli utensili di scavo e frantuma la roccia raccogliendo i detriti che escono da una coclea (vite senza fine), finendo in un rullo trasportatore. La macchina è dotata di un sistema di posizionamento di prefabbricati in calcestruzzo per il rivestimento, che sono contenuti al suo interno.

Le prime strutture: i ponti in legno

Fin dall'epoca preistorica si costruivano strutture in legno che, dai semplici pali collocati fra due rive opposte (o anche fra due palafitte), divennero sempre più complesse e soprattutto robuste, grazie agli intrecci di canne lunghe o altre fibre connesse o legate tra loro. Comparvero le prime basi in pietra per garantire stabilità.

Ponti in pietra

Il più antico ponte in pietra, ad arco a mensola, è quello di Kazarma dell'epoca micenea (XIII secolo a.C.), facente parte, con altri tre, della rete stradale che collegava le città di Tirinto e Epidauro.

UNA DELLE PIÙ ANTICHE OPERE DI INGEGNERIA CIVILE IN ALTA MONTAGNA È IL COSÌ CHIAMATO *BUCO DI VISO*, UN TRAFORO ALPINO LUNGO 75 M TRA ITALIA E FRANCIA, REALIZZATO NEL 1479-1480.

FRESA MECCANICA ROTANTE A PIENA SEZIONE

La rete stradaria romana

Il maggior numero di ponti ad arco e in pietra dell'antichità venne costruito dai Romani; molte strutture sono ancora in piedi dopo due millenni, anche grazie all'uso del calcestruzzo che permetteva di fissare fortemente tra loro pietre o mattoni.

Il traforo del Frejus, tra Italia e Francia (1857-1871), fu il primo dove furono usati **strumenti meccanici di scavo**, quali frese e martelli pneumatici ad aria compressa.

Ponti in ferro

Catene di ferro erano usate in India nel VI secolo per legare canne di bambù intrecciate, ma occorre attendere la rivoluzione industriale per vedere il primo ponte in ferro, grazie allo sviluppo della siderurgia. Dal ferro al cemento armato il passo è breve e oggi entrambi vengono usati nelle costruzioni di notevoli dimensioni sia in altezza sia in lunghezza. La campata del ponte di Akashi Kaikyo è lunga quasi due chilometri.

I componenti erano preparati in officina con procedimenti di fusione in stampi di legno, o di terra per quelli più grandi.

L'Iron bridge fu il primo ponte metallico costruito nella storia. Fu eretto in Inghilterra nel 1775-1779 assemblando **semiarchi e componenti in ghisa**, alcuni dei quali raggiungevano il peso di 5 t.

Trafori ferroviari

Con lo sviluppo della ferrovia, si iniziarono a costruire gallerie nelle montagne per evitare lunghi percorsi che sarebbero stati necessari per valicare i passi; data la pendenza dei binari non si doveva superare una certa angolazione.

Gallerie sotterranee o attraverso le montagne

Nell'antichità, quasi tutte le gallerie furono scavate in miniere o acquedotti, poche allo scopo di abbreviare percorsi stradali. Fra queste, quella sulla via Flaminia che permetteva il passaggio della gola del Furlo, costruita nel 76-77 d.C.

FIN DALL'ANTICHITÀ LO SCAVO DI GALLERIE ERA UNA TECNICA COMUNEMENTE USATA DURANTE GLI ASSEDI. SI CERCAVA DI ARRIVARE FIN SOTTO LE MURA AVVERSARIE PER FARLE CROLLARE CON IL FUOCO E POI CON DEGLI ESPLOSIVI.

PRODURRE E USARE ENERGIA

L'osservazione dei fenomeni naturali fece comprendere all'uomo che poteva usare la forza che faceva cadere l'acqua o soffiare il vento, notando anche quella della compressione vapore.

La forza dell'acqua e dell'aria

La prima forma di sfruttamento di energia da parte dell'uomo è stata quella derivante dall'acqua; l'energia meccanica prodotta dalla corrente o dalla caduta dell'acqua può essere catturata e trasformata in moto rotatorio nel mulino. Altrettanto, ma in tempi successivi, venne fatto con la forza del vento, applicando la stessa tecnologia già impiegata con l'acqua; in quel caso il moto era trasmesso da pale che ruotavano attorno a un asse, inizialmente verticale ma con il tempo orizzontale. Mulini ad acqua o vento sono stati l'unica fonte di energia disponibile fino al XVIII secolo, utilizzata con sapiente uso di ingranaggi e ruote dentate per muovere macine e strumenti di lavoro.

▲ La forza della caduta dell'acqua per gravità produce l'energia necessaria a far ruotare la ruota di un mulino.

▶ Modellino in scala della macchina a vapore costruita nel 1781 da James Watt, migliorando la precedente di Thomas Newcomen.

• ELETTRICITÀ

Elettricità e magnetismo sono proprietà fondamentali della materia strettamente collegate. Attraverso varie tappe l'uomo ha studiato queste forme di energia e ha potuto sfruttarle anche prima di riuscire a conoscere la vera natura dell'elettromagnetismo con la fisica dell'atomo.

• ENERGIE RINNOVABILI

Le energie rinnovabili sono forme di energia alternative alle tradizionali fonti fossili (petrolio, carbone, gas ed elementi radioattivi) e molte di esse producono anche energie cosiddette "pulite", perché non immettono nell'atmosfera sostanze inquinanti o che alterano il clima per "effetto serra".

La necessità del freddo

Fin dall'antichità si cercò di conservare neve e ghiaccio a lungo per refrigerare ambienti dove conservare anche gli alimenti. La soluzione del problema fu quella di utilizzare ambienti isolati dall'esterno, come grotte e buche profonde, fino ad arrivare a costruire le prime ghiacciaie, le cui strutture erano caratterizzate da una forte resistenza termica. Con l'era industriale iniziano i primi tentativi di costruzione di macchine che producono ghiaccio sfruttando la compressione dei gas e la successiva decompressione che provocava un abbassamento della temperatura. Nell'Ottocento si iniziano i trasporti di alimenti in celle refrigerate e, nel secolo successivo, il frigorifero si diffonde in ogni abitazione.

◀ Interno della pila ricaricabile ideata oltre 100 anni fa dall'americano Thomas Alva Edison.

L'energia elettrica

L'utilizzo pratico dell'elettricità inizia con l'invenzione della pila da parte di Alessandro Volta. Dinamo e alternatore saranno le due macchine che porteranno alla produzione di energia elettrica che potrà poi essere trasformata in energia meccanica; per produrla però occorre energia e nascono così, quindi, le centrali elettriche, alimentate da diverse forme di energia: idrica, termica e oggi anche quella nucleare.

MOTORE A COMBUSTIONE INTERNA CON CILINDRO DI 1 M DI DIAMETRO

Calore, vapore, pressione e movimento

La forza del vapore che può creare movimento era già stata rilevata da Erone di Alessandria nel I secolo d.C. Dopo 15 secoli viene riscoperta la possibilità di produrre energia con il vapore e nascono le prime macchine. Nel Settecento, la macchina a vapore di James Watt inizia a essere utilizzata con un discreto rendimento e un secolo più tardi viene inventato il motore a combustione interna.

▶ La *yakhchal*, un'antica ghiacciaia persiana del IV secolo a.C. nella regione di Yazd, in Iran.

LA *YAKHCHAL* È DI FORMA CONICA E ALTA 18 M

• IL VAPORE

La eolipila di Erone di Alessandria (I secolo d.C.) fu la prima macchina mossa dalla forza del vapore. Passarono poi oltre 13 secoli prima dei tentativi di Leonardo da Vinci e Giambattista Della Porta di usare il vapore come forza motrice, cosa che si realizzò dopo circa 150 anni.

• E = MC²

Agli inizi del Novecento, Albert Einstein rivoluziona totalmente i concetti di massa ed energia, fino allora creduti come due entità fisiche differenti. Einstein, invece, con l'ormai famosissima formula, ne stabilisce l'equivalenza e indica come fattore di conversione il quadrato di "C", ovvero la velocità della luce (300 000 km/s circa).

ENERGIA DELL'ACQUA

L'energia meccanica prodotta dalla corrente o dalla caduta dell'acqua può essere catturata e trasformata in moto rotatorio nel mulino.

ANTIPATRO DI TESSALONICA (I SECOLO A.C.) NARRA CHE LA DEA DEMETRA, PER FAR RISPARMIARE FATICA ALLE SCHIAVE, IMPOSE ALLE NINFE DELL'ACQUA DI SALTARE DALL'ALTO SU UNA RUOTA CHE, GIRANDO SU UN ASSE PROVVISTO DI RAGGI, AVREBBE AZIONATO UNA MACINA.

RUOTA DEL MULINO VERTICALE CON CADUTA DELL'ACQUA DALL'ALTO

FLUSSO INCANALATO DELLE ACQUE

La comparsa dei mulini

Il mulino ad acqua è un prodotto della tecnologia ellenistica; il più antico di cui abbiamo notizia è quello fatto costruire dal re del Ponto Mitridate IV nel I secolo a.C. a Cabeira, in Asia Minore. La descrizione di un mulino con ruota verticale si trova nel *De Architectura* di Vitruvio, scritto verso il 29 a.C.

La descrizione di Vitruvio

Vitruvio spiega che, partendo da una macchina di sollevamento dell'acqua, per ottenere il mulino basta aggiungere all'asse della ruota un tamburo dentato, che a sua volta ingrani con un tamburo orizzontale al quale è fissata la macina: la ruota non è più fatta girare dall'uomo, ma è mossa dalla corrente dell'acqua.

I mulini ad acqua in Cina

La ruota idraulica era utilizzata in Cina fin dai tempi della dinastia Han (202 a.C.-0 d.C.) per azionare magli o mantici e forse anche per macinazione di granaglie, sebbene di questo non via siano evidenze fino alla fine del V secolo d.C., quando durante il periodo della dinastia Sui (581-604) si costruirono centinaia di mulini ad acqua.

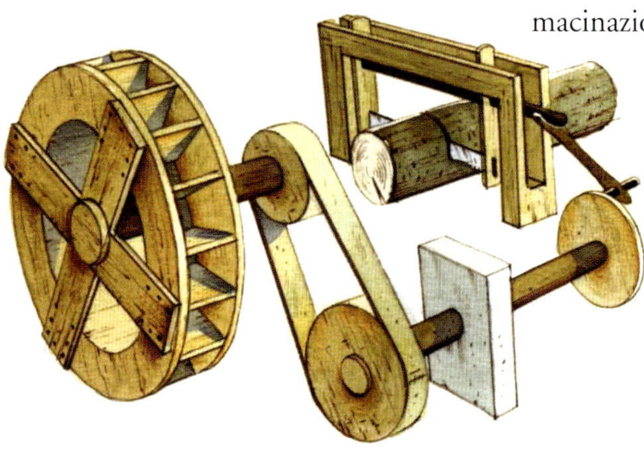

Il **meccanismo della biella-manovella** converte il moto rotatorio in rettilineo. Il primo noto fu quello della segheria di Hierapolis, in Asia Minore nel III secolo d.C.

UTILIZZO DEI MULINI

Prima dell'avvento dell'era industriale, i mulini erano usati come **fonte di energia per il funzionamento di segherie**, telai nell'industria tessile, macine, forge, pompe ecc.

Il **complesso di Barbegal**, alle foci del Rodano (Francia), costituito da 16 mulini in serie, è considerato la più grande concentrazione di energia meccanica del mondo antico.

☐ TRASMISSIONE DEL MOTO

Nei mulini destinati alla macinazione di granaglie **l'impalcatura della struttura interna, prevalentemente in legno, sostiene tutti i meccanismi rotanti**. Nella parte inferiore si trovano gli ingranaggi e le ruote dentate, mentre in quella superiore, provvista di un pavimento molto robusto, vengono collocate le macine e gli strumenti per alimentarle e per la raccolta delle farine. Meccanismi e ruote dentate potevano far muovere più macine, mentre l'accoppiamento del meccanismo principale con altre ruote dentate dal diverso numero di denti e di diametro differente permetteva di ridurre o aumentare la velocità, requisito importante in altri usi dell'energia prodotta dal mulino.

I mulini nel Medioevo

Gli Arabi appresero la tecnologia della ruota idraulica migliorandola addirittura con il volano. Mulini fiorirono in tutto il mondo islamico, mentre in Europa vi fu una costante crescita che continuò anche negli anni bui del Medioevo.

IL FLUSSO DELL'ACQUA DESTINATA A FAR MUOVERE LA RUOTA È INCANALATO E CONTROLLATO PER MEZZO DI PARATOIE. QUESTO SISTEMA CONSENTE ANCHE UN MINIMO CONTROLLO IN CASO DI INONDAZIONE.

I più antichi mulini sono quelli di tipo orizzontale. È la più semplice tecnologia dove la forza dell'acqua colpisce una ruota a pale collocata orizzontalmente in linea con il flusso della corrente e fa ruotare la pietra della macina, che è collegata direttamente all'asse di rotazione.

Ruote idrauliche verticali: tre tipi di prese d'acqua

La ruota verticale può essere colpita dall'acqua dall'alto, a metà o in basso. Nella PRESA AL DI SOTTO l'acqua spinge le pale immerse nella corrente; funziona con grandi volumi d'acqua costante. La PRESA PER DI SOPRA sfrutta il peso dell'acqua che cade in pale sagomate a cassetta e ha un buon rendimento. Con piccoli dislivelli e acqua abbondante e variabile si usa la PRESA A METÀ, dove la ruota è colpita dall'acqua a metà altezza.

ENERGIA DEL VENTO

Secondo alcuni studiosi, questa tecnologia ha avuto origine in Persia circa due millenni prima di Cristo, ma il più antico esemplare di mulino a vento è quello fatto costruire dal califfo Omar I (581-644) nel Sistan (fra Iran e Afghanistan).

La macchina a vento descritta da Erone

Erone di Alessandria (I secolo d.C.), nella sua opera *Pneumatica*, descrive un organo pneumatico azionato da una ruota munita di pale, simile a un oggetto, che si presuppone noto ai suoi lettori, il cui nome in greco è composto proprio con un termine che significa "vento". Questo fa pensare che lo scienziato si riferisca proprio a dei mulini a vento.

Il mulino cosiddetto "fenicio"

Molto diffuso nel Mediterraneo e di probabile origine persiana, aveva le pale posizionate all'interno di una struttura spesso in pietra e di forma cilindrica. Era adatto a zone con venti deboli, ma costanti.

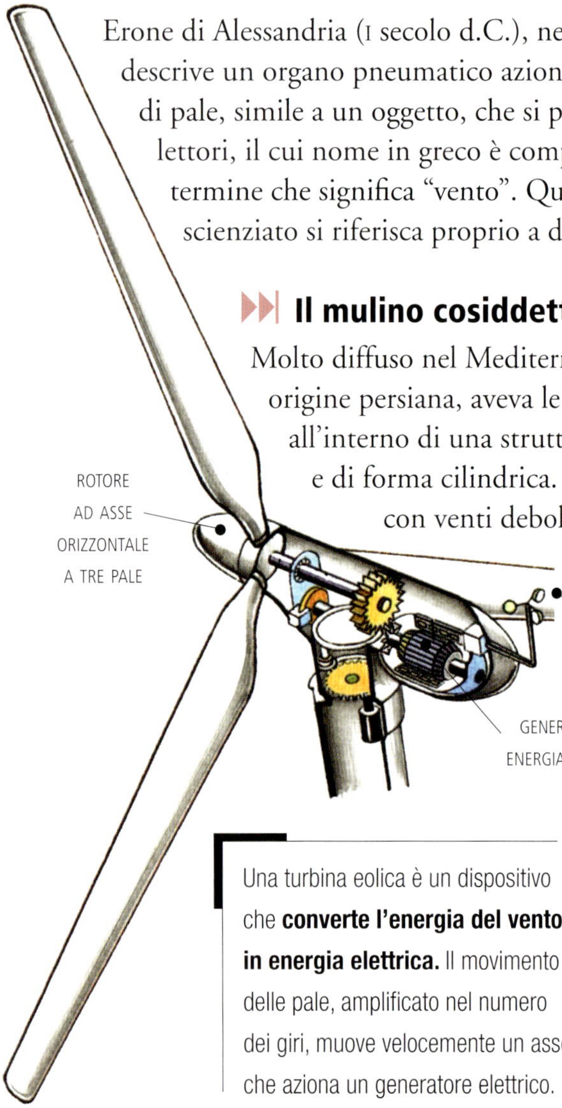

Una turbina eolica è un dispositivo che **converte l'energia del vento in energia elettrica.** Il movimento delle pale, amplificato nel numero dei giri, muove velocemente un asse che aziona un generatore elettrico.

Assi orizzontali o verticali

I primi mulini avevano le pale che ruotavano su un asse verticale, ma verso il XII secolo in Francia e nelle Fiandre si sviluppò un tipo di mulino dove le pale muovevano un asse orizzontale; questi ultimi furono molto utili in Olanda per drenare le zone paludose.

☐ IL VENTO, UN'ENERGIA PULITA

L'energia eolica è una delle energie rinnovabili che non producono inquinamento. Con la tecnologia oggi disponibile la quantità di energia prodotta è ancora una percentuale molto piccola rispetto a quella derivante dai combustibili fossili; per ottenere una certa produzione occorre utilizzare molti dispositivi in serie.

Movimento e ingranaggi

Nel XIII secolo vennero introdotte strutture con la base in muratura sulla quale ruotava un corpo in legno sovrastante, la cosiddetta "testa del mulino". Questa, girandosi, poteva opporre le pale perfettamente alla direzione del vento sfruttandone al massimo la spinta.

Al pari del suo parente ad acqua, anche il **mulino a vento** è stato usato per molteplici usi oltre la macinazione: muovere macchinari, fornire moto alternativo a segherie, sollevare acque e drenare paludi.

La struttura reticolare delle pale consente sia di regolarne la superficie esposta al vento sia di poterla riparare più facilmente.

Le pale

Gli ingranaggi (ruote dentate) all'interno di un mulino a vento convogliano la potenza ricavata dal moto rotatorio delle pale in un dispositivo meccanico. Il meccanismo del mulino usato per il drenaggio monta in basso, sulla sua parte terminale, una ruota di raccolta o vite di Archimede.

Struttura di un **mulino a vento persiano**: una torre di pietra aperta per la metà di due lati opposti per far fluire il vento, con pale ruotanti intorno a un albero centrale verticale al suo interno.

IN OLANDA LE PALE DI UN MULINO, QUANDO QUESTO NON ERA IN FUNZIONE, ERANO UTILIZZATE PER TRASMETTERE SEGNALI. INFATTI, A OGNI LORO POSIZIONE CORRISPONDEVA UN MESSAGGIO BEN SPECIFICO, USATO NORMALMENTE IN TEMPO DI PACE MA SOPRATTUTTO IN GUERRA.

Le moderne turbine eoliche

Una struttura simile a quella del mulino a vento è oggi utilizzata per produrre energia elettrica. Questa tecnologia risale al 1887, quando un professore scozzese costruì una turbina eolica nel suo giardino per caricare gli accumulatori che utilizzava per alimentare le luci del suo cottage.

LA FORZA DEL VAPORE

Alla fine del XVII secolo si inventa (o si reinventa) un dispositivo che consente di trasformare l'energia termica (quella del vapore) in lavoro meccanico. Pochi decenni più tardi inizia la Rivoluzione industriale e la macchina a vapore ne è l'indiscussa protagonista.

La eolipila di Erone è costituita da **una sfera cava di rame** collegata con due tubi al sottostante recipiente che contiene l'acqua in ebollizione; il vapore fuoriesce da due tubicini messi sulla sfera e diametralmente opposti.

☐ JAMES WATT

Lo scozzese James Watt (1736-1819) **venne incaricato dall'Università di Glasgow di far funzionare un modellino della pompa a vapore di Newcomen che aveva un rendimento bassissimo**; lo studioso si rese subito conto che questo era dovuto alla forte dispersione del calore dei continui raffreddamenti e riscaldamenti e che per migliorare la macchina occorreva mantenere il più possibile il cilindro alla stessa temperatura. Durante i suoi esperimenti comprese l'importanza della condensazione del vapore nel raffreddamento del cilindro motore e, nel 1769, brevettò la prima macchina che può essere considerata già "moderna", e che in seguito fu perfezionata con l'introduzione del pistone a doppia azione, del regolatore centrifugo per il controllo della velocità e diverse altre. Poiché il rendimento della macchina di Watt era decisamente superiore a quella di Newcomen, essa si diffuse rapidamente in tutta l'Inghilterra e in Europa. A Watt si deve, inoltre, l'introduzione dell'unità di potenza detta cavallo vapore inglese (*HP, Horse Power*).

Da Erone a Papin

Sappiamo che Erone di Alessandria, I secolo d.C., realizzò, oltre all'eolipila, anche un congegno azionato dal vapore in grado di aprire le porte di un tempio. Nel Rinascimento le sue descrizioni furono ben studiate anche da Leonardo da Vinci e iniziarono i primi tentativi di costruire macchine simili. Nel 1679, il francese Denis Papin brevetta la pentola a pressione (chiamata *digesteur*).

Motori di pompaggio

Nel 1698, l'inglese Thomas Savery brevetta una pompa che usava il vuoto creato dalla condensazione del vapore immesso in un recipiente, in grado di sollevare acqua fino a circa 10 m di altezza.

FRA LA METÀ DEL SETTECENTO E IL 1830 CIRCA VI FU UN CAMBIAMENTO EPOCALE PER L'UMANITÀ CHE PARTÌ DALL'INGHILTERRA, QUANDO LA FORZA DEL VAPORE SOSTITUÌ QUELLA UMANA E DEGLI ANIMALI.

La macchina di Newcomen

Nel 1712, il fabbro inglese Thomas Newcomen, socio di Savery, costruisce il primo vero motore a pistone spinto dalla pressione del vapore. La macchina di Newcomen, grande e costosa, era usata per l'estrazione di acqua dalle miniere.

L'innovazione di James Watt fu la **camera di condensazione separata**, con la quale si riducevano sensibilmente le perdite di vapore dovute alle continue variazioni di calore.

L'inizio della Rivoluzione industriale

Verso la fine del Settecento, la macchina a vapore di Watt si è ormai imposta e viene utilizzata per molti usi pratici oltre al drenaggio di acqua dalle miniere; poi appare nelle fabbriche per azionare telai meccanici, filatrici, torni meccanici, segherie, cartiere, macchine da stampa e mezzi di trasporto.

La caldaia di una locomotiva a vapore è composta di molti tubi paralleli nei quali circola l'acqua.

Il vapore viene raccolto in un contenitore e da questo avviato ai due cilindri disposti sui due lati. **Il vapore spinge il pistone** all'interno del cilindro che mette in movimento la ruota motrice.

Le turbine

Ancora oggi si utilizza l'energia termica del vapore per muovere le potenti turbine delle centrali termoelettriche (e nucleari), dove il vapore viene spinto in turbine che fanno muovere gli alternatori che convertono l'energia meccanica in elettrica.

Il motore a vapore nei mezzi di trasporto

L'applicazione della forza del vapore ai mezzi di trasporto avvenne in tempi brevissimi: il primo battello a vapore comparve negli Stati Uniti nel 1787 a opera di John Fitch mentre, nel 1796, l'inglese Richard Trevithick aveva già realizzato un modello funzionante di locomotiva.

NEL 1704, DENIIS PAPIN FECE COSTRUIRE UN BATTELLO AZIONATO DALLA FORZA DEL VAPORE CHE MUOVEVA DELLE PALE; QUESTO PROVOCÒ LE RIMOSTRANZE DA PARTE DEI BATTELLIERI CHE MINACCIARONO DI DISTRUGGERE IL BATTELLO.

IL MOTORE A SCOPPIO

È un motore a combustione interna poiché, a differenza del motore a vapore, contiene al suo interno la camera di combustibile e l'albero rotore che trasmette il movimento.

Primi studi e prove per sfruttare le esplosioni

I primi tentativi per ottenere un lavoro meccanico dall'esplosione di polvere pirica risalgono alla fine del Seicento con l'olandese Christian Huygens e il francese Jean de Hautefuille. I risultati furono insoddisfacenti e la ricerca fu ripresa solo all'inizio del XIX secolo.

Esperimenti con il gas illuminante

Contemporaneamente all'importante studio sul calore dello scienziato francese Nicolas Léonard Sadi Carnot, pubblicato nel 1824, vi furono alcuni esperimenti per realizzare motori utilizzando il gas illuminante.

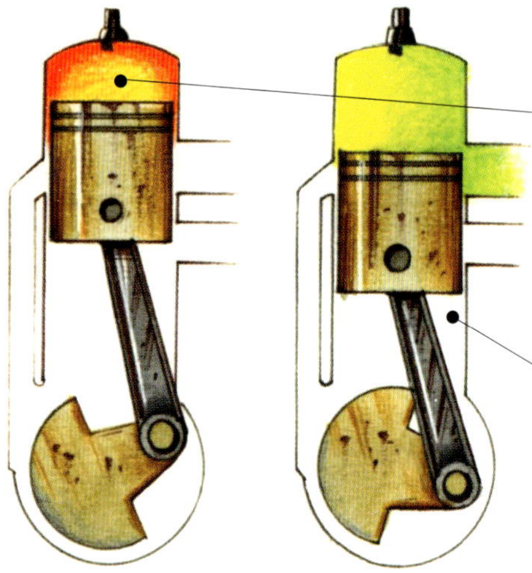

Nel **motore a due tempi** per ogni giro dell'albero motore il pistone svolge più funzioni: aspirazione del combustibile, compressione, scarico e lavaggio del cilindro.

Il primo motore a combustione interna di Barsanti e Matteucci

Documenti e brevetti attestano la paternità dell'invenzione agli italiani Eugenio Barsanti e Felice Matteucci, che, nel 1853, depositarono in diverse nazioni europee i disegni di un motore azionato da una miscela di gas, che venne costruito alcuni anni dopo.

☐ CILINDRI E PISTONI

L'organo base del funzionamento di un motore a scoppio è il pistone, uno **stantuffo meccanico cilindrico che scorre con moto rettilineo alternativo nell'interno di un cilindro**, spinto dall'espansione del gas prodotto dall'esplosione. La tenuta in pressione del fluido è ottenuta per mezzo di guarnizioni e fasce elastiche poste all'esterno del pistone per chiudere entrambe le pareti ed evitare la dispersione dei gas.

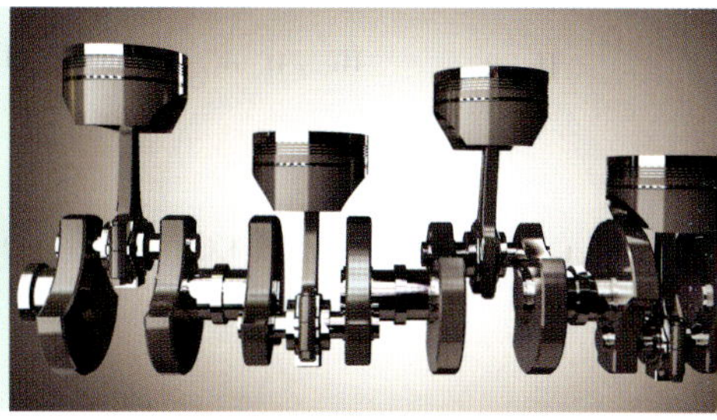

Il funzionamento

Il primo motore di Barsanti era costituito da un cilindro verticale, nel quale era introdotta la miscela esplosiva che provocava l'innalzamento di uno stantuffo che, attraverso una ruota dentata, trasmetteva il movimento alla ruota.

Il **motore di Barsanti e Matteucci** era alimentato da una miscela di aria e idrogeno e raggiunse potenze di circa 8 cv, eccezionali per l'epoca.

Evoluzione rapida dell'invenzione

Nel 1862, il francese Alphonse Beau de Rochas aggiunge la fase di compressione e, nel 1867, i tedeschi Nikolaus August Otto e Eugen Langen realizzano un motore simile a quello di Barsanti che ebbe una notevole diffusione; nove anni più tardi sviluppano il motore a quattro tempi, che ebbe ancora più successo tanto che oggi lo chiamiamo ancora "ciclo Otto".

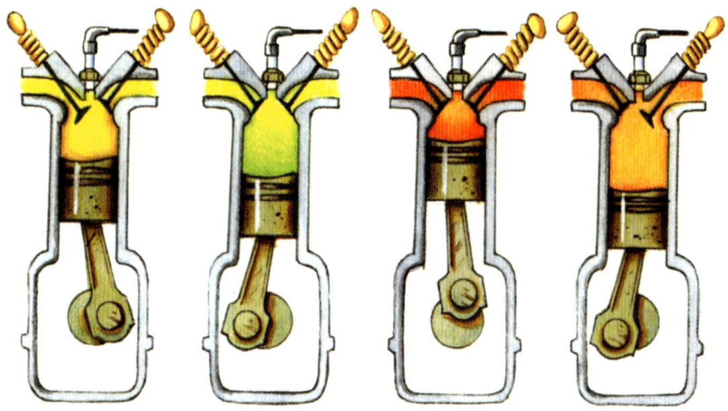

Schema delle fasi del motore a quattro tempi.

Nel motore a quattro tempi le fasi di aspirazione del combustibile, compressione, espansione e scarico **avvengono in due rotazioni dell'albero motore** con l'ausilio di valvole.

LA POTENZA DEI PRIMI MOTORI A COMBUSTIONE ERA INSUFFICIENTE A MUOVERE UN VEICOLO TERRESTRE DA FERMO; PER QUESTO FURONO UTILIZZATI PRIMA COME MOTORI FUORIBORDO, DATO CHE IN ACQUA L'ELICA INCONTRA MINORE RESISTENZA AL MOTO.

Il motore Diesel

Dapprima diffuso sui mezzi pesanti e oggi anche su automobili, questo motore fu brevettato nel 1892 dall'ingegnere tedesco Rudolf Diesel. La combustione della miscela esplosiva avviene per l'alta temperatura prodotta da una forte compressione dell'aria che provoca l'accensione del gasolio.

L'ELETTRICITÀ

L'elettricità è una delle proprietà fondamentali della materia e dà origine a molteplici fenomeni che non possono essere studiati indipendentemente da quelli del magnetismo.

ELEKTRON

Elektron era il nome che gli antichi Greci davano all'**ambra gialla**, una resina fossile, della quale avevano rilevato che, se strofinata, aveva la proprietà di attrarre oggetti leggeri, come per esempio i capelli, e anche di dare origine a scintille. Talete (VI secolo a.C.) studiò questo fenomeno, che diede origine al termine elettricità.

L'aquilone di Franklin aveva la punta in oro, metallo nobile privo di ossidi sulla sua superficie, **ad alta conducibilità elettrica**, ed era trattenuto da un filo di seta al quale era legata una chiave di ferro.

AQUILONE SOSPINTO DAL VENTO IN ALTO VERSO LE NUVOLE

Dall'antichità al Rinascimento

Dopo che i Greci si erano ben accorti del fenomeno, peraltro riportato anche da qualche autore latino, fu solo a metà del Cinquecento che riprese l'interesse verso l'elettricità con il fisico italiano Gerolamo Cardano, che in un suo trattato del 1550 distinse per la prima volta la forza elettrica da quella magnetica.

IL FULMINE

Il fulmine è una **scarica elettrica generata dalle particelle negative delle nuvole che vengono attratte dalle particelle positive presenti nel suolo**; quelli che generalmente vediamo si generano tra nuvola e suolo, ma sono altrettanto comuni scariche tra due nuvole o all'interno di una stessa nuvola.

La scarica elettrica viene attirata dalle punte e scaricata a terra attraverso svariati fili metallici intorno all'edificio.

Le legge di Coulomb

Dopo che l'inglese Joseph Priestley aveva scoperto che una carica elettrica si distribuiva in modo uniforme su una superficie sferica, il francese Charles Augustin de Coulomb, usando uno strumento elettrico nuovo, la bilancia di torsione, enunciò la prima delle leggi fondamentali dei fenomeni elettrici: due corpi di segno opposto si attraggono o si respingono in misura direttamente proporzionale all'intensità delle loro cariche e inversamente proporzionale alla distanza che li separa.

Un **campo elettrico** è più intenso in prossimità delle zone in cui la superficie del conduttore presenta una maggiore curvatura, come negli oggetti molto appuntiti.

Seicento: continua la ricerca per capire i fenomeni

Durante il Seicento, vennero descritti i fenomeni dell'attrazione e della repulsione elettrica: l'inglese Robert Boyle osservò che i fenomeni avvenivano anche nel vuoto e venne costruita la prima macchina elettrostatica.

NEL 1600 LO SCIENZIATO INGLESE WILLIAM GILBERT SCRISSE IL *DE MAGNETE*, UN TRATTATO SUL MAGNETISMO, DOVE COMPARVE PER LA PRIMA VOLTA IL TERMINE *ELECTRICUS* CHE BEN PRESTO SAREBBE DIVENTATO DI USO COMUNE.

Nella **Gabbia di Faraday** le cariche si concentrano sulla superficie esterna e non hanno alcun effetto su ciò che si trova all'interno, come l'uccellino, mentre respingono le strisce di carta verso l'esterno del contenitore.

I primi anni dell'Ottocento

L'Ottocento iniziò con una invenzione: la pila di Alessandro Volta; poi fu un susseguirsi di scoperte di molti altri fenomeni elettrici, costruzione di apparecchi ed enunciazione di importanti leggi fisiche. In quel periodo contributi significativi vengono da Hans Christian Ørsted, André-Marie Ampère, Georg Simon Ohm e Michael Faraday. Nella seconda metà del secolo avanzano gli studi sull'elettromagnetismo con la teoria elaborata da James Clerk Maxwell.

Primi congegni elettrici

Nel Settecento si svilupparono ulteriormente le macchine elettrostatiche, vennero costruiti il primo condensatore elettrico, la Bottiglia di Leida, e il primo impianto di parafulmine.

BENJAMIN FRANKLIN SII RESE CONTO DELLA PERICOLOSITÀ DEL SUO ESPERIMENTO SOLO IN SEGUITO, QUANDO GLI ARRIVÒ LA NOTIZIA DELLA MORTE DEL SUO COLLEGA SVEDESE G.W. RICHMANN, CHE AVEVA TENTATO DI RIPETERE L'ESPERIMENTO. INFATTI, LO SCIENZIATO ERA STATO FULMINATO DA UNA SCARICA ELETTRICA MOLTO PIÙ POTENTE DI QUELLA CHE AVEVA AVVERTITO FRANKLIN.

LA PILA

La pila che Alessandro Volta costruì nel dicembre del 1799 è il prototipo di una batteria elettrica moderna. Il nome, rimasto nella lingua italiana, deriva dall'impilamento di numerosi dischetti di rame e di zinco uno sopra l'altro.

PRIMA DELL'INVENZIONE DELLA PILA SI POTEVA CREARE UNA BUONA DIFFERENZA DI POTENZIALE CON APPARECCHIATURE COME LA BOTTIGLIA DI LEIDA, CHE PERÒ RILASCIAVANO SOLO UNA SCARICA ELETTRICA DI BREVISSIMA DURATA E DOVEVANO ESSERE RICARICATE PRIMA DELL'USO.

DISCHETTI DI RAME E ZINCO SOVRAPPOSTI

NAPOLEONE BONAPARTE ASCOLTA LA SPIEGAZIONE DI ALESSANDRO VOLTA

Gli studi di Luigi Galvani

Dopo i suoi esperimenti sui muscoli delle rane, l'italiano Luigi Galvani sosteneva che gli animali sono in grado di accumulare elettricità al pari di un condensatore, rilasciandola quando ne hanno necessità. L'italiano Alessandro Volta non concordava con le ipotesi di Galvani, ma notò che le contrazioni dei muscoli dell'anfibio erano accentuate se a contatto di metalli diversi.

L'intuizione di Alessandro Volta

Proprio l'osservazione del comportamento dei muscoli della rana da parte di Volta fu decisiva per lo sviluppo della pila. Lo scienziato effettuò diversi esperimenti per produrre una batteria che fosse in grado di creare una corrente elettrica costante.

L'organo elettrico artificiale

Questo era il nome dato da Volta alla sua invenzione che, nella versione finale, si presentava come una pila di dischetti metallici su una struttura tutta in legno con un piedistallo circolare e quattro supporti verticali per bloccarli. Alle due estremità della colonna si trovavano i contatti dei due poli.

Nel 1886 venne brevettata la prima **pila a secco** e nel corso del Novecento si produssero pile di dimensioni sempre più ridotte, come per esempio quelle "a bottone".

☐ IL GALVANISMO

Dopo gli esperimenti di Galvani sui **muscoli delle rane, si sviluppò una teoria** secondo la quale negli esseri viventi circolava elettricità prodotta dal cervello, propagata attraverso i nervi e immagazzinata nei muscoli come energia disponibile.

Fra gli estremi superiore e inferiore della pila formata dai dischetti metallici si genera una **differenza di potenziale** e, collegando questi con un conduttore, si genera un circuito elettrico dove passa corrente continua.

☐ L'EVOLUZIONE DELLA PILA

Un anno dopo la presentazione della pila di Volta a Napoleone, il chimico scozzese **William Cruickshank** ne realizzò un miglioramento significativo con l'invenzione della pila a truogoli. L'implementazione consisteva nella disposizione orizzontale del sistema dentro una cassetta impermeabilizzata con gommalacca. In questo modo, si poteva usare un elettrolita liquido, come l'acido solforico diluito, senza rischi di tuoruscite dal contenitore. Pochi anni più tardi, tra il 1813 e il 1815, il chimico e fisico inglese William Hyde Wollaston perfezionò ancora la pila di Volta, costruendo una versione modificata in cui gli elettrodi, immersi in una soluzione elettrolitica (come nella "pila a tazze"), erano ripiegati a U, in modo che il catodo di rame circondasse l'anodo di zinco.

▶▶ Annuncio e presentazione dell'invenzione

In una lettera del 20 marzo del 1800 rivolta a Joseph Banks, presidente della Royal Society di Londra, Alessandro Volta annunciò e descrisse la sua invenzione; il 7 novembre del 1801 presentò la sua pila all'Institut de France, a Parigi, di fronte a Napoleone Bonaparte.

LA FAMA DI ALESSANDRO VOLTA È INDUBBIAMENTE LEGATA ALL'INVENZIONE DELLA PILA, MA LO SCIENZIATO SI OCCUPÒ ANCHE DI GAS: NEL 1776 SCOPRÌ IL METANO CHE CHIAMÒ "ARIA INFIAMMABILE DI PALUDE".

Mentre **Luigi Galvani** faceva un esperimento sulle rane, durante lo scocco di una scintilla un suo assistente toccò per sbaglio, con un bisturi, un nervo della rana e ci fu una contrazione dei muscoli. Galvani decise, quindi, di approfondire il fenomeno ripetendo l'esperimento.

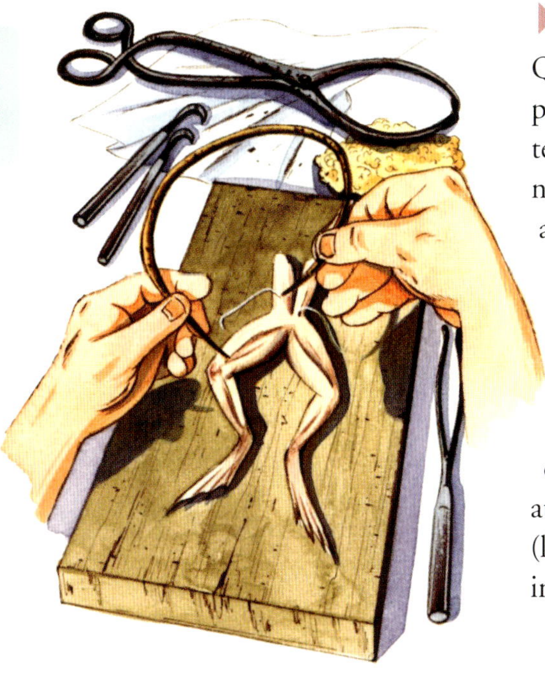

▶▶ Il funzionamento della pila

Quando un pezzo di metallo viene posto a contatto con una soluzione, tende a formare ioni che passano nella soluzione stessa. Lo zinco tende a rilasciare più ioni del rame e questi, se i metalli sono posti a contatto con un conduttore, tendono a trasferirsi dall'elettrodo di zinco a quello di rame: questo movimento di elettroni crea una corrente elettrica; se questa passa attraverso un apparecchio elettrico (lampadina, motorino ecc.) si trasforma in energia termica, meccanica ecc.

PRODURRE IL FREDDO

L'uso di raffreddare artificialmente le vivande è antichissimo e si trova presso tutti i popoli che svilupparono civiltà nei climi caldi; neve e ghiaccio potevano essere conservati in ambienti isolati, fosse, grotte o costruzioni adatte a tale scopo.

La **cella frigorifera** è un locale di conservazione degli alimenti dove viene mantenuta una temperatura stabile da 5 °C fino a -28° C per alcuni tipi di alimenti.

Primi sistemi di raffreddamento

La raccolta di neve e ghiaccio per raffreddamento sembra risalga al 1000 a.C. Il ghiaccio è citato in molte culture e addirittura in Cina era oggetto di cerimonie religiose in occasione dello svuotamento dei luoghi in cui veniva raccolto. Ma nell'antichità esistevano già metodi "tecnologici" per raffreddare, come quelli usati in Egitto e in India, che per abbassare la temperatura sfruttavano l'evaporazione notturna dell'acqua contenuta in vasi porosi di argilla.

PER EVITARNE LO SCIOGLIMENTO DURANTE I TRASPORTI, NEVE O GHIACCIO VENIVANO CHIUSI IN SACCHI DI CANAPA CONTENENTI PAGLIA PULITA E SI CARICAVANO SU ASINI O CARRI, BAGNANDOLI SPESSO.

Antiche ghiacciaie: lo *yakhchal* persiano

È una grande struttura a forma di cupola con una parte sotterranea dove erano conservati ghiaccio e alimenti. Risale al IV secolo a.C. e veniva costruita con uno speciale impasto caratterizzato da una straordinaria resistenza termica. Per abbassare la temperatura l'edificio era spesso dotato di torri del vento e, attorno, vi erano canali dove scorreva acqua.

☐ GHIACCIAIE NEL MEDIOEVO

Nel Medioevo si conservava il ghiaccio e la neve in costruzioni in pietra vicino a città o castelli. La neve veniva compressa per farla diventare ghiaccio, che poi veniva tagliato in blocchi piuttosto grandi e portato in città con dei carri coperti e tenuti bagnati per mantenerli freschi. Fuori delle città ogni villaggio aveva almeno una di queste costruzioni, chiamata *neviera*, a disposizione della collettività.

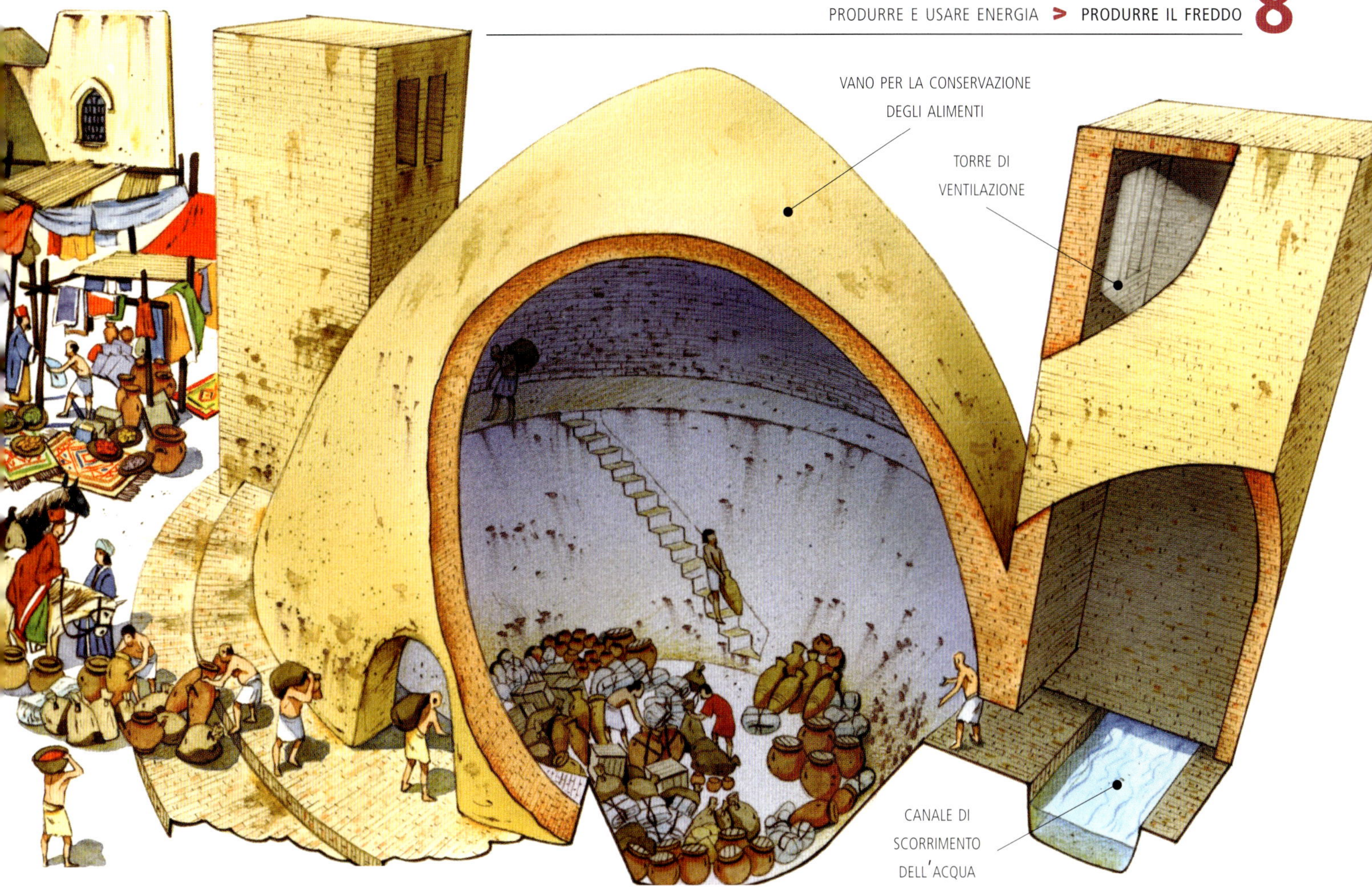

Primi tentativi della scienza

La storia della refrigerazione artificiale inizia a metà del Settecento, quando lo scozzese William Cullen utilizzò una pompa per creare un vuoto parziale in un contenitore riempito di etere dietilico che, portato a bollitura, assorbiva il calore dall'aria circostante. L'esperimento non ebbe però alcun effetto pratico.

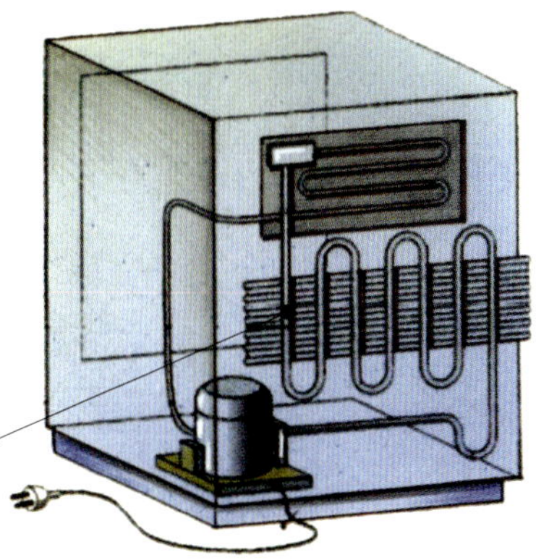

IL PRIMO FRIGORIFERO DOMESTICO VENNE MESSO IN VENDITA NEL 1913, MA FU SOLO DOPO LA SECONDA GUERRA MONDIALE CHE INIZIÒ LA PRODUZIONE DI MASSA E QUESTO APPARECCHIO IN POCO TEMPO COMPARVE IN OGNI CASA.

Le macchine del ghiaccio

Nel 1805, Oliver Evans descrive un sistema chiuso di refrigerazione a compressione di vapore e, nel 1834, l'angloamericano Jacob Perkins costruisce il prototipo della prima macchina di refrigerazione che funziona a ciclo chiuso. A metà del secolo inizia la produzione industriale di macchine di refrigerazione.

Nel 1859 l'ingegnere francese **Ferdinand Philippe Carré** brevettò il frigorifero ad assorbimento di gas: l'apparecchio usava acqua e ammoniaca e produceva fino a 200 kg di ghiaccio al giorno.

☐ COMMERCIO E PRODUZIONE DEL GHIACCIO

Prima dell'avvento della ferrovia esisteva già un fiorente **commercio del ghiaccio**, che veniva trasportato in carri appositamente predisposti. A metà dell'Ottocento, il commercio del ghiaccio ebbe un'impennata e nacquero fiorenti industrie che raccoglievano, producevano e tagliavano il ghiaccio in blocchi per poi venderlo; comparvero le prime navi dotate di celle frigorifere e i primi vagoni ferroviari refrigerati.

ENERGIA ELETTRICA: LA PRODUZIONE

Nel 1870, l'accoppiamento di una dinamo a una turbina idraulica diede avvio alla produzione commerciale di energia elettrica.

ALL'INIZIO DEL NOVECENTO L'ILLUMINAZIONE ELETTRICA SOSTITUÌ PROGRESSIVAMENTE QUELLA A GAS E NEGLI STESSI ANNI I MOTORI ELETTRICI MUOVEVANO TRENI E TRAM, FILOBUS E METROPOLITANE NELLE CITTÀ, CAMBIANDONE L'ASPETTO E MODIFICANDO RADICALMENTE LA VITA QUOTIDIANA.

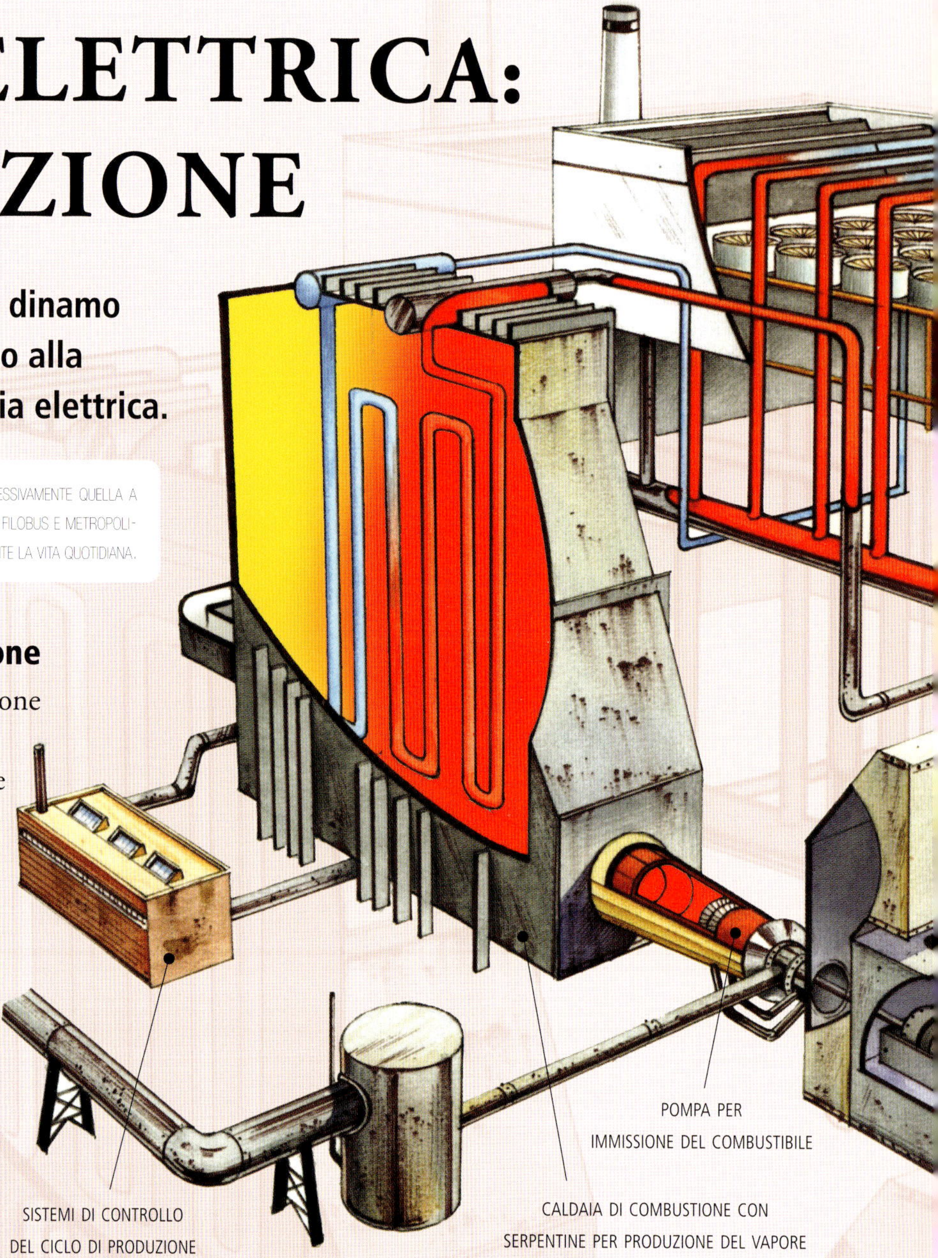

Principali tecniche di produzione

La maggior parte delle tecniche di produzione di elettricità è basata sull'uso di vapore proveniente da acqua scaldata a temperature molto elevate grazie all'utilizzo di una fonte di energia. Il vapore surriscaldato si espande su una turbina che mette in rotazione un alternatore, una macchina basata sull'induzione elettromagnetica che converte energia meccanica in elettrica.

Produzione di elettricità

Oltre alla combustione di carbone, petrolio, metano, biogas, biomasse, rifiuti e scarti di legname, si utilizzano la fissione nucleare, l'energia solare, quella del vento (eolica) e dell'acqua (idroelettrica, moto ondoso e delle maree) e quelle derivanti da "osmosi" e dai geyser (geotermica).

Le macchine elettrostatiche

Ideate nel XVIII secolo, queste macchine erano già in grado di generare elettricità statica. Questi strumenti restarono però confinati nei gabinetti scientifici o durante le dimostrazioni nei salotti, senza avere alcun utilizzo pratico, salvo alcuni a scopo terapeutico secondo la moda dell'epoca.

Con la **dinamo di Pacinotti** si otteneva una corrente continua per mezzo della rotazione di un anello (un nucleo di ferro dolce avvolto da spire) in un campo magnetico generato da una elettrocalamita.

☐ PRIMA DELLA DINAMO

Prima dell'invenzione della dinamo, per produrre energia elettrica si usavano solo **pile e batterie a piombo-acido**, entrambi metodi poco efficienti e anche molto costosi. Per questo l'unico utilizzo pratico dell'elettricità riguardava unicamente il telegrafo.

Quattro sono gli elementi essenziali di una centrale termoelettrica: la caldaia, che genera il vapore; la turbina, spinta in rotazione dal vapore; il bruciatore, dove avviene la miscelazione tra combustibile e comburente, e l'impianto di raffreddamento.

Per aumentare il rendimento e quindi ridurre i consumi di combustibile, oggi si utilizzano tecnologie che permettono di **recuperare il calore dei fumi** per preriscaldare l'aria di combustione, prima che questa si misceli con il combustibile.

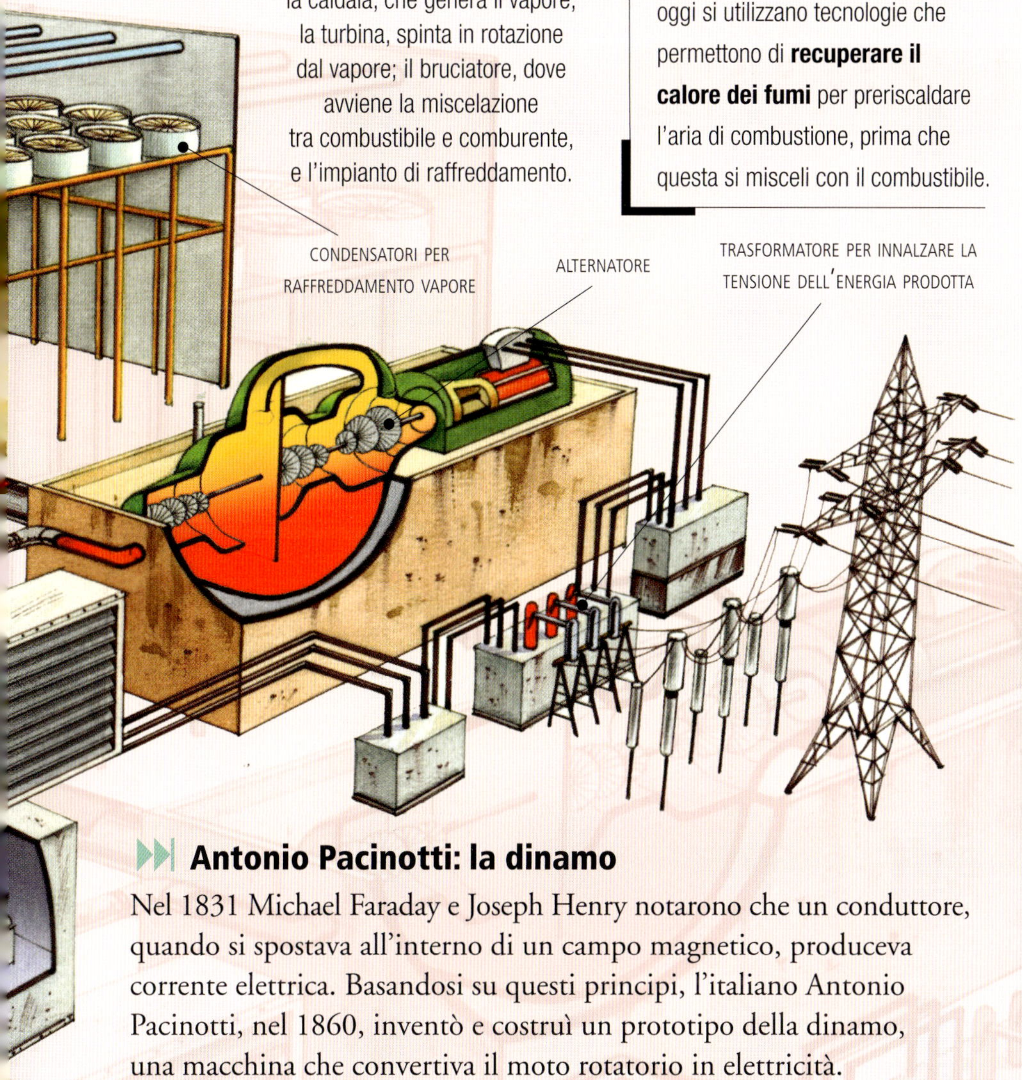

☐ EMISSIONI ZERO

Il crescente utilizzo dei **combustibili fossili per produrre energia** comporta emissioni sempre maggiori di anidride carbonica e di gas serra (che trattengono la radiazione infrarossa emessa dalla superficie terrestre). Queste emissioni producono un notevole inquinamento dannoso sia per l'ambiente sia per l'uomo. La sfida del XXI secolo è quella di incrementare l'utilizzo delle fonti energetiche "rinnovabili" (come idrica, solare, eolica) che però sono ancora insufficienti a produrre la quantità di energia elettrica richiesta dallo sviluppo della società moderna. I continui progressi tecnologici hanno già permesso di ottenere rendimenti soddisfacenti da fonti energetiche alternative e contemporaneamente ne sono allo studio anche di nuove.

Antonio Pacinotti: la dinamo

Nel 1831 Michael Faraday e Joseph Henry notarono che un conduttore, quando si spostava all'interno di un campo magnetico, produceva corrente elettrica. Basandosi su questi principi, l'italiano Antonio Pacinotti, nel 1860, inventò e costruì un prototipo della dinamo, una macchina che convertiva il moto rotatorio in elettricità.

DIVERSAMENTE DA ALTRE MACCHINE ELETTROSTATICHE, IL GENERATORE DI ROBERT VAN DE GRAAFF (1901-1967) HA IMPORTANTI APPLICAZIONI PRATICHE: È IN GRADO DI PRODURRE TENSIONI DI MILIONI DI VOLT ED È UTILIZZATO PER ACCELERARE PARTICELLE DOTATE DI CARICA ELETTRICA.

La prima vera macchina elettrostatica fu realizzata verso il 1700 dall'inglese **Francis Hauksbee**: un globo di vetro posto in rapida rotazione e strofinato dalla mano si elettrizzava; lo strumento era usato per studiare le attrazioni e repulsioni elettrostatiche sulle scariche elettriche nel vuoto.

Dalla dinamo all'alternatore

Nel 1885 l'italiano Galileo Ferraris scoprì il campo magnetico rotante ideando un motore elettrico a corrente alternata che venne però brevettato negli Stati Uniti da Nikola Tesla, che forse aveva già scoperto il fenomeno nel 1882. Questo portò alla realizzazione dell'alternatore, che rispetto alla dinamo non aveva bisogno di contatti striscianti (e quindi usurabili) e produceva corrente alternata. Oggi le reti elettriche sono quasi tutte alimentate da alternatori, che convertono l'energia meccanica in elettrica con un rendimento quasi del 100%.

ENERGIA ELETTRICA: IL TRASPORTO

Trovato il sistema per produrre energia elettrica, occorreva trasportarla a distanza: una sfida altrettanto impegnativa.

☐ LE RETI AEREE

Le reti di trasmissione di corrente ad alta tensione sono quasi esclusivamente aeree e sono costituite da **sostegni a traliccio,** progettati per mantenere i cavi a un'altezza dal terreno tale da assicurare isolamento elettrico.

Il problema che i tecnici dovevano risolvere erano le **enormi perdite di corrente per dissipazione** sotto forma di calore che c'erano durante la trasmissione di grandi quantità di corrente continua.

La "guerra delle correnti"

Alla fine del XIX secolo, negli Stati Uniti avvenne una disputa fra Thomas Alva Edison, sostenitore della corrente continua, e Nikola Tesla e George Westinghouse che sostenevano quella alternata, più facile da trasportare a distanza. Lo scontro fu feroce perché il vincitore avrebbe imposto la sua tecnologia come dominante.

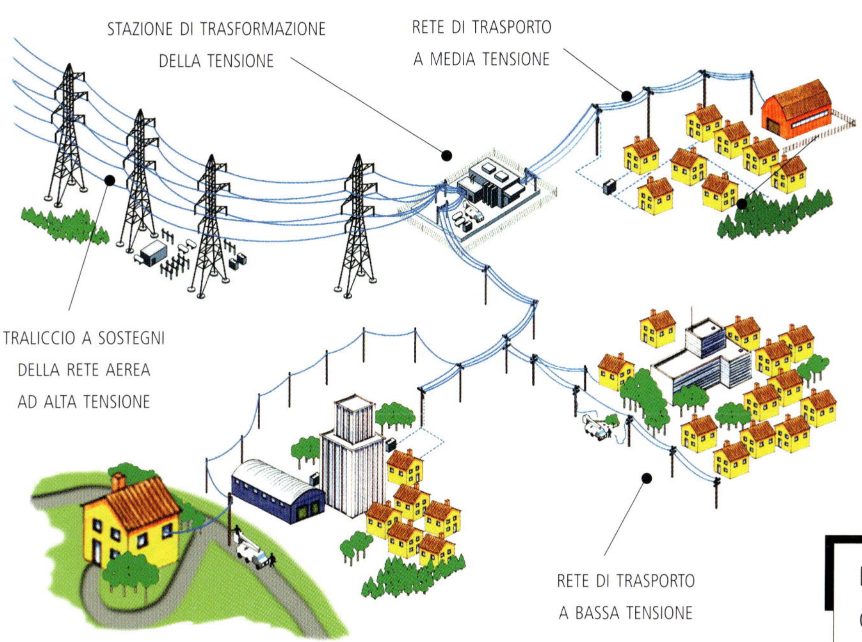

Rete di distribuzione dell'energia elettrica con reti aeree a alta, media e bassa tensione.

Problemi nel trasporto

Sia la corrente alternata sia quella continua hanno un problema legato al trasporto della corrente elettrica nei fili conduttori: il riscaldamento del conduttore dovuto alla resistenza al passaggio degli elettroni (l'effetto Joule). Con l'uso dei superconduttori, conduttori nei quali a temperature basse si annulla la resistività, si potrebbe risolvere questo fenomeno, ma la tecnologia non è ancora pronta.

Le **sottostazioni elettriche** ricevono l'energia elettrica dalle centrali delle linee di trasmissione ad alta tensione e la trasformano in media e bassa tensione, provvedendo a distribuirla agli utenti per uso domestico e alle industrie.

Vince la corrente alternata

La corrente alternata fu vincente perché poteva essere trasmessa per lunghe distanze ad alta tensione, con correnti basse e poche perdite di energia, usando, infine, un trasformatore per fornire energia alle case e alle fabbriche.

IL COMPONENTE ELETTRICO NEL QUALE SCORRE LA CORRENTE È IL CAVO, CHE CONSISTE IN UN FASCIO DI PIÙ FILI CONDUTTORI CON UNA RESISTENZA MOLTO BASSA IN RAME O ALLUMINIO. LO SPESSORE DEI FILI VARIA SECONDO LA PORTATA DI CORRENTE.

Il trasformatore è una macchina elettrica statica che **modifica la tensione e l'intensità di corrente** in ingresso rispetto a quella in uscita per mezzo di avvolgimenti di conduttori su anello ferromagnetico.

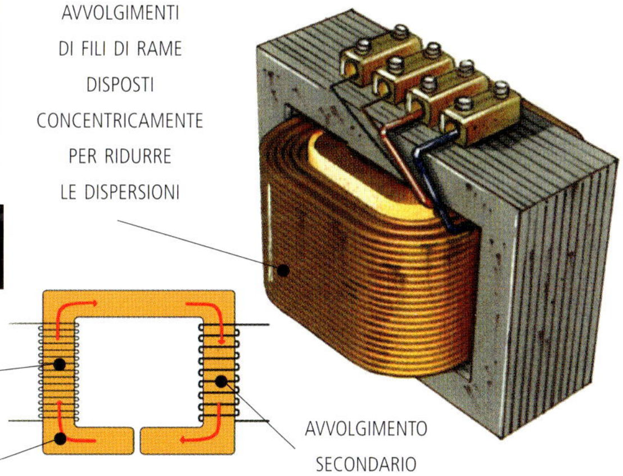

Trasporto senza fili

Alla fine dell'Ottocento, Nikola Tesla aveva studiato (e proposto) la possibilità di trasmettere l'energia elettrica senza fili di collegamento tra apparecchiature. Oggi, a oltre un secolo dalle intuizioni di Tesla, si sta sviluppando una tecnologia chiamata *Witricity*, dalla contrazione di *wireless electricity*, elettricità senza fili, funzionante sfruttando il principio della risonanza magnetica; con i primi esperimenti si riesce già a accendere una lampadina da 60 W a 2 m di distanza.

Trasporto a lunghe distanze

Vi sono comunque casi in cui si usa la corrente continua, come con i cavi che percorrono lunghe distanze in una sola tratta, per esempio quelli sottomarini. In tal caso occorre predisporre ai due estremi del cavo dei convertitori che trasformino la corrente alternata in continua e viceversa.

UNO DEI PRIMI RISULTATI OTTENUTI CON IL TRASPORTO DELL'ENERGIA ELETTRICA È STATO QUELLO DI ILLUMINARE CITTÀ E PAESI. OCCORREVA PERÒ UN DISPOSITIVO CHE PRODUCESSE LUCE IN MANIERA CONTINUATIVA: LA PRIMA LAMPADA A INCANDESCENZA CON FILAMENTO DI CARBONIO E SUFFICIENTEMENTE DUREVOLE NEL TEMPO VENNE BREVETTATA DA THOMAS EDISON NEL 1880.

GEORGE WESTINGHOUSE ASCOLTA LE SPIEGAZIONI DI NIKOLA TESLA

ENERGIA NUCLEARE

Trasformazioni del nucleo atomico comportano una forte emissione di energia in accordo con la famosa equazione di Albert Einstein $E=mc^2$. A metà del Novecento si riuscì a sviluppare una tecnologia in grado di produrre energia sfruttando l'atomo.

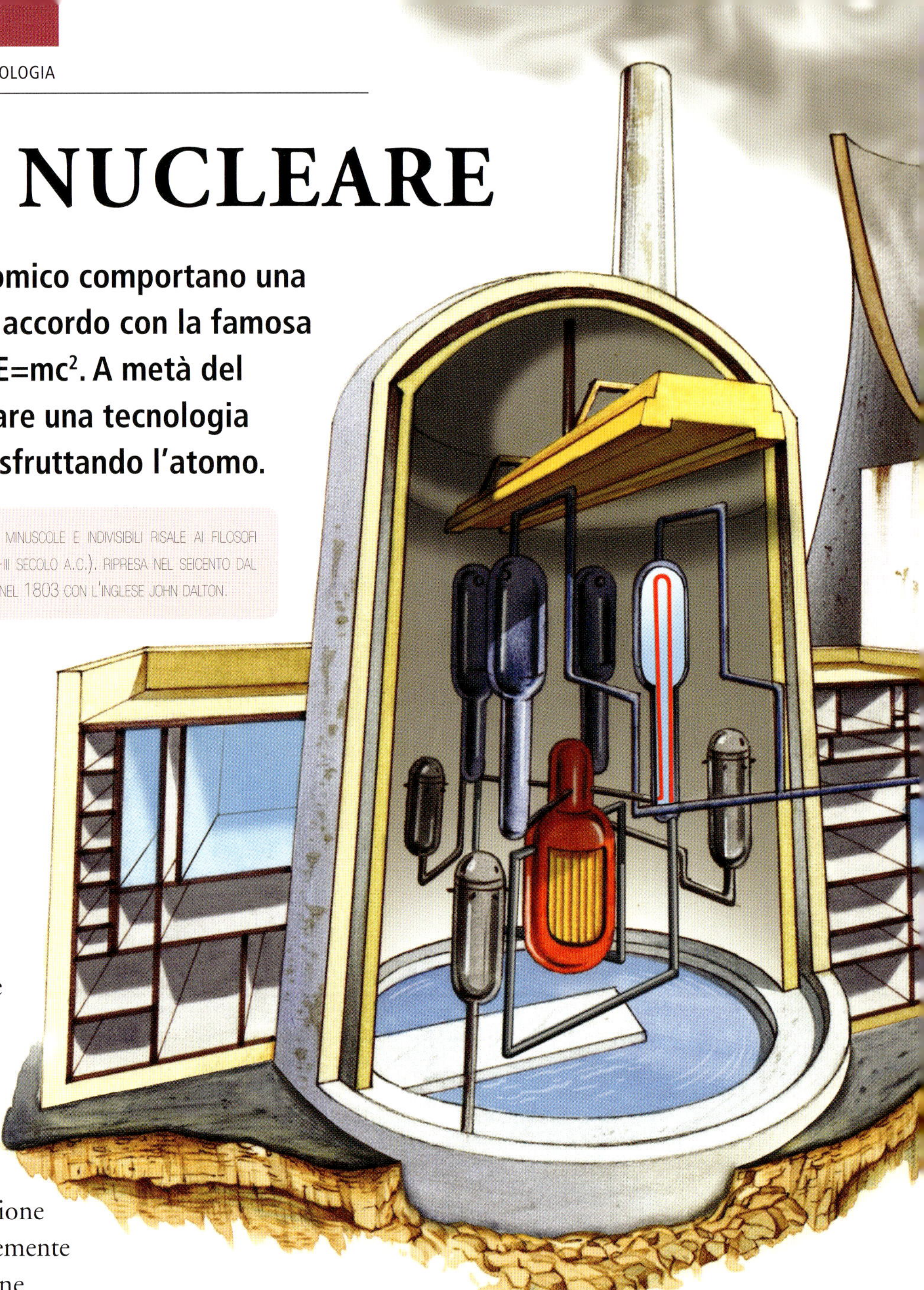

L'IDEA CHE LA MATERIA FOSSE COSTITUITA DA PARTICELLE MINUSCOLE E INDIVISIBILI RISALE AI FILOSOFI DELL'ANTICA GRECIA (LEUCIPPO, DEMOCRITO ED EPICURO; V-III SECOLO A.C.). RIPRESA NEL SEICENTO DAL FRANCESE PIERRE GASSENDI, DIVENTÒ UNA TEORIA MODERNA NEL 1803 CON L'INGLESE JOHN DALTON.

L'emissione di neutroni

Dopo la scoperta della radioattività alla fine dell'Ottocento, nei primi decenni del secolo successivo la fisica fece passi da gigante nella comprensione della struttura atomica, arrivando alla scoperta dei due componenti del nucleo di un atomo, rispettivamente il protone nel 1920 e il neutrone nel 1932.

Scindere il nucleo

Negli anni Trenta del secolo scorso iniziarono esperimenti per scindere il nucleo atomico utilizzando l'emissione di neutroni da parte di elementi fortemente radioattivi, ipotizzando che la scissione del nucleo atomico avrebbe comportato una forte emissione di energia come previsto dalle teorie di Albert Einstein.

Il primo impiego dell'energia nucleare: la bomba

La seconda guerra mondiale diede una forte accelerazione agli studi per riuscire a utilizzare questa fonte di energia a scopo bellico. Gli Stati Uniti diedero il via al segretissimo Progetto Manhattan, dove un *pool* di scienziati riuscì a produrre e controllare energia atomica.

Il 2 dicembre del 1942, presso l'Università di Chicago, sotto la direzione di Enrico Fermi, si ebbe **la prima reazione a catena controllata** in una pila atomica con pellet di uranio come nocciolo.

☐ PERICOLOSITÀ

Sebbene Fermi fosse sicuro dei suoi calcoli, il reattore non possedeva alcuna schermatura contro le **radiazioni** e neanche un sistema di raffreddamento. A posteriori l'esperimento venne considerato pericoloso perché effettuato in un'area densamente abitata.

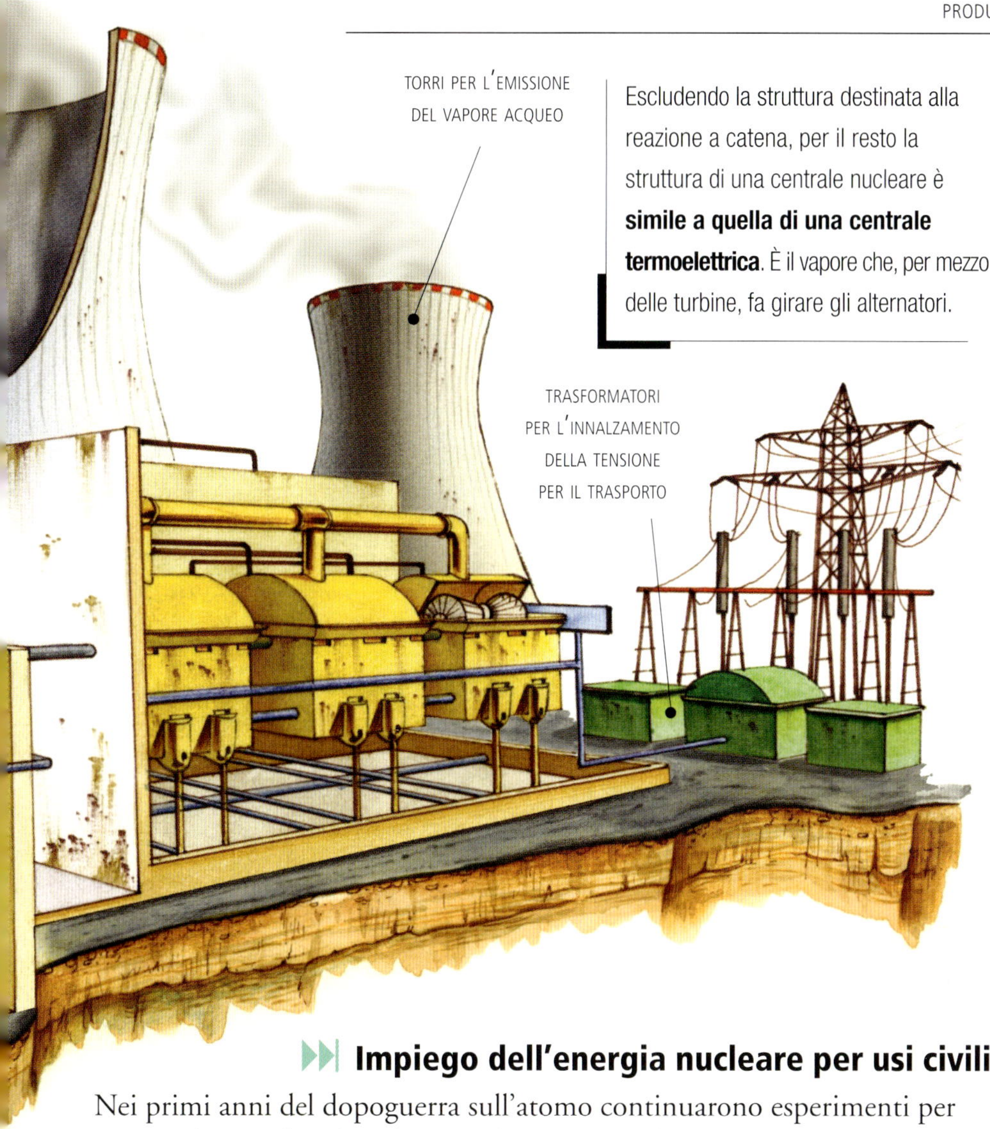

Escludendo la struttura destinata alla reazione a catena, per il resto la struttura di una centrale nucleare è **simile a quella di una centrale termoelettrica**. È il vapore che, per mezzo delle turbine, fa girare gli alternatori.

☐ LE SCORIE RADIOATTIVE

Molti rifiuti derivanti da svariati processi produttivi sono stati riconosciuti tossici per l'uomo o pericolosi per l'ambiente solo dopo anni dalla loro comparsa. Le scorie prodotte nelle centrali atomiche fin da subito sono state individuate fra le più dannose. La progettazione di una centrale nucleare è accompagnata da studi sullo smaltimento del combustibile esausto che rimane radioattivo per lunghissimo tempo (anche millenni) e sulla dismissione dell'impianto dopo i tempi prestabiliti d'impiego. Lo smaltimento delle scorie a basso livello di radioattività avviene in depositi di superficie, all'interno di aree protette anche racchiuse in strutture appositamente costruite. Le scorie altamente radioattive vengono stoccate in bunker sotterranei molto profondi, che vengono poi schermati in modo da evitare la fuoriuscita di radioattività nell'ambiente esterno.

Impiego dell'energia nucleare per usi civili

Nei primi anni del dopoguerra sull'atomo continuarono esperimenti per scopi militari e fu solo nel 1951 che venne prodotta elettricità negli Stati Uniti. La prima centrale elettronucleare venne installata nell'Unione Sovietica, vicino a Mosca, nel 1954 e produceva 5 Mw di potenza.

LA PARTE PIÙ IMPORTANTE DELLA TECNOLOGIA NUCLEARE È IL PROCESSO DELL'ARRICCHIMENTO DELL'URANIO PER CONTENERE ANCHE L'ISOTOPO U^{235}, CHE NON SI TROVA IN NATURA.

L'energia nucleare non venne subito sviluppata per usi civili bensì quale **arma risolutiva di un conflitto**, come a Hiroshima e Nagasaki. Gli armamenti atomici furono sviluppati da varie nazioni e per alcuni decenni si susseguirono esperimenti con bombe sempre più potenti.

Centrali nucleari

Oggi una buona parte di energia elettrica è prodotta da centrali a fissione nucleare, la cui tecnologia sta continuamente migliorando soprattutto per quanto riguarda i sistemi di sicurezza e la produzione di scorie. Tuttavia si contano tre catastrofici incidenti che hanno originato grandi disastri ambientali: Three Mile Island, negli Stati Uniti, nel 1979; Chernobyl, in Ucraina, nel 1986 e quello recente di Fukushima, in Giappone, nel 2011.

SPOSTARSI SULLA TERRA

Costruire un mezzo in grado di muoversi senza bisogno di essere spinto o trainato è un sogno antico, ipotizzato già nel XIII secolo, disegnato nel Rinascimento e realizzato finalmente nel XVIII secolo.

La strada ferrata

Lo scorrimento delle ruote di carri su binari risale all'antichità e precede di molti anni la costruzione delle prime "strade ferrate" sulle quali far viaggiare le prime locomotive spinte dalla forza del vapore. Questo fu permesso dal sensibile aumento della produzione di acciaio che si verificò dopo la Rivoluzione industriale.

▲ *Hercules*, un modello di locomotiva a tre coppie di ruote, impiegata in Inghilterra nel 1843.

▶ Dotata di un motore a due cilindri, poteva raggiungere una velocità di circa 40 km/h. I freni agivano sulla ruota posteriore.

◀ La *Motorette*, fabbricata nel 1911 negli Stati Uniti dalla C.W. Kelsey Manifacturing Company.

Le linee ferroviarie

Il treno divenne un mezzo di trasporto pubblico per merci e passeggeri nella prima metà del XVIII secolo, quando le nazioni occidentali iniziarono a sviluppare reti ferroviarie che in tempi relativamente brevi coprirono ampi territori. Negli Stati Uniti si costruì una linea ferroviaria che, attraversando tutto il continente, univa la costa atlantica a

• GEORGE STEPHENSON

Ingegnere britannico, con il figlio Robert è considerato il padre delle ferrovie. Progettò la sua prima locomotiva nel 1814 e ottenne l'incarico di realizzare una linea ferroviaria fra Stockton e Darlington che venne inaugurata nel 1825 e sulla quale viaggiava la locomotiva *Rocket*, anch'essa progettata dagli Stephenson.

• LA SEDIA VOLANTE

Fra gli antenati degli ascensori troviamo le cosiddette "sedie volanti", che facevano parte dell'arredamento di palazzi nobiliari e di regge come quelle di Versailles e Caserta; nel Palazzo d'Inverno, a San Pietroburgo in Russia, già nel 1793 funzionavano ascensori azionati dalla forza del vapore.

quella sull'oceano Pacifico, mentre in Russia, tra il 1891 e il 1916, si realizzò la Transiberiana, che collegava la capitale Mosca alla costa del Pacifico attraversando tutto il continente asiatico e che, ancora oggi, con i suoi 9288 km è la più lunga nel mondo.

Autovetture

Passare dal treno all'autovettura non fu un'impresa tanto facile. Infatti, occorreva ridurre sensibilmente il motore per permettere di utilizzare spazi per passeggeri o merci. La sfida era, quindi, riuscire a costruire motori a combustione interna, affidabili e sicuri, che sviluppassero una potenza sufficiente a muovere una carrozza (infatti, i primi modelli di autovetture ricalcano, nel disegno e nella struttura, quella delle carrozze, design che fu modificato solo dall'innovativa *Mercedes 35PS* del 1901). Con l'avvento del motore a scoppio iniziò anche la produzione industriale, sebbene anche altre forme di energia, come quella elettrica, fossero state provate. Con il Novecento si afferma definitivamente il motore a benzina, mentre quello Diesel resta confinato per lungo tempo ai soli mezzi pesanti.

◀ La funivia del monte Tianmen, in Cina, è sospesa a 1280 m; con i suoi 7 km è uno dei più lunghi mezzi di trasporto a fune del mondo.

Spostarsi in verticale

I sistemi per salire in alto in gabbie, cesti o altri contenitori per mezzo di funi sono molto antichi: all'epoca l'energia motrice era fornita dall'uomo o da animali. La possibilità di usare l'energia elettrica come forza motrice permise di progettare mezzi di trasporto, come funivie, in grado di raggiungere alte quote in montagna.

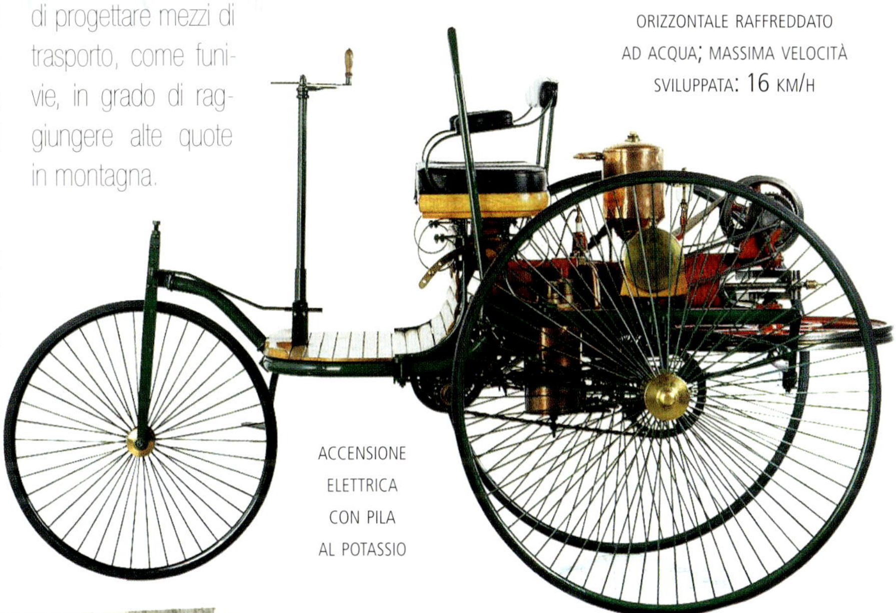

▶ La *Benz Patent Motorwagen*, un'autovettura costruita in Germania dal 1886 al 1894.

• IL VAPORE

Fra le varie forme di energia cui gli ingegneri pensarono per le autovetture vi fu anche quella elettrica, che oggi ritorna a essere utilizzata per via dell'inquinamento nelle città. Alcune auto elettriche costruite a fine Ottocento potevano raggiungere una velocità di 100 km/h.

• INCIDENTI FERROVIARI

Con i treni si verificarono anche i primi incidenti ferroviari: il più spettacolare fu a Parigi nel 1895, alla stazione di Montparnasse, quando una locomotiva che trainava due vagoni, lanciata a tutta velocità perché in ritardo, non riuscì a frenare, ruppe i respingenti e sfondò il muro della facciata precipitando sulla strada sottostante, 10 m più in basso.

LA FERROVIA

STRUTTURA CON LOCALI PER CONTROLLORI E TELEGRAFO

L'utilizzo di guide sulle quali far muovere i carri è molto antico; guide in legno, poi rinforzate con metallo, vennero definitivamente sostituite da rotaie in ferro pesante, sulle quali viaggiavano le prime locomotive a vapore.

Negli Stati Uniti le reti ferroviarie coprivano lunghe distanze passando in territori ancora poco abitati. Fu così che, attorno alle **stazioni ferroviarie**, si svilupparono a poco a poco centri abitati e grandi città.

☐ METROPOLITANE

Lo sviluppo delle reti ferroviarie comportò un sensibile aumento del traffico cittadino di interscambio fra le stazioni dove terminavano le linee dirette verso destinazioni con direzioni diverse, generalmente poste in zone differenti di una grande città. Per cercare di risolvere questo problema Charles Pearson, sindaco di Londra, diede l'avvio alla costruzione di linee ferroviarie urbane, che più tardi, grazie l'avvento dell'elettrificazione e del miglioramento della tecnologia per scavare i tunnel, furono portate sottoterra. Si crearono così, nelle grandi metropoli, complesse reti ferroviarie, che attraverso molteplici stazioni di interscambio permettevano di raggiungere rapidamente un gran numero di zone. Oggi moltissime città sono dotate di linee ferroviarie metropolitane, i cui percorsi si sviluppano in gran parte sottoterra, ma anche su linee sopraelevate. La forza motrice è quasi esclusivamente quella elettrica e, in alcuni casi, la guida può anche escludere il conducente ed essere completamente automatizzata.

La prima strada con rotaie in legno

Verso la fine del VII secolo a.C. in Grecia fu costruita una strada lastricata con profondi solchi nei quali erano fissate rotaie di legno spalmate di grasso; con questo ingegnoso sistema, chiamato *diolkos*, le merci che arrivavano nel porto di Corinto potevano essere trasportate oltre l'istmo su carri trainati, così come anche piccole imbarcazioni, superando un dislivello di circa 80 m.

Rotaie nelle miniere

Nel 1801, l'inglese Richard Trevithick costruì una locomotiva a vapore montando un motore su un carrello già mosso su binari, in grado di trainare 10 t di ferro nelle miniere di Merthyr-Tydfil.

GRAN PARTE DELLA TRATTA OCCIDENTALE DELLA LINEA FERROVIARIA CHE NEGLI STATI UNITI UNIVA LA COSTA ATLANTICA CON QUELLA DEL PACIFICO FU COSTRUITA UTILIZZANDO MANO D'OPERA CINESE.

SI POSIZIONANO LE TRAVERSINE IN LEGNO MASSICCIO

I primi veri e propri treni

Le locomotive costruite dagli inglesi George e Robert Stephenson, la *Blücher* del 1814, la *Locomotion 1* del 1825 e la *Rocket* del 1829, quest'ultima con i suoi 25 km/h, contribuirono alla diffusione del nuovo mezzo di trasporto.

Le traversine in legno (oggi in cemento), sulle quali erano fissate le due rotaie, erano poste sopra una **massicciata formata da pietrisco** di rocce resistenti a spigoli vivi.

Lo sviluppo delle reti ferroviarie

In meno di 30 anni, il treno assunse un ruolo fondamentale nella società industriale del XIX secolo: il trasporto rapido di grandi carichi contribuì a espandere i commerci e quello di persone consentì agli uomini d'affari di curare meglio le loro attività anche su territori lontani ma, allo stesso tempo, permise alle nazioni in guerra di spostare le proprie truppe in gran numero su fronti di battaglia, come avvenne durante la guerra civile americana.

A una fermata presso il bivio prima di Darlington il treno fu accolto da una folla di circa 10 000 persone.

La prima locomotiva per il trasporto fu la ***Locomotion 1***, costruita da George e Robert Stephenson. Il viaggio inaugurale avvenne il 27 settembre del 1825 sulla linea Stockton-Darlington in Inghilterra, lunga 40 km.

Alta velocità

Fino agli anni Settanta del Novecento 200 km/h erano considerati "alta velocità"; oggi i treni moderni possono superare abbondantemente questo limite e le tecnologie a levitazione magnetica consentono di mantenere il treno sollevato dalle rotaie eliminando l'attrito.

Ferrovie, eserciti e cannoni

Non passò molto tempo per capire che sui vagoni ferroviari potevano essere montati cannoni di grandi dimensioni, altrimenti difficili da trasportare, fino ad arrivare ai supercannoni tedeschi della seconda guerra mondiale.

LO "SCARTAMENTO" È LA DISTANZA FRA LE DUE ROTAIE DI UN BINARIO: NELLA PRIMA FERROVIA ERA PARI A 1,435 METRI, MA NON TUTTI I PAESI ADOTTARONO QUESTA MISURA E DIVERSE NAZIONI LA MODIFICARONO PER RAGIONI POLITICO-MILITARI.

VEICOLI A MOTORE

«Un giorno si potranno costruire carri che potranno muoversi senza essere spinti o trainati da animali» questo scriveva l'inglese Roger Bacon nel XIII secolo. Quattrocento anni più tardi queste visioni divennero realtà.

L'AUTO PER TUTTI

La *Ford Model T* fu la prima auto a essere prodotta in serie con la **tecnica della catena di montaggio**. Questo permise un sensibile abbassamento dei costi, rendendo il veicolo alla portata delle possibilità economiche di ampi strati della popolazione statunitense. Questo modello venne costruito dal 1908 al 1928.

Cugnot aveva tralasciato di approfondire la **meccanica del sistema frenante** che doveva essere in grado di arrestare una massa che, in funzione della velocità sviluppata, poteva arrivare fino a 5 t.

La prima automobile

Il primo veicolo in grado di spostarsi da solo venne costruito nel 1771 dal francese Joseph Nicolas Cugnot. Il cosiddetto carro di Cugnot aveva un'ossatura in legno e montava due ruote posteriori e un'anteriore motrice, spinta dalla forza del vapore che muoveva alternativamente due pistoni. La mancanza di freni adeguati mandò il carro a schiantarsi contro un muro.

La *Jamais Contente* ("mai contenta") è un'auto elettrica del 1899: è stata la prima a superare la velocità di 100 km/h.

Nuovi tipi di veicoli...

Dopo il *carro di Cugnot* vennero costruiti veicoli spinti dalla forza vapore (nel 1802), dall'energia elettrica (1839) e da motori a combustione interna (1864-1870), ma fu grazie al motore a quattro tempi di Nikolaus August Otto che l'automobile si differenziò da altri mezzi di locomozione, come la locomotiva e la bicicletta; la nascita di grandi fabbriche in Francia, Germania e Stati Uniti la impose poi definitivamente sul mercato.

Il sistema frenante della *Jamais contente* era montato sulle ruote posteriori e **funzionava invertendo la polarità** e, quindi, la rotazione di ciascuno dei due motori elettrici.

Un secolo di tentativi e di invenzioni

Fin dai primi anni dell'Ottocento gli ingegneri e gli inventori iniziarono a lavorare per la realizzazione di mezzi di trasporto in grado di muoversi da soli. La difficoltà, rispetto al treno, era quella di concentrare in un motore molto più piccolo una potenza sufficiente.

LA CONCORRENZA FRA I DIVERSI SISTEMI DI PROPULSIONE (A VAPORE, ELETTRICA, DIESEL E A BENZINA) FU TALMENTE ACCESA CHE FINÌ PER ESSERE INSCENATA DAVANTI A UN PUBBLICO SEMPRE PIÙ ATTENTO AI PROGRESSI DELLA TECNOLOGIA: NACQUERO COSÌ LE GARE AUTOMOBILISTICHE, PRIMA FRA TUTTE LA PARIGI-ROUEN DEL 1894.

La *Benz Patent Motorwagen* fu la **prima autovettura nella storia funzionante con motore a scoppio**. Fu prodotta dal 1886 al 1894 dalla casa automobilistica fondata dall'ingegnere tedesco Karl Benz.

La produzione in serie

La *Mercedes 35PS*, costruita nel 1901, fu il primo modello di automobile che si staccava dalla forma di "una carrozza montata sopra quattro ruote". Dopo la prima guerra mondiale, il motore a benzina si affermò definitivamente sulle auto e quello Diesel sui mezzi pesanti. La produzione in serie per mezzo delle catene di montaggio fu la nota caratterizzante della civiltà del XX secolo e la sfida di industriali e ingegneri fu quella di rendere l'automobile accessibile a tutti.

Automobili

Fu solo verso la fine del XIX secolo che l'automobile iniziò a fare veramente concorrenza alle carrozze trainate da animali grazie a decisive innovazioni sul rendimento dei motori.

NEL 1864, L'ITALIANO INNOCENZO MANZETTI (NOTO ANCHE PER AUTOMI E PROTOTIPO DI TELEFONO) REALIZZÒ UNA VETTURA STRADALE A QUATTRO RUOTE MOSSA DA UN MOTORE A VAPORE A COMBUSTIONE INTERNA, CHE VENNE SPERIMENTATA SU STRADA. IL MOTORE, SUL QUALE ERA INNESTATA LA CALDAIA, ERA POSTO SULLA PARTE ANTERIORE DEL VEICOLO, LONTANO DAL POSTO DI GUIDA.

ASCENSORI E TELEFERICHE

Secondo lo scrittore romano Vitruvio, nel III secolo a.C. Archimede di Siracusa aveva già costruito degli ascensori, di cui abbiamo anche tracce nella Spagna islamica.

Ascensori per divertire gli spettatori

A Roma, nel Colosseo esistevano diversi ascensori che venivano manovrati a mano dagli schiavi per portare i combattenti o gli animali feroci dai sotterranei fino al piano dell'arena.

La *chaise volante*

Fu il primo dispositivo a contrappesi costruito da Blaise-Henri Arnoult per la favorita di re Luigi XV nel 1743. L'ascensore poteva essere facilmente manovrato con la sola forza fisica tirando una corda.

La progettazione degli **ascensori della Torre Eiffel** è stata la maggior preoccupazione degli ingegneri che realizzarono la costruzione, soprattutto per quelli del secondo livello.

I primi ascensori moderni

Dopo vari tentativi di utilizzare diverse forme di energia come il vapore o quella idraulica, nel 1880 in Germania Werner von Siemens brevetta il primo dispositivo elettrico, che diventerà lo standard per tutti gli ascensori moderni.

☐ LE SCALE MOBILI

La scala mobile è **costituita da gradini che, per mezzo di un meccanismo automatico, si spostano verso l'alto o il basso su un piano inclinato**; il primo brevetto risale al 1859 negli Stati Uniti, dove 33 anni più tardi Jesse Wilford Reno costruì un prototipo funzionante a Coney Island (New York), costituito da un dispositivo di un nastro mobile inclinato di 25° sul quale erano collocate delle doghe di ghisa.

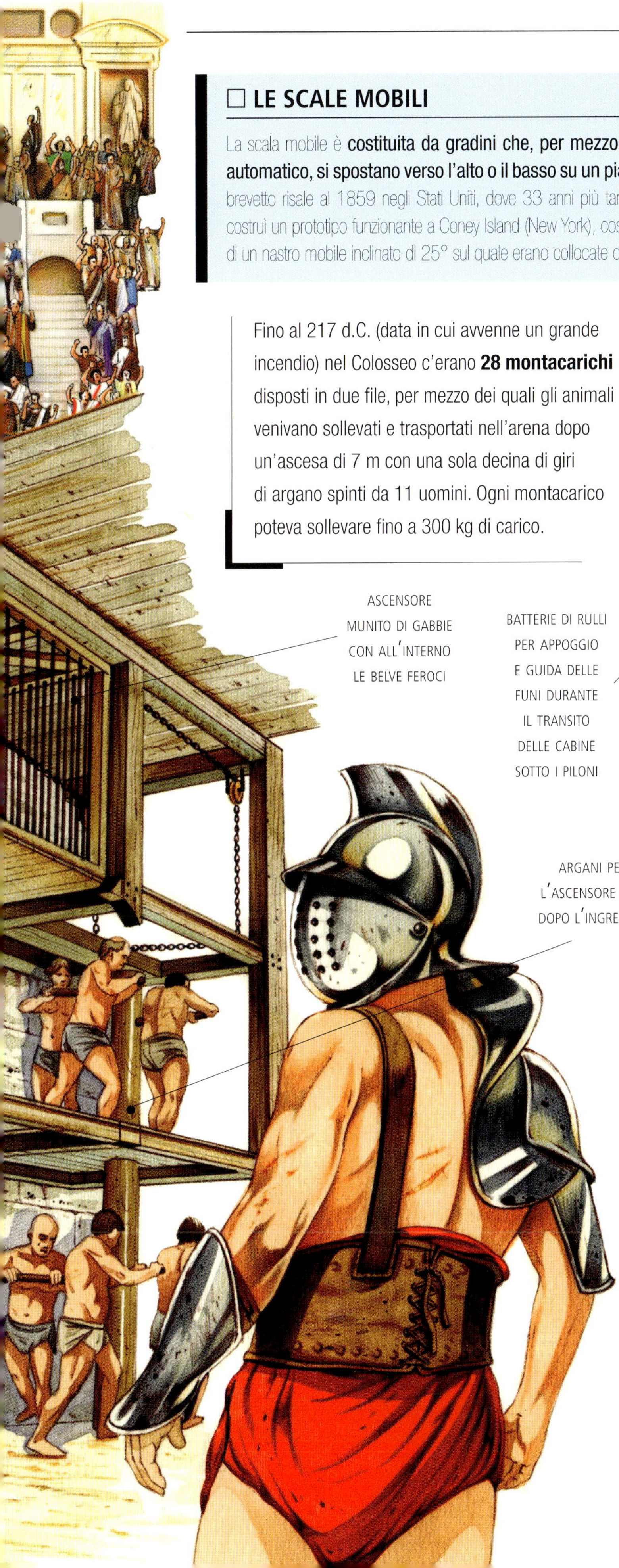

Fino al 217 d.C. (data in cui avvenne un grande incendio) nel Colosseo c'erano **28 montacarichi** disposti in due file, per mezzo dei quali gli animali venivano sollevati e trasportati nell'arena dopo un'ascesa di 7 m con una sola decina di giri di argano spinti da 11 uomini. Ogni montacarico poteva sollevare fino a 300 kg di carico.

Il trasporto a fune

Questo mezzo di trasporto, usato fin dall'antichità, ebbe uno sviluppo notevole dopo la Rivoluzione industriale, quando fu possibile realizzare grandi strutture in acciaio. Dapprima utilizzate per il trasporto a valle di legname e minerali, le teleferiche diventarono un mezzo di trasporto di persone.

La trazione di una funivia avviene per mezzo di **un argano elettrico supportato da un motore Diesel ausiliario**. Dispositivi di sicurezza controllano velocità e arresto dei veicoli.

DURANTE LA PRIMA GUERRA MONDIALE LE TELEFERICHE COSTITUIRONO IL MEZZO PIÙ USATO DALLE TRUPPE ITALIANE E AUSTRIACHE PER IL TRASPORTO DI RIFORNIMENTI, FERITI, MUNIZIONI E ANCHE CANNONI DALLE VALLI ALLE ALTE QUOTE DI MONTAGNA.

Grandi funivie

L'utilizzo di funi metalliche ha permesso di realizzare grandi strutture con cavi lunghi anche chilometri in grado di sostenere cabine con molti passeggeri. La più alta funivia al mondo è quella di Mérida, in Venezuela, che da un'altezza di 1640 m arriva a 4765 m, con un dislivello di 3125 m.

SPOSTARSI IN ACQUA, IN ARIA E NELLO SPAZIO

Attraversare fiumi, laghi, mari e oceani fa parte della storia dell'uomo, che ha costruito mezzi sempre più grandi e veloci, fin dai tempi più antichi. Ma anche cielo e spazio dovevano, prima o poi, essere violati.

Muoversi nell'acqua

L'evoluzione delle imbarcazioni è stata costante nei secoli, sebbene le tecniche di costruzione abbiano risentito nel tempo della mancanza di quel supporto teorico che già in epoca ellenistica aveva permesso di realizzare navi di dimensioni e stazza tali da essere superate solo dopo il periodo napoleonico. Decisivo per il cambiamento di forma e propulsione fu l'avvento del motore a combustione interna e dell'utilizzo dell'acciaio al posto del legno. La realizzazione di orologi di grande precisione nella seconda metà del Settecento permise il calcolo esatto della longitudine e quindi la conoscenza della posizione precisa di una nave in ogni parte del globo.

▲ Il dirigibile *ZRS-5 USS Macon* della Marina militare degli Stati Uniti in volo sopra New York City nel 1933.

Muoversi sott'acqua

I primi tentativi risalgono al XVII secolo, ma solo duecento anni più tardi si riuscì a costruire mezzi in grado di immergersi e navigare sott'acqua.

◀ Aereo da caccia biplano e biposto *Bristol F.2B* in forza alla Royal Air Force britannica nel 1917, durante la prima guerra mondiale.

• LO *SPACE SHUTTLE*

L'idea di un mezzo dotato di ali in grado di lasciare la bassa atmosfera fu sviluppata dall'ingegnere tedesco Eugen Sänger fin dal 1933. L'Ente spaziale americano riprese questo progetto sviluppando nel 1954 il razzo *X-15* e due decenni più tardi lo *Space Shuttle*.

• SPIE DAL CIELO

Dopo i primi impieghi durante le guerre rivoluzionarie e napoleoniche, le mongolfiere continuarono a essere usate per scopi militari per tutto il XIX secolo e fino alla prima guerra mondiale. Gli "osservatori" avevano il compito di dirigere dall'alto il tiro delle artiglierie verso le linee nemiche.

Salire in alto

In Cina già due millenni fa si era capito che l'aria calda tendeva a salire e poteva sollevare anche oggetti leggeri. Questa idea venne ripresa all'inizio della rivoluzione scientifica e trovò la sua realizzazione pratica in Francia con i fratelli Montgolfier, che nel 1783 riuscirono a far sollevare un pallone riempito con aria calda. Cent'anni dopo si costruivano i primi dirigibili che per alcuni decenni avrebbero avrebbero trasportato anche persone.

◀ La bussola è stata uno strumento molto importante per l'orientamento in navigazione.

Emulare gli uccelli

Molti sono i racconti di tentativi umani di volare emulando gli uccelli, tutti finiti tragicamente. Dopo aver compreso i principi del volo con la costruzione di velivoli senza o con limitati meccanismi di propulsione, praticamente degli alianti (forse già usati in Cina e in Giappone), nel 1903 i fratelli Wright riuscirono a far volare il *Flyer 1*, il primo velivolo spinto da un motore. Da quel momento fu un susseguirsi di modelli sempre più potenti, grandi e veloci. Il motore a reazione permetterà poi di raggiungere velocità superiori a quella del suono.

Lanciarsi nello spazio

I cieli non bastano all'uomo, che già in leggende o racconti di fantasia li ha superati raggiungendo la Luna addirittura con un razzo. È grazie alla tecnologia sviluppata durante la seconda guerra mondiale che potenti razzi vettori riescono a portare in orbita un satellite artificiale (1957), poi una navicella con un uomo (1961) e a far sbarcare degli astronauti sulla Luna (1969).

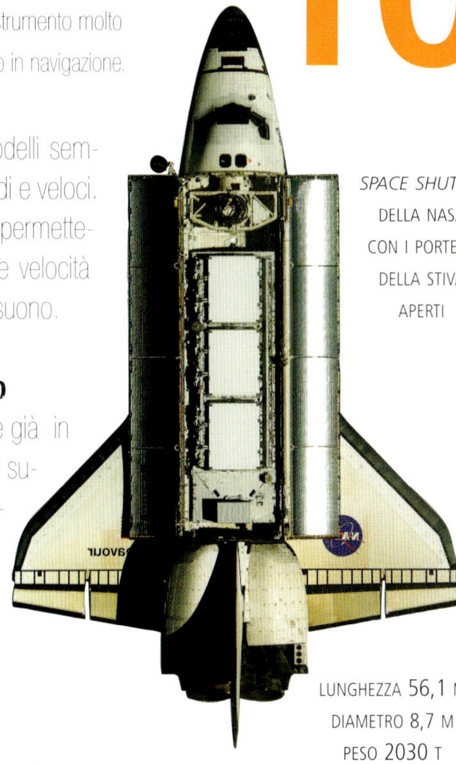

SPACE SHUTTLE DELLA NASA CON I PORTELLI DELLA STIVA APERTI

LUNGHEZZA 56,1 M
DIAMETRO 8,7 M
PESO 2030 T

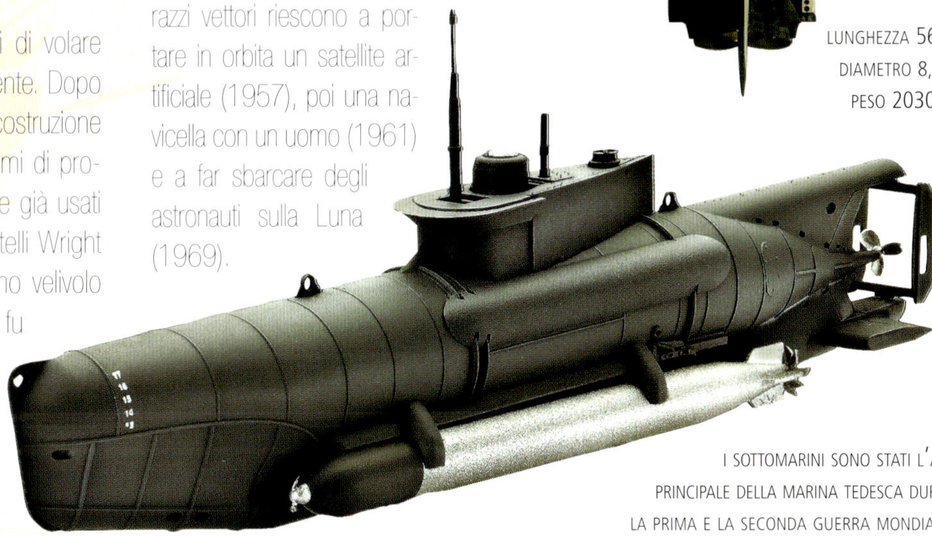

▶ Un modellino dell'U-BOOT XVII costruito dalla Marina tedesca durante la seconda guerra mondiale solo per scopi di ricerca.

I SOTTOMARINI SONO STATI L'ARMA PRINCIPALE DELLA MARINA TEDESCA DURANTE LA PRIMA E LA SECONDA GUERRA MONDIALE

• LE NAVI A VELA

Per un periodo che andò dal XVI secolo fino alla metà del XIX le grandi navi a vela furono le protagoniste del commercio internazionale, della guerra navale e di una delle più estese migrazioni di uomini fra i continenti. Alcune navi a vela erano ancora in uso nei primi decenni del XX secolo.

• ORIENTAMENTO IN MARE

Oltre al Sole e alle stelle, di notte diversi strumenti aiutavano i marinai a orientarsi in alto mare, primo fra tutti l'astrolabio, invenzione ellenistica che, perfezionata dagli Arabi, restò in uso per secoli; poi la bussola, che indicava sempre il nord, la balestrigia e il sestante, che calcolava le angolazioni con maggior precisione.

COSTRUZIONI DI NAVI

Fin dall'antichità furono costruite imbarcazioni per navigare su mari e oceani e dopo gli studi di idrostatica di Archimede fu possibile progettare anche grandi navi.

LA COSIDDETTA "FORMULA CATALANA" DETTA DEL *TRES, DOS Y AS*, USATA NEL QUATTROCENTO NEI CANTIERI SPAGNOLI E IN QUELLI ITALIANI, STABILIVA CHE L'ALTEZZA DELLO SCAFO DOVEVA ESSERE METÀ DELLA LARGHEZZA E QUEST'ULTIMA UN TERZO DELLA LUNGHEZZA.

UNA PORTACONTAINER PUÒ TRASPORTARE OLTRE 19 000 CONTENITORI

LE GRANDI NAVI DA CROCIERA POSSONO TRASPORTARE OLTRE 6000 PASSEGGERI

Le superportaerei, di stazza superiore alle 70 000 t, sono le più grandi navi da guerra mai costruite.

Dalla piroga alla galea

Anche se le prime imbarcazioni sembrano risalire a circa 10 000 anni fa, la costruzione di navi assemblando tavole di legno in una forma allungata è databile solo al III millennio a.C. I remi e una o più vele in pelle o tessuto fornivano la forza propulsiva, i primi sfruttando quella umana e le seconde la spinta del vento.

Remi per la guerra e vele per il commercio

Nell'antichità le navi mercantili erano generalmente solo a vela mentre quelle da guerra, molto più robuste, erano spinte da remi e utilizzavano le vele solo per navigare, mai durante le battaglie.

La caravella

L'epoca delle esplorazioni è caratterizzata dall'invenzione di un nuovo modello di nave, la caravella, studiata appositamente per attraversare gli oceani; dotata di due o tre alberi, era estremamente manovrabile e poteva resistere alle più terribili tempeste.

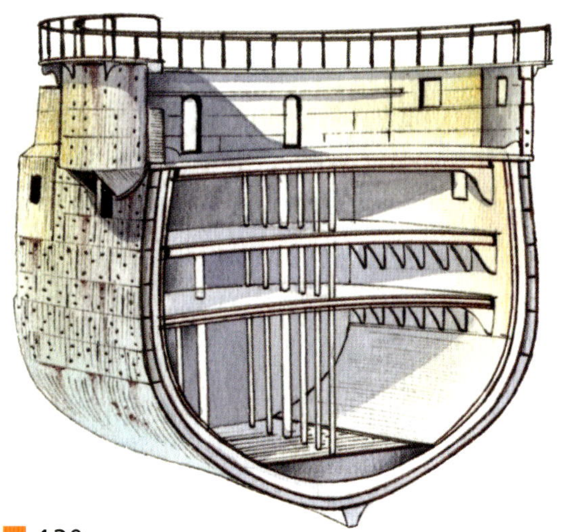

Nelle **prime navi in ferro** solo la chiglia e l'ossatura erano in metallo; il fasciame dei ponti e il rivestimento esterno erano in legno. Le parti metalliche erano fra loro chiodate.

☐ UN BOSCO PER UNA NAVE

Per costruire un **vascello da guerra** del XVIII secolo lungo circa 60 m, era necessario abbattere circa 3000 alberi di quercia e 2000 fra pini e abeti. Per le manovre erano inoltre necessari quasi 40 km di cordame, per il quale si utilizzava la canapa.

Le navi diventarono ben presto dei formidabili strumenti da guerra e sulle loro prue comparvero i **rostri**, pesanti speroni in bronzo che avevano la funzione di sfondare le fiancate delle navi nemiche.

Fino all'avvento delle navi metalliche la chiglia era costituita da una lunga trave longitudinale a forma quadrata o rettangolare.

Dal legno all'acciaio

Dalla costruzione della prima caravella iniziò la cosiddetta "età dei grandi velieri", che durò fino alla fine dell'Ottocento, quando si affermarono definitivamente le navi in acciaio spinte da grandi motori a combustione interna, dopo un breve interregno dove convissero vele e motori a vapore.

GIÀ ANTICAMENTE GLI SCAFI IN LEGNO DELLE IMBARCAZIONI CHE NAVIGAVANO NEI MARI CALDI ERANO RIVESTITI IN PIOMBO (O IN RAME) PER PROTEGGERLI DALLE TEREDINI, I MOLLUSCHI XILOFAGI.

Le **galee della Repubblica di Venezia** venivano costruite in un cantiere pubblico, l'Arsenale, dove venivano assemblate in "serie" anticipando i metodi delle catene di montaggio; le singole parti erano trasportate e immagazzinate nei porti per essere in grado di riparare in tempi brevi le galee danneggiate.

☐ LA NAVE DI ARCHIMEDE

Archimede di Siracusa (287-212 a.C.) nel suo trattato *Sui corpi galleggianti* (250 a.C. ca.) aveva formulato i principi che determinavano le posizioni assunte da vari solidi immersi in un fluido, a seconda della loro forma e della loro gravità specifica. **Questo permise di calcolare tecnicamente le linee di galleggiamento e di costruire navi non tradizionali di dimensioni enormi** quali, per esempio, la *Syrakosia*, alla cui progettazione contribuì Archimede stesso. Secondo il racconto di Moschione questa nave, che viene considerata come la più grande costruita nell'antichità, era lunga 110 m con una capacità di carico fra le 1600 e le 1800 tonnellate; era munita di tre alberi e al suo interno si trovavano cabine per i passeggeri, stalle per i cavalli, una biblioteca, bagni e un tempietto dedicato alla dea Afrodite.

Città galleggianti

Così possono essere definiti i grandi transatlantici e le moderne grandi navi da crociera così come le portaerei militari, in grado di ospitare migliaia di persone oltre agli addetti alla navigazione, offrendo gli stessi servizi che possono essere forniti a terra. Questo risultato è stato possibile grazie alla potenza di motori in grado di muovere tonnellaggi sempre più grandi e alla conoscenza più approfondita delle leggi dell'idrostatica e idrodinamica.

LA NAVIGAZIONE

Per affrontare lunghi viaggi in mare senza riferimenti visivi occorreva conoscere l'insieme delle tecniche usate per determinare la posizione e la rotta di una nave, riuscire a navigare controvento e conoscere le correnti.

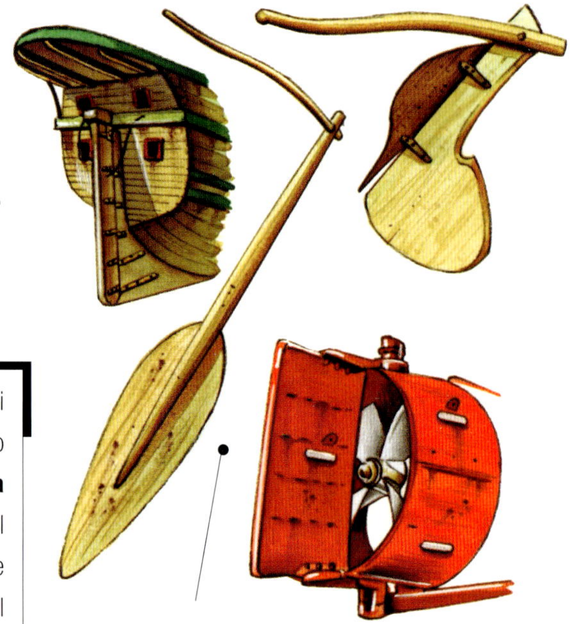

EVOLUZIONE DEL TIMONE: DAL REMO ALLA GRANDE PALA DIETRO L'ELICA

Già nell'Egitto del III millennio a.C. si guidavano le imbarcazioni per mezzo di **due remi laterali collocati a poppa** e immersi nell'acqua, che nel Medioevo si trasformarono in due pale laterali, mentre in Oriente comparve il timone a poppa manovrato con cavi.

VIAGGI NELL'ANTICHITÀ

Grandi viaggi sono presenti nei miti di molte civiltà del passato, ma sono iscrizioni e libri ad attestare, in concreto, **lunghe spedizioni** alla ricerca di minerali, oro, pietre preziose e spezie. In Egitto sono state trovate iscrizioni che risalgono al periodo della XI dinastia (inizi del II millennio a.C.) e fanno riferimento alle meraviglie della terra di Punt, che gli studiosi collocano in Etiopia o forse più a sud. I Fenici furono superiori a tutti gli altri popoli nell'arte della navigazione e il greco Erodoto scrive di un viaggio di circumnavigazione della Libia (allora nome dell'intera Africa) ordinato dal faraone Nekao intorno al 600 a.C. Una flotta era partita dal Mar Rosso e impiegò due anni prima di ritornare in Egitto attraversando le Colonne d'Ercole. Lo storico precisa che i marinai raccontavano che a un certo punto, navigando sempre verso sud, vedevano il Sole sorgere alla loro destra, fatto che secondo Erodoto non poteva essere vero, ma che invece confermerebbe che i Fenici , a un certo punto, avevano oltrepassato l'equatore!

La navigazione ai primordi della storia dell'uomo

Già in età paleolitica, la presenza dell'uomo in piccole isole attesta che la navigazione, almeno su corte distanze dalla costa, era già praticata. Prima che nei mari si navigò in acque interne, fiumi e laghi, che davano maggiore sicurezza; poi le imbarcazioni affrontarono il mare orientandosi visivamente su riferimenti lungo le coste.

I peripli

Erano manoscritti con la narrazione di viaggi per mare che indicavano precisi riferimenti quali porti e punti sulle coste (insenature, monti ecc.). Le distanze erano indicate in giorni di navigazione.

ALCUNE SAGHE ISLANDESI RACCONTANO CHE I VICHINGHI SI ORIENTAVANO IN MARE CON LE "PIETRE DEL SOLE". OGGI SI SA CHE IL CRISTALLO CHIAMATO "SPATO ISLANDESE" POLARIZZA LA LUCE DEL SOLE ANCHE IN PRESENZA DI NUVOLE O NEBBIA, INDICANDO LA DIREZIONE DEI RAGGI.

SI DÀ UNA FORMA TRIANGOLARE ALLA VELA QUADRATA

Affrontare gli oceani

La colonizzazione della Polinesia dimostra inequivocabilmente come l'uomo fosse in grado di percorrere lunghissime distanze attraverso gli oceani: intorno al 300 a.C. vennero raggiunte Tahiti e nel 400 d.C. le Hawaii.

La **tecnica di navigazione per "stringere il vento"** era ben nota nell'antichità; infatti è attestata in diversi autori ed era chiamata, in latino, *facere pedem*.

Calcolare il "punto nave"

Fondamentale per la navigazione in alto mare era la conoscenza della posizione della nave. L'altezza del Sole sull'orizzonte e la posizione delle stelle permettevano di calcolare la latitudine, mentre fino al XVIII secolo non fu possibile calcolare con precisione la longitudine. Piccoli errori di calcolo, tradotti in distanze reali, portavano fuori rotta di molte miglia e talvolta producevano disastri.

Un'invenzione importante per la navigazione, attribuita ai Coreani, fu quella della bussola, che giunse in Europa nel XII secolo e il cui uso in navigazione non fu, tuttavia, immediato.

Vele quadre e triangolari permettevano a una caravella una **buona andatura** di bolina seguendo una rotta con un angolo minore di 90° rispetto alla direzione del vento, cosa impossibile a navi equipaggiate di sole vele quadre.

La rosa dei venti

Importante per la navigazione a vela era il diagramma che rappresentava la provenienza dei venti che insistevano in una data regione. Nella rappresentazione più tipica i venti sono collegati ai quattro punti cardinali e ai loro quattro intermedi.

La bussola

Un aiuto alla navigazione si ebbe con l'introduzione della bussola, il cui ago magnetico, libero di girare su un perno, indicava sempre il nord e che, di conseguenza, permetteva di dedurre tutti gli altri punti cardinali.

LE CORRENTI OCEANICHE SONO MASSE DI ACQUA CHE SI MUOVONO RISPETTO ALL'ACQUA CHE LE CIRCONDA E DALLA QUALE SI POSSONO DIFFERENZIARE PER SALINITÀ, TEMPERATURA, COLORE O DENSITÀ. UN CAPITANO ESPERTO POTEVA SFRUTTARLE DURANTE LA NAVIGAZIONE.

Vele quadrate permettono di stringere il vento di circa 67°, mentre quelle triangolari consentono angolature anche di 45°.

NAVIGARE SOTT'ACQUA

I primi studi sulla costruzione di un natante in grado di navigare sott'acqua risalgono a Leonardo da Vinci, che nei primi anni del Cinquecento ideò un'imbarcazione mossa a pedali senza però costruirne un prototipo.

Il sommergibile *H.L. Hunley*, costruito nel 1863 per conto dell'esercito confederato, fu il **primo mezzo subacqueo** che affondò una nave: la pirofregata unionista *USS Housatonic*. L'evento si ripeté solo durante la prima guerra mondiale.

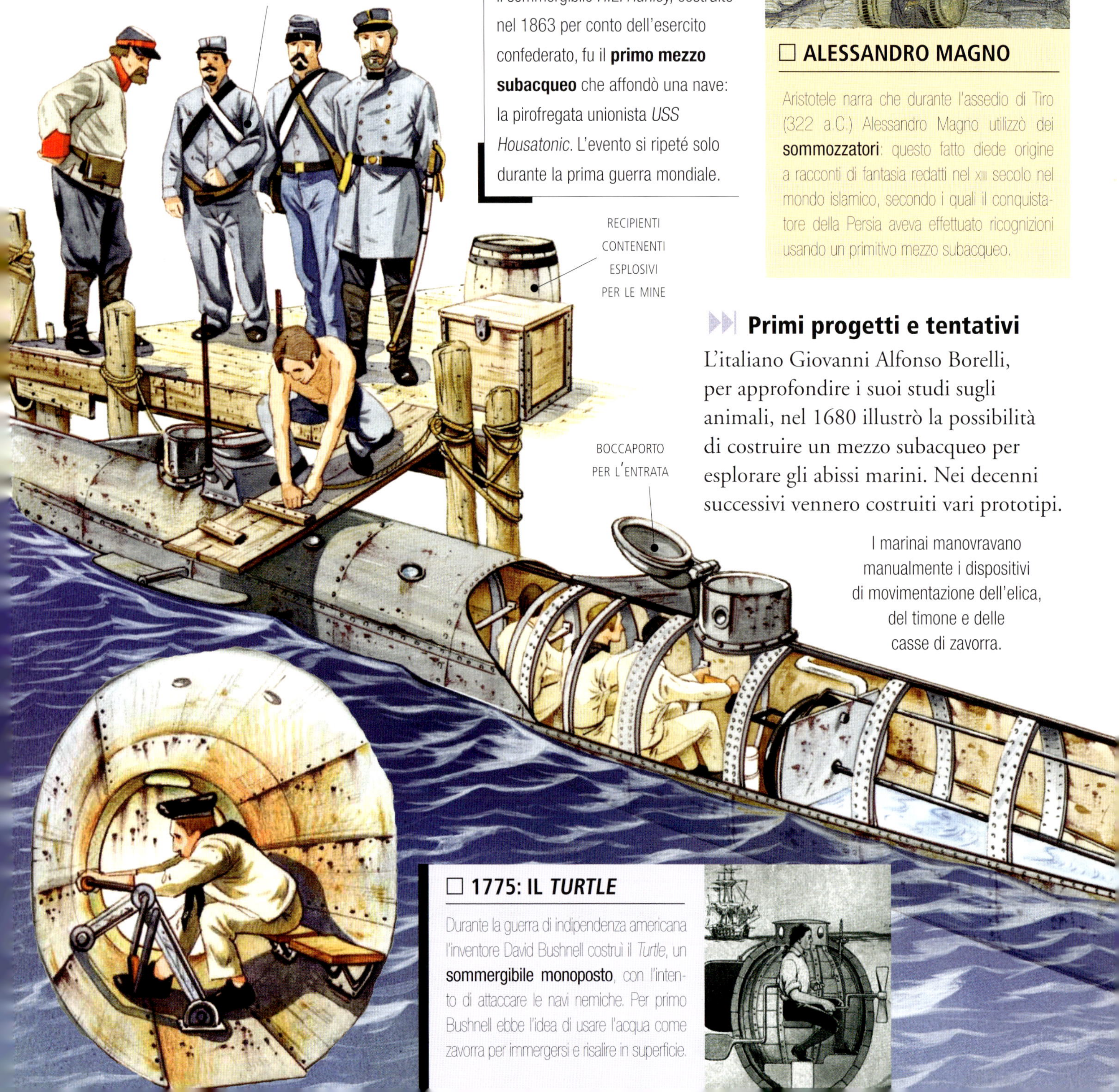

I marinai manovravano manualmente i dispositivi di movimentazione dell'elica, del timone e delle casse di zavorra.

☐ ALESSANDRO MAGNO

Aristotele narra che durante l'assedio di Tiro (322 a.C.) Alessandro Magno utilizzò dei **sommozzatori**: questo fatto diede origine a racconti di fantasia redatti nel XIII secolo nel mondo islamico, secondo i quali il conquistatore della Persia aveva effettuato ricognizioni usando un primitivo mezzo subacqueo.

Primi progetti e tentativi

L'italiano Giovanni Alfonso Borelli, per approfondire i suoi studi sugli animali, nel 1680 illustrò la possibilità di costruire un mezzo subacqueo per esplorare gli abissi marini. Nei decenni successivi vennero costruiti vari prototipi.

☐ 1775: IL *TURTLE*

Durante la guerra di indipendenza americana l'inventore David Bushnell costruì il *Turtle*, un **sommergibile monoposto**, con l'intento di attaccare le navi nemiche. Per primo Bushnell ebbe l'idea di usare l'acqua come zavorra per immergersi e risalire in superficie.

Gli *U-Boot* tedeschi

Durante la prima guerra mondiale, la Marina tedesca impiegò largamente i sommergibili per attaccare il naviglio nemico: gli *U-Boot* erano di concezione modernissima e impiegavano motori a gasolio pesante, ritenuti più affidabili di quelli a benzina. Con i Tedeschi il sommergibile divenne a tutti gli effetti un "sottomarino" (un mezzo in grado di operare a lungo in immersione) grazie allo *Schnorchel*, un lungo tubo che dava l'approvvigionamento di aria restando a una profondità di 10-12 m.

L'*USS Nautilus*, il primo sottomarino a propulsione nucleare varato nel 1954, fu anche il primo a compiere la **traversata del Polo Nord** sotto la calotta polare artica.

IL TEDESCO WILHELM BAUER, CHE NEL 1850 AVEVA COSTRUITO UN SOMMERGIBILE IN ACCIAIO, FU IL PRIMO A SALVARSI DAL MEZZO SUBACQUEO AFFONDATO A 18 M DI PROFONDITÀ, INTUENDO CHE OCCORREVA ALLAGARE L'INTERNO PER COMPENSARE LA PRESSIONE E POTER USCIRE DALLA BOTOLA.

Sommergibili operativi

Dopo i primi tentativi di utilizzare imbarcazioni subacquee in azioni belliche durante la guerra civile americana, fu solo verso la fine dell'Ottocento che si riuscì a realizzare i primi sommergibili. Il salto di qualità avvenne nel 1888, quando grazie allo spagnolo Isaac Peral venne costruito il primo sommergibile funzionante con motori elettrici.

Nel 1800 l'americano Robert Fulton convinse Napoleone a finanziare la costruzione di un sottomarino che doveva essere impiegato contro le navi britanniche. Venne costruito il ***Nautilus***, la cui prima missione si risolse però in un insuccesso. L'imperatore, furioso, decise di sospendere il progetto.

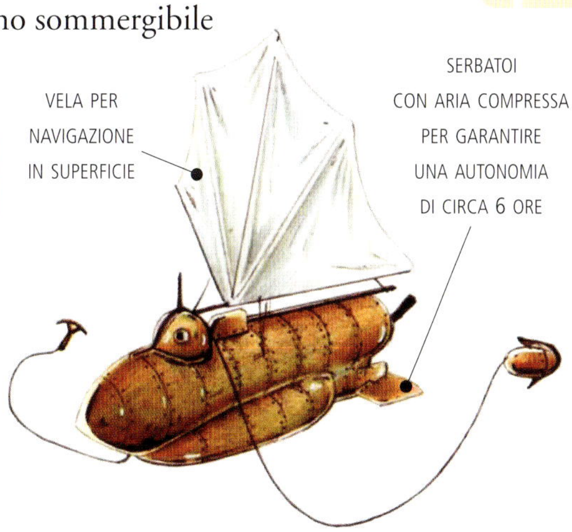

Doppi motori e doppi scafi

I primi sommergibili erano dotati di due motori: uno a COMBUSTIONE INTERNA, per la navigazione in emersione, e uno ELETTRICO, per muoversi sott'acqua e a doppio scafo: uno esterno e uno interno a forma ellittica capace di resistere alle forti pressioni.

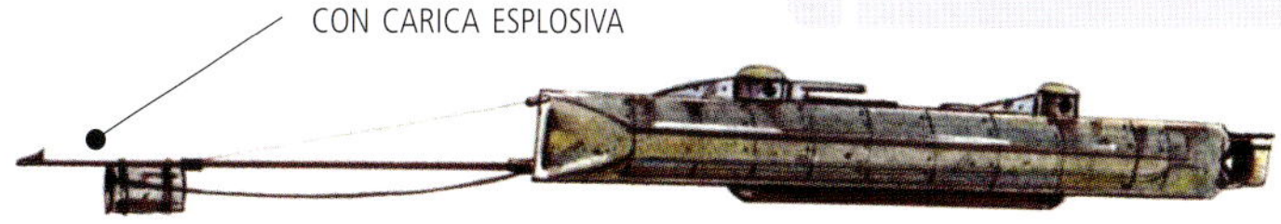

Motori a energia nucleare

La possibilità di utilizzare l'energia nucleare convinse i costruttori di sottomarini a sfruttare il calore prodotto dalla fissione in reattori atomici che, per mezzo di turbine, generano energia elettrica. Questa, oltre ad alimentare direttamente i motori elettrici collegati all'albero dell'elica, viene utilizzata per il funzionamento dei servizi di bordo, delle pompe di raffreddamento e dell'impianto di desalinizzazione per la produzione di acqua potabile per gli equipaggi.

IL PRIMO BATTELLO SUBACQUEO CHE PERCORSE UN BREVE TRATTO IN IMMERSIONE FU PROBABILMENTE QUELLO COSTRUITO DALL'OLANDESE CORNELIUS VAN DREBBEL TRA IL 1620 E IL 1624, CHE, IMMERSO A UNA PROFONDITÀ DI CIRCA 4-5 M E MOSSO DALLA SPUNTA DI PIÙ REMI, NAVIGÒ PER UN BREVE TRATTO DEL FIUME TAMIGI ALLA PRESENZA DI RE GIACOMO I D'INGHILTERRA.

IL VOLO

Fin dall'antichità, l'uomo ha cercato di imitare il volo degli uccelli, studiandoli e provando a costruire macchine in grado di sostenersi nell'aria. Una di queste, dotata di motore, nel 1903 riuscì a volare per 260 m.

I TENTATIVI UMANI DI VOLARE LANCIANDOSI DALL'ALTO SONO STATI NUMEROSI: IN CINA NE SONO ATTESTATI DUE NEL I E VI SECOLO; A CORDOVA, NELL'852, DA PARTE DELL'ARABO ABBAS IBN FIRNAS; IN INGHILTERRA, NEL 1010 E NEL 1507; A NORIMBERGA, NEL 1496, E MOLTI ALTRI FINO AL XVIII SECOLO: TUTTI CON ESITI NEGATIVI E GRAVI DANNI ALLE PERSONE.

Sollevarsi in aria

Già alcuni secoli prima di Cristo, i Cinesi usavano gli aquiloni forse solo per gioco, ma sembra che in Cina e in Giappone questi dispositivi fossero in grado di trasportare un uomo in aria. In epoche più recenti, sempre in quei Paesi, delle specie di alianti molto simili ai moderni deltaplani erano usati per lanciare dalle alture delle spie che si facevano trasportare oltre le linee nemiche.

Il tedesco Otto Lilienthal è considerato il padre degli alianti. Dopo aver **studiato a fondo il volo degli uccelli, costruì diversi "aquiloni volanti"** con i quali effettuò voli anche fino a 250 m lanciandosi da colline o dai tetti di abitazioni.

IL VOLO DEL 9 AGOSTO 1896 GLI FU FATALE: LILIENTHAL MORÌ DOPO UNA CADUTA DA 17 M

Le macchine volanti

Nel Rinascimento si cominciano a studiare i principi del volo e si cerca di costruire delle macchine in grado di muoversi nell'aria. Leonardo da Vinci studia il volo degli uccelli e anticipa i principi dell'aerodinamica.

☐ LA COLOMBA DI ARCHITA

Nel IV secolo a.C. lo scienziato greco **Archita di Taranto** costruì il primo oggetto volante artificiale in legno, a forma di colomba e spinto da un getto di vapore che avrebbe volato per circa 200 m.

1942: INGHILTERRA, L'*AVRO 683 LANCASTER* (BOMBARDIERE QUADRIMOTORE DELLA SECONDA GUERRA MONDIALE)

1932: ITALIA, IL BIPLANO MONOMOTORE *FIAT C.R. 30*

1927: STATI UNITI, *RYAN NYP* (L'AEREO DI CHARLES LINDBERGH, PIÙ NOTO CON IL NOME DI *SPIRIT OF ST. LOUIS*)

Dopo il primo volo del 1903, **l'evoluzione dell'aereo** fu estremamente rapida: dopo meno di un decennio fu impiegato in guerra. Ben presto i modelli a doppia ala furono abbandonati e nacquero quelli a due o più motori e i primi idrovolanti.

☐ LA GALLERIA DEL VENTO

Le gallerie del vento sono impianti in grado di produrre **correnti d'aria che vengono dirette su aeromobili** (o anche su loro modelli in scala), effettuando rilevamenti di forze, pressioni, temperature e altri dati sensibili per poter prevedere il comportamento dell'aeromobile in volo. Utilizzati dai primi anni del Novecento, questi impianti ebbero un'enorme importanza nella verifica delle formulazioni teoriche dei problemi di portanza e aerodinamicità dei velivoli. Le sperimentazioni si basano sul cosiddetto "principio di reciprocità", secondo il quale le azioni aerodinamiche che intervengono in un aereo in volo sono le stesse che si manifestano anche in un velivolo fermo se questo è investito da un getto d'aria pari alla velocità che avrebbe avuto volando. Questo permette di risparmiare sui costi della sperimentazione e di ridurne sensibilmente i rischi.

Agli albori degli aeromobili: il XIX secolo

Verso la fine dell'Ottocento si è ormai compreso il principio del volo e la portanza che, grazie alla forma delle ali, sostiene un aeromobile. Si costruiscono molti modelli di macchine volanti e si inizia ad applicare il motore.

STUDIANDO LA PORTANZA DELLA SUPERFICIE E DELLA FORMA DELLE ALI, L'ANGLO-AUSTRALIANO LAWRENCE HARGRAVE NEL 1894 COSTRUÌ UN AQUILONE A SCATOLA IN GRADO DI MUOVERSI E SOLLEVARE UN UOMO ALL'ALTEZZA DI DIVERSI METRI.

SI IMPRIME IL MOVIMENTO DI ROTAZIONE ALL'ELICA

Giocattoli cinesi risalenti al V secolo a.C., costruiti in legno leggero di bambù, sono la prima testimonianza storica di oggetti che si **sollevano verticalmente nell'aria grazie alla rotazione di un'elica**. Arrivarono in Europa nel XV secolo, dato che appaiono in dipinti del 1463.

Il dominio dei cieli

Il *Flyer I*, costruito dagli americani Orville e Wilbur Wright, fu il primo velivolo motorizzato e più pesante dell'aria che il 17 dicembre del 1905 riuscì a volare restando in aria per 12 secondi avendo a bordo un pilota. Un susseguirsi di voli pionieristici fece nascere l'industria aeronautica e l'aviazione militare, dopo che l'aereo venne impiegato per la prima volta durante la guerra fra Italia e Turchia nel 1912. Dagli anni Venti si inizia a utilizzare l'aereo anche per scopi civili.

AEROSTATO

Più di 2000 anni fa i Cinesi fecero volare lanterne di carta con una fiamma accesa all'interno: il volo durava fino allo spegnersi della fiamma; l'aria calda, più leggera della fredda, saliva in alto.

I PRIMI ESSERI VIVENTI CHE PROVARONO L'EBBREZZA DEL VOLO FURONO UNA PECORA, UN'OCA E UN GALLO COLLOCATI IN UNA CESTA APPESA AL PALLONE AEROSTATICO DEI FRATELLI MONTGOLFIER: TORNARONO TUTTI A TERRA SANI E SALVI.

Prime prove e tentativi

In Europa il primo volo documentato di un pallone riempito con aria calda fu quello condotto dal portoghese Bartolomeu de Gusmão l'8 agosto del 1709 a Lisbona, davanti alla corte del re Giovanni V. L'inventore riuscì a far sollevare a circa 4 metri dal suolo un piccolo pallone fatto di carta.

Le principali caratteristiche dei primi dirigibili *Zeppelin* erano la **struttura in alluminio e lo spazio destinato ai gas suddiviso in molte celle**. Le navicelle erano collegate stabilmente allo scheletro del velivolo.

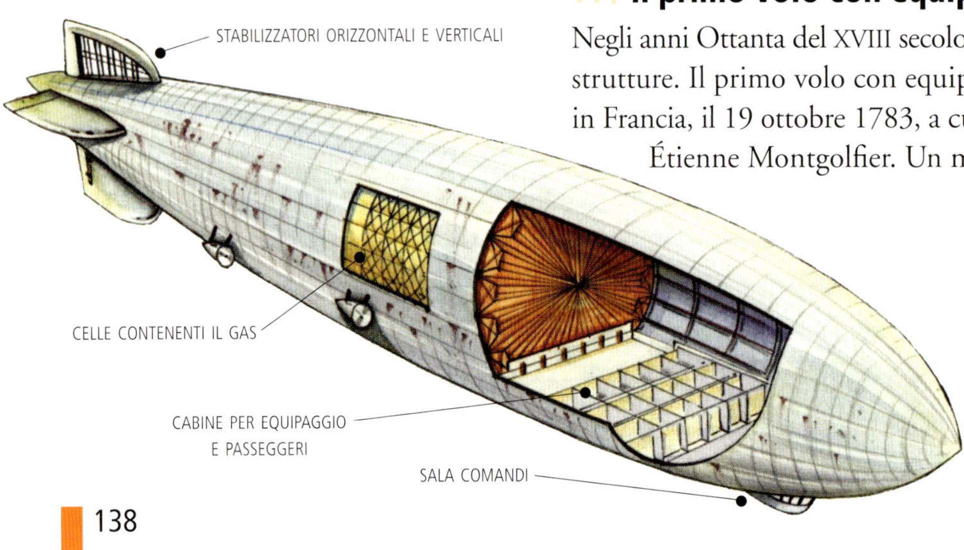

Il primo volo con equipaggio

Negli anni Ottanta del XVIII secolo si era ormai pronti per far volare grandi strutture. Il primo volo con equipaggio, ma vincolato a terra, avvenne in Francia, il 19 ottobre 1783, a cura dei fratelli Joseph-Michel e Jacques-Étienne Montgolfier. Un mese più tardi il primo volo "libero".

☐ IL DISASTRO DEL 1937

Il 6 maggio del 1937 il **dirigibile tedesco *LZ 129 Hindenburg*** venne distrutto in meno di un minuto da un incendio che causò molte vittime. Questo disastro segnò la fine del trasporto aereo di persone con i dirigibili.

Conoscendo i tentativi dei fratelli Montgolfier, il fisico Jacques Charles e i fratelli Robert costruirono un pallone che riempirono con idrogeno; il gas è prodotto versando acido solforico su rottami di ferro.

Jean-François Pilâtre de Rozier e François Laurent Le Vieux, marchese d'Arlandes, furono i **primi aeronauti** della storia: in mongolfiera sorvolarono Parigi da circa 1000 m d'altezza.

La folla è stupita, ma allo stesso tempo anche spaventata.

Dagli aerostati ai dirigibili

Nel 1852, l'ingegnere francese Henri Giffard costruì il primo pallone aerostatico dotato di propulsione propria e con strumenti di controllo della direzione: era nato il dirigibile. Il velivolo di Giffard risultava però troppo lento per essere utilizzato in pratica.

COMPAGNIE D'AÉROSTIERS

L'impiego militare degli aerostati è quasi immediato: il 2 aprile del 1794 viene costituita in Francia la ***Compagnie d'aérostiers***, sorta soprattutto per le pressioni di un giovane deputato, il fisico Guyton, che intuì le numerose possibilità di applicazione dell'aerostato. Questo evento può essere considerato come la nascita dell'aviazione militare. Il battesimo del fuoco avviene il mese successivo all'assedio di Maubeuge: i risultati dell'impiego di aerostati sono così entusiasmanti e determinanti per l'esito della vittoriosa battaglia di Fleurus (26 giugno 1794) che viene costituita una seconda compagnia di *aérostiers*. Nel disastro di Aboukir (1 agosto 1798), quando la flotta inglese annientò quella francese, colarono a picco molti di questi mezzi, fatti portare in Egitto da Napoleone.

NEL 1670, IL GESUITA FRANCESCO LANA PROGETTÒ UNA "NAVE AEREA" SOSTENUTA DA QUATTRO SOTTILI SFERE DI RAME VUOTE D'ARIA. LA FORTE PRESSIONE ESTERNA LE AVREBBE FATTE IMPLODERE E, SE PIÙ RESISTENTI, IL PESO AVREBBE IMPEDITO IL SOLLEVAMENTO.

Secondo lo storico Joseph Needham le **lanterne cinesi** sarebbero state inventate nel III secolo a.C. dal pensatore e stratega militare cinese Zhuge Liang. Venivano usate come **mezzo di segnalazione o per inviare messaggi** ai reparti lontani durante le campagne militari.

I grandi dirigibili

Nel luglio del 1900 fece il suo primo volo il *Luftschiff Zeppelin LZ 1*, il primo dei dirigibili di gran successo costruiti dal generale e industriale tedesco Ferdinand von Zeppelin. Egli inventò il dirigibile ad armatura rigida, che permise di realizzare velivoli di grandi dimensioni che vennero impiegati come mezzo di trasporto aereo di merci e persone fino alla fine degli anni Trenta dello scorso secolo.

AEREI A REAZIONE (JET)

Il principio del motore a reazione si basa sull'espulsione di un gas o di un liquido ad alta velocità, effetto che dà origine a una spinta in direzione opposta.

Il motore a jet nel regno animale

Alcuni animali acquatici, come polpi, calamari e seppie, si spostano spruzzando acqua in una direzione ricevendo così una spinta nella direzione opposta. Anche la forza propulsiva del vapore può originare movimento, come nella *eolipila*, la macchina costruita da Erone di Alessandria nel I secolo d.C.

Il primo progetto di aereo con motore a getto

Il *Coandă 1* fu il primo modello di aereo a reazione costruito nel 1910 dall'ingegnere rumeno Henri Coandă. Il velivolo utilizzava un primitivo motore a getto nel quale il compressore era azionato da un motore a pistoni anziché da una turbina.

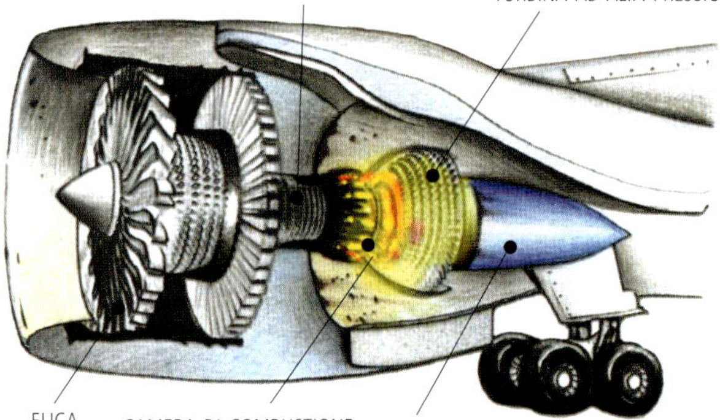

Un **motore a reazione** fornisce al velivolo una spinta molto elevata grazie all'eiezione di una massa di gas scaricata da appositi ugelli ad alta velocità (500-600 m/s ca.) in senso opposto alla direzione.

L'importanza dei motori a getto nell'aeronatica militare

Dagli anni Venti del XX secolo in poi vi fu una spinta incredibile alla realizzazione di velivoli in grado di sostenere velocità sempre più elevate. Quasi tutte le forze aeree delle maggiori potenze mondiali spinsero gli ingegneri aeronautici a sviluppare progetti di motori a getto.

☐ IL PRIMO AEREO A REAZIONE

L'*Heinkel He 178*, un aereo sperimentale progettato dall'ingegnere tedesco Hans von Ohain e sviluppato dall'azienda tedesca Ernst Heinkel Flugzeugwerke nei tardi anni Trenta, fu il primo velivolo a volare con **motore esclusivamente a reazione**. Il primo volo avvenne il 27 agosto del 1939 e fu un successo. La velocità che poteva raggiungere (598 km/h) era superiore a quella di un aereo con motore a pistone.

La seconda guerra mondiale

La necessità di contrastare i grandi bombardieri alleati costrinse la Germania ad accelerare i progetti di aerei a reazione. Il *Messerschmitt Me 262* fu il primo aereo a entrare in servizio operativo durante le fasi finali del conflitto.

1940: RUSSIA, *BEREZNYAK-ISAYEV BL-1*

1941: GERMANIA, *MESSERSCHMITT ME 262*

Il *Bell X-1*, dell'US Air Force, fu il primo aereo a superare il cosiddetto "muro del suono" il 14 ottobre del 1947 volando a 13 500 m; **montava ali prive di freccia**, che risultarono poi inadatte al moto supersonico.

2014: EUROPA, *AIRBUS A320 NEO FAMILY*

1970: STATI UNITI, *BOEING 747*

1940: ITALIA, CAMPINI-CAPRONI C.C.2

Motori a jet nell'aviazione civile

Dal 1952 i motori a jet iniziarono a essere usati anche negli aerei per usi civili e 6 anni dopo, con il mastodontico *Boeing 747* costruito negli Stati Uniti, iniziò l'era del trasporto passeggeri, che in breve tempo collegò fra loro la maggior parte degli aeroporti internazionali.

Quando un aereo supera la velocità del suono (1200 km/h ca.), intorno si forma il cosiddetto "**cono di vapore**", dovuto al forte calo di pressione atmosferica che crea una nube di condensazione.

ALCUNI DEI PRIMI AEREI CHE SUPERAVANO LA VELOCITÀ DEL SUONO (COME I CACCIA IN PICCHIATA) SI DISTRUGGEVANO IN ARIA COME SE AVESSERO IMPATTATO CONTRO UNA BARRIERA SOLIDA CHE FU CHIAMATA "MURO DEL SUONO". BEN PRESTO SI COMPRESE CHE QUESTO NON ERA CAUSATO DALLA VELOCITÀ MA DALL'AERODINAMICA DEI VELIVOLI.

Motori a jet e velocità

I velivoli con motore a jet destinati al trasporto passeggeri viaggiano a una velocità poco inferiore al *Mach 1* (velocità del suono), mentre quelli militari hanno prestazioni enormemente superiori. Progetti di aerei senza pilota prevedono il raggiungimento di velocità vicine a *Mach 7*.

SATELLITI E NAVICELLE SPAZIALI

La *V2*, il missile tedesco progettato da Wernher von Braun, fu il primo oggetto a superare l'atmosfera terrestre nel 1942.

La stazione spaziale orbitante MIR è composta da **moduli lanciati separatamente e poi assemblati nello spazio,** aggiunti nel tempo al modulo base.

ATTIVITÀ EXTRAVEICOLARE

Il termine EVA (abbreviazione delle parole inglesi *extra vehicular activity*) viene usato per indicare il lavoro fatto da un astronauta nello spazio e all'esterno della sua navicella spaziale (capsula, veicolo o stazione). **La prima EVA della storia fu effettuata dal russo Aleksej Leonov**, durante la missione *Voschod 2*, il 18 marzo del 1965. La navicella era dotata di spazio per due soli cosmonauti, perché quello del terzo era stato utilizzato per posizionare una chiusa d'aria gonfiabile ed estraibile che, una volta raggiunta l'orbita terrestre, poteva essere gonfiata ed estratta per raggiungere una dimensione di 2,5 m di lunghezza con un diametro esterno di 1,2 m e 20 cm di spessore. L'astronauta si infilò nella stretta camera per poi uscire nello spazio dopo che ne era stata fatta fuoriuscire tutta l'aria; quando la *Voschod* raggiunse una zona di ricezione delle onde radio VHF da parte delle stazioni di controllo di volo sovietiche, una telecamera trasmise direttamente a terra le prime immagini filmate di quello storico momento che stupirono il mondo intero.

La prima fotografia della Terra

Fu proprio utilizzando una *V2*, preda di guerra requisita alla Germania nel 1945, che gli Stati Uniti riuscirono a ottenere una serie di fotografie della Terra (una ogni 1,5 secondi) scattate durante un volo suborbitale. Furono i successi ottenuti dagli scienziati tedeschi che permisero ad Americani e Sovietici di dare inizio alla cosiddetta "corsa allo spazio".

Il primo satellite in orbita

Lo *Sputnik 1* fu il primo oggetto lanciato in orbita attorno alla Terra il 4 ottobre del 1957 dall'Unione Sovietica. Effettuò 1400 orbite, pari a 70 milioni di km, prima di bruciare durante il rientro in atmosfera.

PRIMA DEGLI ESSERI UMANI FURONO GLI ANIMALI A VIAGGIARE NELLO SPAZIO. IL PIÙ FAMOSO FU LA CAGNOLINA LAIKA, LANCIATA IN ORBITA DALL'UNIONE SOVIETICA IL 3 NOVEMBRE DEL 1957 CON LA CAPSULA *SPUTNIK-2*, DELLA QUALE, PURTROPPO, NON ERA PREVISTO IL RIENTRO.

LA SK-1, LA TUTA SPAZIALE INDOSSATA DAI PRIMI ASTRONAUTI SOVIETICI

Il primo astronauta in orbita

I ripetuti successi degli scienziati sovietici continuarono lanciando in orbita il 12 aprile del 1961 una navicella con a bordo Yuri Gagarin, primo uomo nello spazio, e, due anni dopo, anche la prima donna: Valentina Tereškova.

La capsula spaziale *Vostok-1* **era concepita per un atterraggio nella steppa e non in mare;** al rientro Yuri Gagarin si catapultò fuori con il seggiolino eiettabile.

Sonde lunari e sbarco sul satellite

Grazie ai potenti razzi vettori progettati dallo scienziato tedesco Wernher von Braun, gli Stati Uniti recuperarono lo svantaggio che avevano accumulato nei confronti dei Sovietici con il Programma Apollo, destinato a portare un uomo sulla Luna. Dopo aver raggiunto la superficie del nostro satellite con sonde che trasmettevano dati scientifici, il 21 luglio 1969 l'astronauta Neil Armstrong mise il piede sul suolo lunare.

Il modulo lunare aveva il compito di trasportare gli astronauti sulla superficie lunare, di permettere loro di restarvi 75 ore e poi di decollare e agganciarsi al modulo di comando.

La **navicella *Apollo*** era composta da due moduli: il modulo di comando e il LEM (modulo lunare), che serviva per l'atterraggio sul satellite, per poi riagganciarsi al modulo di comando che restava in orbita attorno alla Luna.

Il futuro delle esplorazioni spaziali

L'Ente spaziale statunitense sta sviluppando l'*Orion Multi-Purpose Crew Vehicle* (MPCV), un veicolo spaziale destinato all'esplorazione umana di asteroidi e spazi cislunari, in vista di un futuro sbarco su Marte.

Stazioni orbitali permanenti

Il Programma spaziale sovietico prevedeva la costruzione di stazioni spaziali permanenti, destinate a ospitare esseri umani nello spazio per lunghi periodi. Nel 1971 viene lanciata la *Saljut 1,* alla quale si aggancerà poi la *Sojuz 10.*

LA SONDA *NEW HORIZONS* LANCIATA DALLA NASA (L'ENTE SPAZIALE STATUNITENSE) NEL 2006 HA RAGGIUNTO PLUTONE, IL PIANETA NANO DISTANTE OLTRE 5,9 MILIONI DI KM DALLA TERRA, ALLA VELOCITÀ DI 58 536 KM/H, LA PIÙ ALTA MAI RAGGIUNTA DA UN OGGETTO SPAZIALE ARTIFICIALE. LA SONDA PROSEGUE IL SUO VIAGGIO VERSO I CONFINI DEL SISTEMA SOLARE.

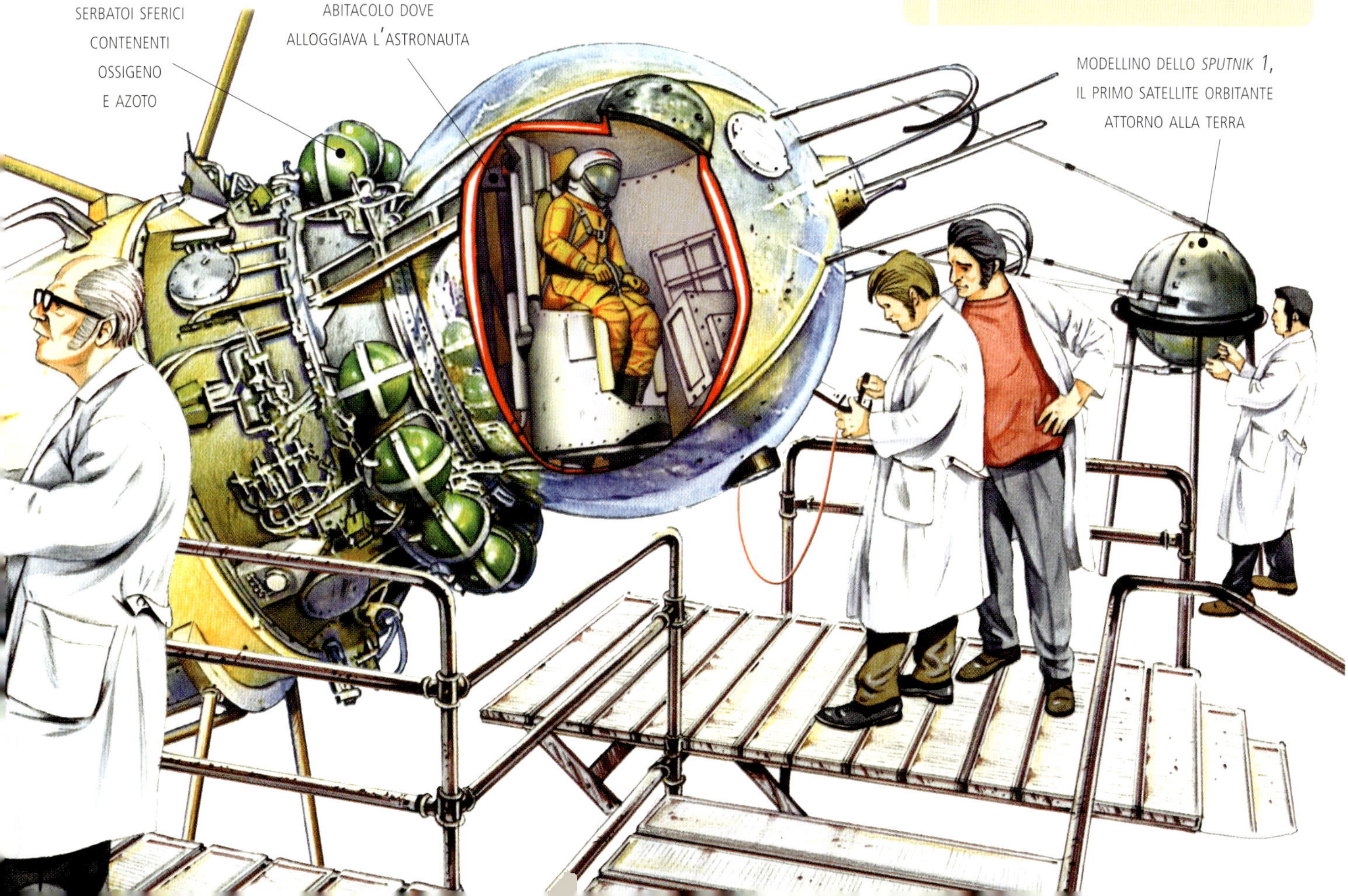

TRASMETTERE IL MOVIMENTO

Trasmettere il movimento è un problema la cui importanza è stata compresa fin dall'antichità, quando si costruirono le prime macchine in grado di aiutare l'uomo a compiere lavori gravosi.

▲ Ruota di sollevamento con una catena di secchi.

Sollevare l'acqua

Uno dei primi problemi che l'uomo ha dovuto affrontare quando ha iniziato la vita in agglomerati urbani che necessitavano di acqua è stato quello di far arrivare il prezioso liquido sia nelle città sia nei campi per irrigare i terreni. Non sempre questi si trovavano allo stesso livello e si rendeva pertanto necessario il sollevamento dell'acqua. Per molti secoli si usarono macchine semplici basate sulla leva, anche senza averne compreso il principio meccanico, poi enunciato da Archimede nel III secolo a.C.; nello stesso periodo nel mondo ellenistico apparvero le prime vere e proprie macchine di sollevamento dotate dei primi sistemi di ingranaggi e mosse sia dal flusso della corrente sia dalla forza di animali, quali buoi, muli o cammelli.

▲ Ingranaggi che permettono la trasmissione del movimento fra l'albero motore e l'asse delle ruote in un autoveicolo.

• DENTATURE

La dentatura di un ingranaggio può essere esterna, quando i denti sono rivolti all'esterno (come nella foto), interna, che lascia il bordo della ruota completamente liscio, e laterale, una disposizione che dà all'ingranaggio una forma simile a quella della corona di un re.

• AUTOMI COMPLESSI

Il *Suonatore di flauto* è un automa in grado di suonare un flauto traverso in legno. Venne costruito nel 1840 dall'ingegnere italiano Innocenzo Manzetti quando aveva solo 14 anni. L'automa aveva le dimensioni di un uomo reale ed era realizzato in ferro, acciaio, ottone, legno, caucciù e pelle di camoscio. Subì molti perfezionamenti che lo resero una macchina complessa.

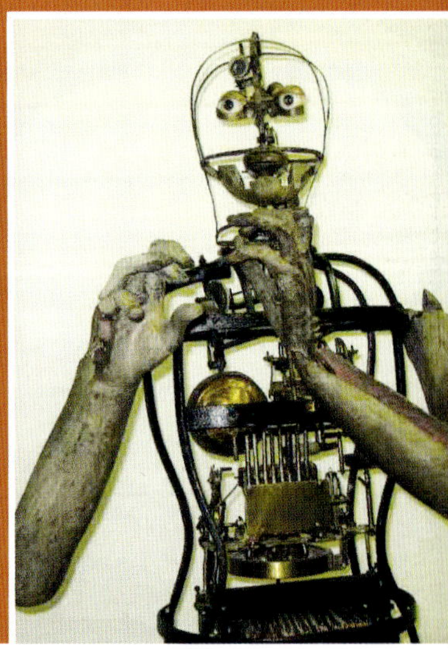

◀ Affresco tombale di epoca alessandrina (II secolo a.C.) dove compare per la prima volta una *sakiyeh* azionata da una coppia di buoi.

Ruote dentate

Gli ingranaggi costituiscono la base di tutta la tecnologia avanzata che ha permesso la realizzazione di meccanismi sempre più complessi. Con l'introduzione della ruota dentata fu possibile controllare il movimento rotatorio regolandone sia la velocità grazie al differente diametro di due ruote collegate, sia la direzione sia la trasformazione da moto orizzontale in moto verticale. Senza questa invenzione non esisterebbero i mulini, dove la rotazione in senso verticale della ruota spinta dall'acqua si trasforma nella rotazione orizzontale della ruota che muove una macina o un altro congegno.

Automi e calcolatori

Lo sviluppo della tecnologia degli ingranaggi con ruote dentate e altri congegni come la vite senza fine, gli alberi a camme, i dispositivi biella-manovella e altri è all'origine, in dimensioni ridotte, dello sviluppo della costruzione di automi e calcolatori realizzati in epoca ellenistica; questa tecnologia sarà poi ripresa dagli scienziati islamici, grazie ai quali potrà fare ritorno in Europa.

INTERNO DEI MECCANISMI DI UN AUTOMA

▶ *L'Oiseleur*, costruito in Svizzera alla fine del Settecento, è un complesso automa il cui meccanismo si compone di 2340 parti.

• GRANDI OPERE

Nel 1680 re Luigi XIV ordina agli "esperti di opere idrauliche" di far giungere le acque della Senna fino a Versailles per alimentare le molteplici fontane che arricchiscono il parco della reggia. Viene così costruito un imponente complesso di grandi ruote in movimento che azionano una serie di pompe capaci di far risalire l'acqua di oltre 160 m.

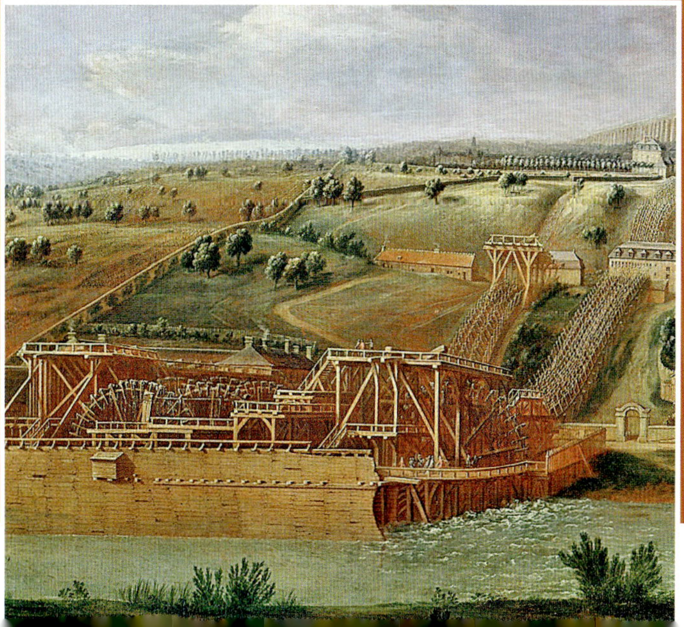

• LA POMPA

È una macchina idraulica che sostituisce l'energia meccanica di un motore esterno con quella idraulica. Il moto rotatorio di un dispositivo posto all'interno di una camera chiusa, detto "girante", spinge l'acqua verso l'esterno trasmettendo energia cinetica al fluido.

SOLLEVAMENTO DELL'ACQUA

La tecnologia del sollevamento dell'acqua era di notevole importanza nell'antichità e riguardava i problemi d'ingegneria idraulica e meccanica; in epoca ellenistica essa venne totalmente rivoluzionata con l'apparire di dispositivi completamente nuovi.

L'**asta** dello *shaduf* è **sospesa su un telaio verticale** e viene fatta bilanciare a circa un quinto della sua lunghezza. Un contrappeso è posto sul braccio corto e il recipiente da riempire è attaccato su quello lungo.

☐ NORIE MODERNE

Gli ingegneri musulmani apportarono al meccanismo della noria sensibili miglioramenti, il più importante dei quali fu l'**applicazione di un grande volano** che apparve in Andalusia nel XI secolo grazie a Ibn Bassal, che lo applicò anche alla *sakiyeh*; nel 1206 lo scienziato Ismail Al-Jazari, durante il regno dei Zengidi di Mossul, nel suo *Libro della conoscenza di ingegnosi dispositivi meccanici* descrive l'uso della combinazione biella-manovella in questi due dispositivi (questo sistema era già noto in epoca romana e in uso, per esempio, nella segheria di Hierapolis, in Asia Minore). Questi dispositivi hanno ancora oggi infatti qualche impiego anche in Occidente, sia perché vengono considerate come macchine mosse da fonti di energia sostenibile, dato che sfruttano sorgenti energetiche naturali e rinnovabili, sia perché hanno un costo economico d'esercizio irrilevante se paragonato a quello derivante dall'impiego delle comuni fonti energetiche.

Lo *shaduf*, la *sakiyeh* e il timpano

Lo *shaduf* è uno dei più antichi dispositivi di sollevamento dell'acqua; è documentato in Mesopotamia verso il 2300 a.C. e successivamente anche in Egitto, dopo il 1600 a.C.; ancora oggi viene usato in alcune regioni dell'Oriente. Tra il III e il II secolo a.C. in aree ellenistiche appaiono la *sakiyeh* e il timpano.

Tecnologia ellenistica: il timpano

Il timpano è una macchina costituita da una ruota cilindrica cava divisa in spicchi, di solito otto, e con la parte inferiore immersa in acqua e rotante su un asse orizzontale.

L'ANONIMO AUTORE DEL *DE REBUS BELLICIS* (IV O V SECOLO D.C.), UN TRATTATO CHE DESCRIVE MACCHINE DA GUERRA UTILIZZATE DALL'ESERCITO ROMANO, RACCONTA DI IMBARCAZIONI MOSSE DA RUOTE A PALE AZIONATE DA BUOI GRAZIE A UN MECCANISMO SIMILE A QUELLO DI UNA *SAKIYEH*.

Tecnologia ellenistica: la *sakiyeh*

In questo dispositivo il sollevamento avviene con un timpano o con una catena di secchi. Il timpano è solidale con un'altra ruota dentata posta all'asciutto e a sua volta collegata con un ingranaggio a una terza ruota azionata da un animale.

VERSIONE MEDIEVALE DELL'ANTICO *SHADUF* EGIZIO

Lo *shaduf* è **la più antica macchina di sollevamento** attestata già in rilievi accadici del 2500 a.C. ca. Si componeva di una lunga pertica, di un peso (una pietra) e di un secchio.

La noria

La noria compare e si diffonde in Oriente, in epoca imperiale, verso il 300 d.C. È costituita da una grande ruota che viene azionata dal flusso della corrente e il cui asse è rigidamente fissato in un'opera muraria. La ruota ha delle pale che si oppongono alla corrente e l'acqua viene sollevata, attinta in tazze o secchi che si svuotano quando la rotazione inizia la fase di discesa.

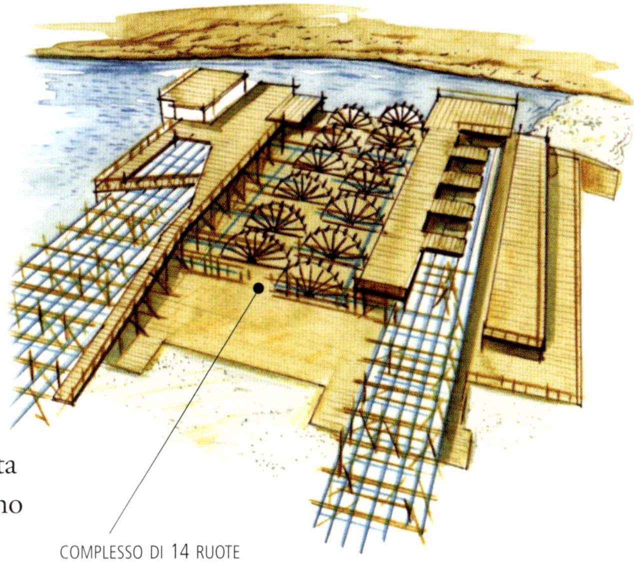

COMPLESSO DI 14 RUOTE IDRAULICHE DEL DIAMETRO DI 12 M

Le macchine di Marly prelevavano l'acqua dalla Senna per portarla alla reggia di Versailles. **Quattordici grandi ruote idrauliche** azionavano dei pistoni che innalzavano l'acqua fino a 163 m dal punto di prelievo.

Pompe idrauliche

La rivoluzione industriale rende obsoleti i vecchi sistemi e si inizia a innalzare l'acqua principalmente con pompe azionate dall'ENERGIA DEL VAPORE, da quella ELETTRICA o da quella derivante da MOTORI A COMBUSTIONE INTERNA.

Pompe idrauliche a pistoni

Dal Seicento si inizia a utilizzare le POMPE IDRAULICHE A PISTONI azionate da animali e anche da mulini a vento. Queste possono anche essere collegate a grandi ruote mosse dalla corrente, come nell'impianto di Marly del 1684.

NEL SEICENTO GLI ADDETTI ALLE FONTANE DI FIRENZE SI ACCORSERO CHE C'ERA UN LIMITE MASSIMO DI RISALITA DELL'ACQUA DAI POZZI: CIRCA 10 METRI. OGGI SAPPIAMO CHE È LA PRESSIONE ATMOSFERICA A LIMITARE LA SALITA.

Il timpano, l'apparecchio descritto da Vitruvio (I secolo a.C.) nel suo *De Architectura*, non era in grado di portare l'acqua a grandi altezze.

INGRANAGGI

Una tappa fondamentale per la costruzione di dispositivi in grado di trasferire, variare e modificare il movimento fu l'invenzione, in epoca ellenistica, della ruota dentata.

☐ IL CAMBIO DI VELOCITÀ

Il complesso meccanismo della scatola del cambio di velocità di un autoveicolo è costituito da un **sistema di ruote dentate** che hanno la funzione di ridurre il numero di giri dell'albero motore e la velocità. Per ridurre il calore dovuto all'attrito fra le superfici in contatto, gli ingranaggi sono annegati nell'olio lubrificante.

La macchina di Anticitera è **un sofisticato planetario mosso da ruote dentate** che serviva per calcolare il sorgere del Sole, le fasi lunari, i movimenti dei cinque pianeti allora conosciuti, gli equinozi, i mesi, i giorni della settimana e sembra anche le date dei giochi olimpici.

Prime ruote dentate

La prima documentazione di ingranaggi risale alla prima metà del III secolo a.C., quando le ruote dentate furono usate per il sollevamento dell'acqua, nei mulini idraulici, ma anche per realizzare macchine semplici o complesse con un vantaggio meccanico elevato.

☐ LA RUOTA DENTATA

Secondo alcuni studiosi, le **prime ruote dentate** sono da attribuirsi ad Archimede di Siracusa (III secolo a.C.), che le utilizzò nella costruzione del suo famoso planetario dotato di un dispositivo simile, per la sua complessità, a quello della macchina di Anticitera, posteriore di un secolo.

Demoltiplica di una bicicletta.

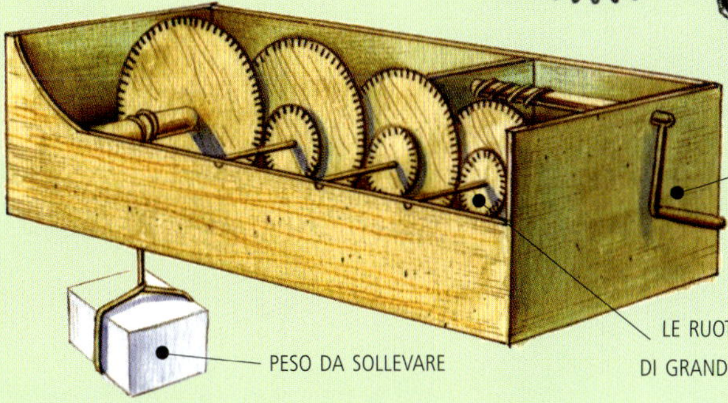

I disegni di ingranaggi

I copisti che ci hanno tramandato opere dell'antichità molto spesso non erano in grado di riprodurre fedelmente i disegni (già in prospettiva) e, ai soventi errori di traduzione, si aggiungevano quelli di riproduzione. Con il Rinascimento e, soprattutto, con Leonardo da Vinci, si elaborano finalmente disegni corretti dei complessi meccanismi che si possono ricostruire di nuovo.

Con il dispositivo di ruote dentate in serie ideato da Erone di Alessandria (I secolo d.C.), se il raggio delle ruote maggiori era 10 volte quello delle minori **si sollevava un peso con una forza mille volte più piccola.**

La macchina di Anticitera

Lo sviluppo dell'utilizzo degli ingranaggi è confermato da un dispositivo di calcolo dotato di 30 ruote dentate che eseguivano calcoli complessi in modo preciso e ritrovato nel 1902 presso l'isola di Anticitera, in Grecia.

SECONDO UNA LEGGENDA CINESE L'IMPERATORE HUANG DI POSSEDEVA UN CARRO CON SOPRA UNA STATUA CHE RUOTAVA PUNTANDO SEMPRE NELLA STESSA DIREZIONE, NONOSTANTE LE CURVE COMPIUTE DAL VEICOLO DURANTE IL PERCORSO.

Il meccanismo del differenziale trasforma il moto longitudinale dell'albero motore nel moto trasversale delle ruote, **diminuendo in curva il numero di giri della ruota interna** e trasferendoli a quella esterna.

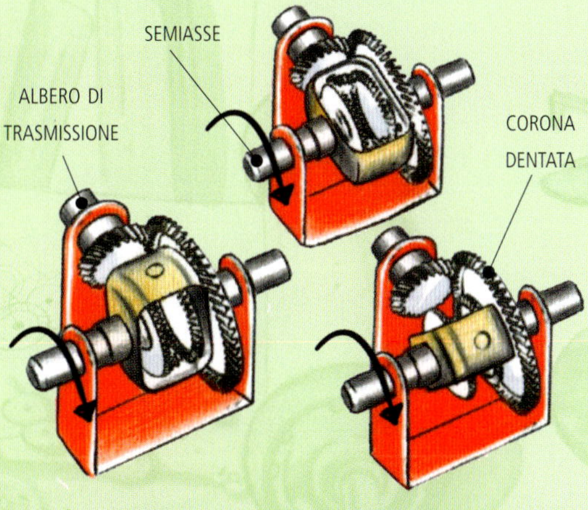

Tecnologia perduta

La complessità del meccanismo di Anticitera riporta a quello degli orologi e delle calcolatrici meccaniche sviluppate in Europa dopo quasi due millenni.

Ferro e acciaio

Lo sviluppo della siderurgia, che permette di realizzare grandi oggetti in metallo, dà un impulso alla costruzione di grandi ruote dentate che verranno utilizzate nelle prime macchine a vapore, poi nella trazione delle locomotive, nei grandi motori navali e nei mezzi di locomozione. Oggi nuovi materiali consentono di ridurre sia gli attriti durante le rotazioni sia le dilatazioni dovute alla temperatura, problema, questo, che causava imprecisione negli orologi.

L'*ISSUS COLEOPTRATUS*, UN MINUSCOLO INSETTO LUNGO POCHI MILLIMETRI, È IN GRADO DI COMPIERE SALTI NOTEVOLI GRAZIE A UN MECCANISMO "A INGRANAGGIO" MOLTO RAFFINATO, PARAGONABILE ALLE NOSTRE RUOTE DENTATE, GRAZIE AL QUALE LE ZAMPE POSTERIORI SI INCERNIERANO L'UNA CON L'ALTRA NELLE LORO ESTREMITÀ SUPERIORI FACENDOLE SCATTARE IN PERFETTA SINCRONIA.

AUTOMI E ROBOT

Un automa è una macchina in grado di operare in modo autonomo; se può svolgere indipendentemente un lavoro al posto dell'uomo è detto robot (dal ceco *robota*, "lavoro").

Automi nei miti e nelle leggende

Automi compaiono già in leggende antiche, anche cinesi. Dedalo cercò di dare la voce alle sue statue mentre Efesto costruì un uomo artificiale in bronzo, Talo, per sorvegliare l'isola di Creta e, secondo Esiodo, anche una donna, Pandora.

Automi in epoca ellenistica

Molti scienziati ellenistici hanno lasciato traccia nei loro scritti della possibilità di costruire automi, come Ctesibio e Filone di Bisanzio (III secolo a.C.) e Erone di Alessandria (I secolo d.C.).

Anche in Giappone si costruivano automi, i *karakuri*, come i famosi **servitori di tè** (XVIII secolo), che iniziano a muoversi in avanti quando sulle loro mani viene posta una tazza di tè e tornano al punto di partenza dopo aver eseguito la consegna.

La tecnologia di Erone di Alessandria

Erone, che scrive *Sulla costruzione di automi,* nelle sue costruzioni usa viti di precisione, ingranaggi demoltiplicatori, catene di trasmissione, alberi a camme, eliche, stantuffi e diversi tipi di valvole; sfrutta le proprietà dei fluidi, il principio del moto a reazione, l'energia idraulica, quella eolica e il vapore.

Lo spettacolo in cinque atti rappresentato nel teatro automatico di Erone narrava la morte di Aiace d'Oileo fulminato dal cielo e inghiottito dalle onde.

☐ I TRE AUTOMI DI PIERRE JAQUET-DROZ

Lo **scrittore** immergeva la penna nel calamaio e scriveva fino a 40 caratteri sopra un foglio; la **musicista** suonava cinque differenti canzoni con un organo, mentre il **disegnatore** elaborava quattro immagini tra le quali un ritratto di re Luigi XV. Questi automi, che l'ingegnere svizzero aveva dotato di migliaia di parti destinate al movimento, stupirono molte corti europee durante la seconda metà del Settecento.

Gli automi di Erone

Oltre al teatro meccanico, Erone costruisce anche un distributore automatico di bevande; una delle caratteristiche comuni a molte delle sue macchine automatiche è il meccanismo di retroazione, capace di riportare il meccanismo allo stato iniziale.

Erone di Alessandria raccomanda che le parti dei meccanismi teatrali ruotanti, o in movimento, siano **"sempre diligentemente fornite, rese lisce e cosparse d'olio"** e che le corde adoperate "non si tendano o ritirino, ma conservino le lunghezze che avevano all'inizio".

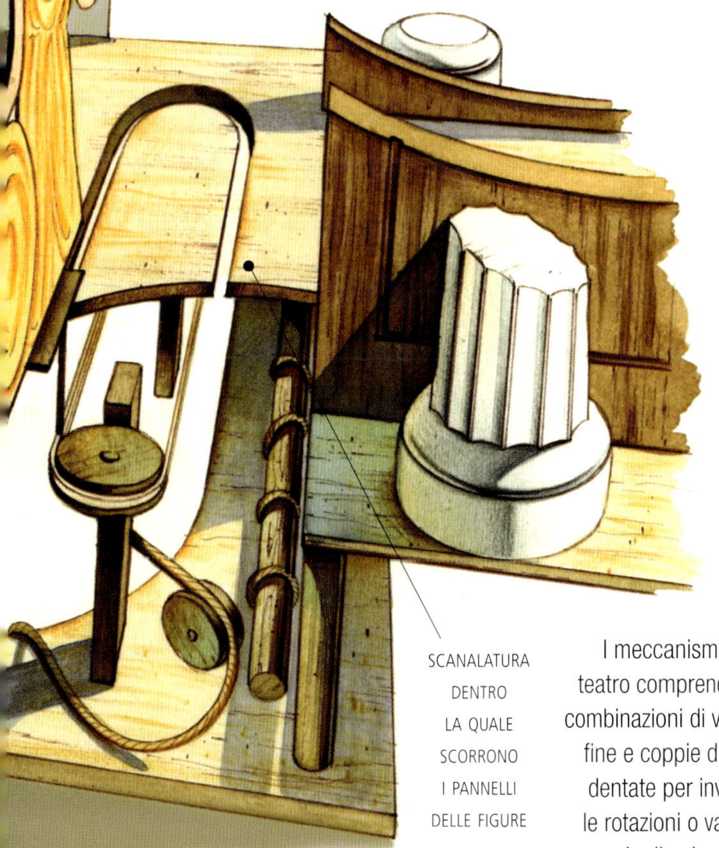

SCANALATURA DENTRO LA QUALE SCORRONO I PANNELLI DELLE FIGURE

I meccanismi del teatro comprendevano combinazioni di viti senza fine e coppie di ruote dentate per invertire le rotazioni o variarne la direzione.

La tecnologia islamica

Tra il 1204 e il 1206, lo scienziato arabo Al-Jazari scrive il *Libro della conoscenza dei meccanismi ingegnosi*, il culmine della meccanica araba erede di quella ellenistica, illustrato da molti disegni di meccanismi di automi.

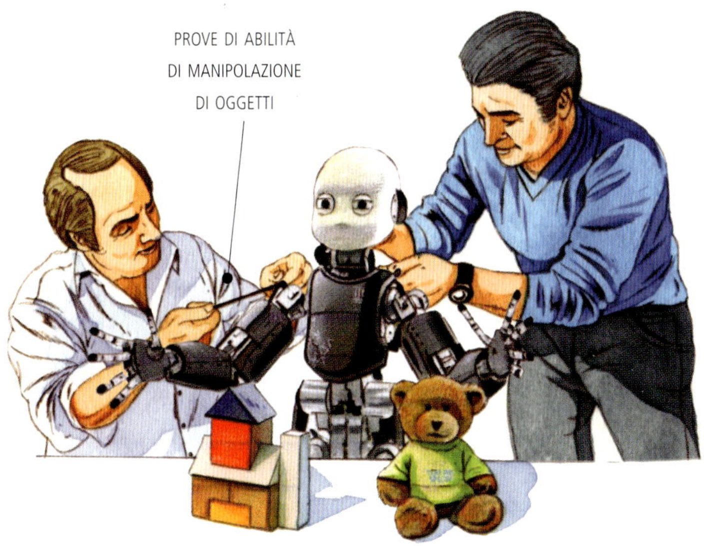

PROVE DI ABILITÀ DI MANIPOLAZIONE DI OGGETTI

ICub è il nome di un **robot androide** (a sembianze umane) costruito dall'Istituto Italiano di Tecnologia (IIT) di Genova. È alto 104 cm, pesa 22 kg e, nella versione finale, avrà 57 gradi di libertà di movimento.

NEL PERIODO TRA IL 1860 E IL 1910 A PARIGI LAVORAVANO MOLTE PICCOLE IMPRESE FAMILIARI DI COSTRUTTORI DI AUTOMI CHE ESPORTAVANO IN TUTTO IL MONDO. LE LORO OPERE SONO DIVENTATE OGGETTI RARI E PREZIOSI CHE ATTRAGGONO COLLEZIONISTI DA TUTTO IL MONDO.

Costruttori di automi in Europa

Il Rinascimento testimonia un considerevole ritorno d'interesse per gli automi, come dimostra l'automa cavaliere di Leonardo da Vinci, progettato intorno al 1495. Nei secoli successivi in Europa molti artigiani aprirono laboratori dove si costruivano automi che venivano anche esportati.

SCIENZA E GUERRA

In tutta la storia dell'umanità vi è una stretta connessione fra scienza, guerra e tecnologia che, fin dall'antichità, ha portato alla realizzazione di armi sempre più letali.

La scienza al servizio della guerra

Il primo esercito a usare regolarmente macchine da guerra è stato quello assiro nelle campagne militari dei primi secoli del primo millennio a.C. Persiani e Greci (come anche i Cinesi) utilizzarono le prime macchine da lancio che sfruttavano la forza elastica basandosi sul principio dell'arco, ma, dalla metà del IV secolo a.C., comparvero macchine molto più potenti, frutto della tecnologia sviluppata dagli ingegneri greci, che usavano la forza di torsione. Un secolo più tardi gli studi di pneumatica e la possibilità di costruire calibri e pistoni di precisione consentirono di sostituire al meccanismo di torsione quello con aria compressa.

▲ Mitragliatrice pesante con proiettili a rastrelliera; portata di tiro: 800-1000 m.

Armi a ripetizione

Nello stesso periodo, sia in Occidente sia in Cina, comparvero i primi sistemi di lancio di proiettili in sequenza con

▼ Cannone del XV secolo da una illustrazione in un libro del 1496.

UNA CATAPULTA A TORSIONE LANCIAVA PROIETTILI DI 70 KG

• MISSILI BALISTICI

Sono in grado di trasportare testate esplosive a grandi distanze. Sono a più stadi e in pochi minuti raggiungono altezze suborbitali con una fase di volo parzialmente orbitale. Per le loro misure che raggiungono anche i 20 m, sono alloggiati in silos sotterranei e tenuti sempre pronti al lancio.

• LA FORZA ELASTICA

Prima dell'avvento delle armi da fuoco le artiglierie erano costituite da macchine in grado di lanciare frecce o proiettili, spinti dalla forza elastica, a notevole distanza. In epoca ellenistica si utilizzò la forza di torsione di alcuni materiali raggiungendo potenze di tiro particolarmente elevate.

◀ Cannoni da campo utilizzati in battaglia dall'Esercito del Regno di Sardegna a metà del XIX secolo.

meccanismi semiautomatici, che due millenni dopo porteranno alla realizzazione di vere e proprie armi automatiche, tra le quali le micidiali mitragliatrici.

Le armi da fuoco

Le miscele incendiarie usate fin dall'antichità, in particolare quella chiamata "fuoco greco", portarono alla scoperta della polvere da sparo, che i Cinesi conoscevano fin dal IX secolo e utilizzavano in razzi già nel Duecento. In Europa le prime armi da fuoco comparvero nei primi decenni del XIV secolo, ma vennero usate con efficacia solo dal secolo successivo in poi, quando nacquero le prime vere e proprie fabbriche di cannoni finanziate dai sovrani.

Razzi e missili

Durante la seconda guerra mondiale gli scienziati tedeschi svilupparono i primi missili in grado di portare cariche esplosive a grandi distanze. Al termine del conflitto, iniziò la cosiddetta "corsa agli armamenti" che portò alla realizzazione di ordigni sempre più grandi e potenti.

▶ Motore di una *V2* tedesca, a combustibile liquido, una miscela di alcol etilico e perossido di idrogeno.

▼ Missile *S-400* autotrasportato.

• CANNONI

Per molto tempo i cannoni vennero utilizzati quasi esclusivamente durante gli assedi, tanto da costringere gli architetti a rivedere completamente le strutture delle fortificazioni allora sviluppate principalmente in altezza. Solo alla fine del Quattrocento furono usati anche in battaglia.

• WERNHER VON BRAUN

Fu il padre della missilistica moderna: durante la seconda guerra mondiale diresse il centro di Peenemünde e realizzò la *V2*, il primo missile balistico; dopo il conflitto, lavorò per conto della NASA, l'ente spaziale americano, e progettò i potenti razzi vettori che nel 1969 riuscirono a portare l'uomo sulla Luna.

ENERGIA ELASTICA E DI TORSIONE

In epoca ellenistica l'artiglieria attraversa una fase di progresso rapido che inizia con l'invenzione delle armi da getto che sfruttano la forza di torsione.

LE MACCHINE DA GETTO DEL PERIODO ELLENISTICO RAGGIUNSERO DIMENSIONI E POTENZE MAI PIÙ EGUAGLIATE. POTEVANO LANCIARE FRECCE LUNGHE QUATTRO CUBITI (1,85 M) E PROIETTILI IN PIETRA PESANTI FINO A TRE TALENTI (78 KG) A DISTANZE TRA I 100 E I 300 M.

Catapulte a torsione

La catapulta a torsione è un'invenzione nata con il progresso della scienza e della tecnologia già prima dell'inizio dell'epoca ellenistica e, a differenza della balestra che si era evoluta dall'arco, si basava su un principio nuovo: l'elasticità di torsione.

Lanci di frecce e pietre

I primi esemplari di catapulte a torsione che lanciavano frecce risalgono all'assedio di Perinto, da parte dell'Esercito macedone di Filippo II, nel 340 a.C. Otto anni più tardi Alessandro il Grande usa quelle che lanciavano proiettili in pietra nelle lunghe operazioni di assedio della città di Tiro, in Fenicia e poi a Gaza.

SI PREPARA LA BALISTA PER LANCIARE GRANDI FRECCE

PROIETTILE IN PIETRA DI FORMA SFERICA

GASTRAPHETES

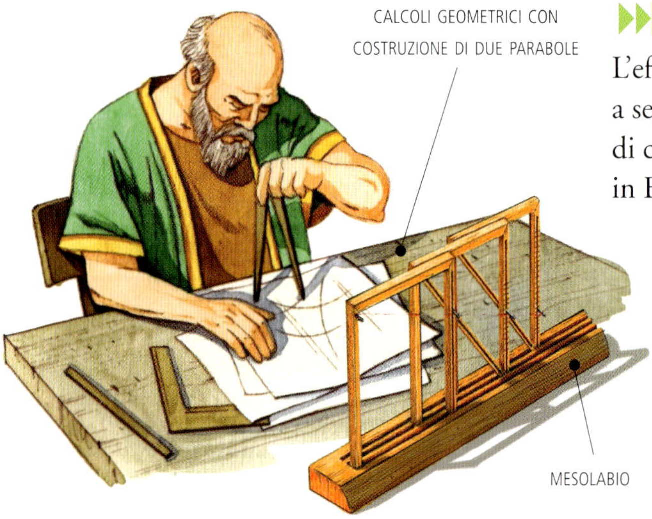

CALCOLI GEOMETRICI CON COSTRUZIONE DI DUE PARABOLE

MESOLABIO

Potenza delle nuove armi da getto

L'efficacia delle nuove armi a torsione è confermata dal fatto che, a seguito della loro introduzione, cambiò radicalmente la tecnica di costruzione delle fortificazioni, analogamente a quanto avvenne in Europa dopo l'utilizzo dei primi cannoni durante gli assedi.

Per tarare una catapulta a torsione occorreva fare molti calcoli, inclusa **l'estrazione di radici cubiche**. Per questo Eratostene di Cirene costruì il **mesolabio**.

TECNOLOGIA PERDUTA

La **tecnologia delle catapulte** ellenistiche a torsione venne perduta, ma fu ripresa dal generale tedesco Erwin Schramm che, nel 1904, studiò a fondo la *Belopoeica*, il trattato di meccanica di Filone di Bisanzio (280 ca. - 225 a.C. ca.).

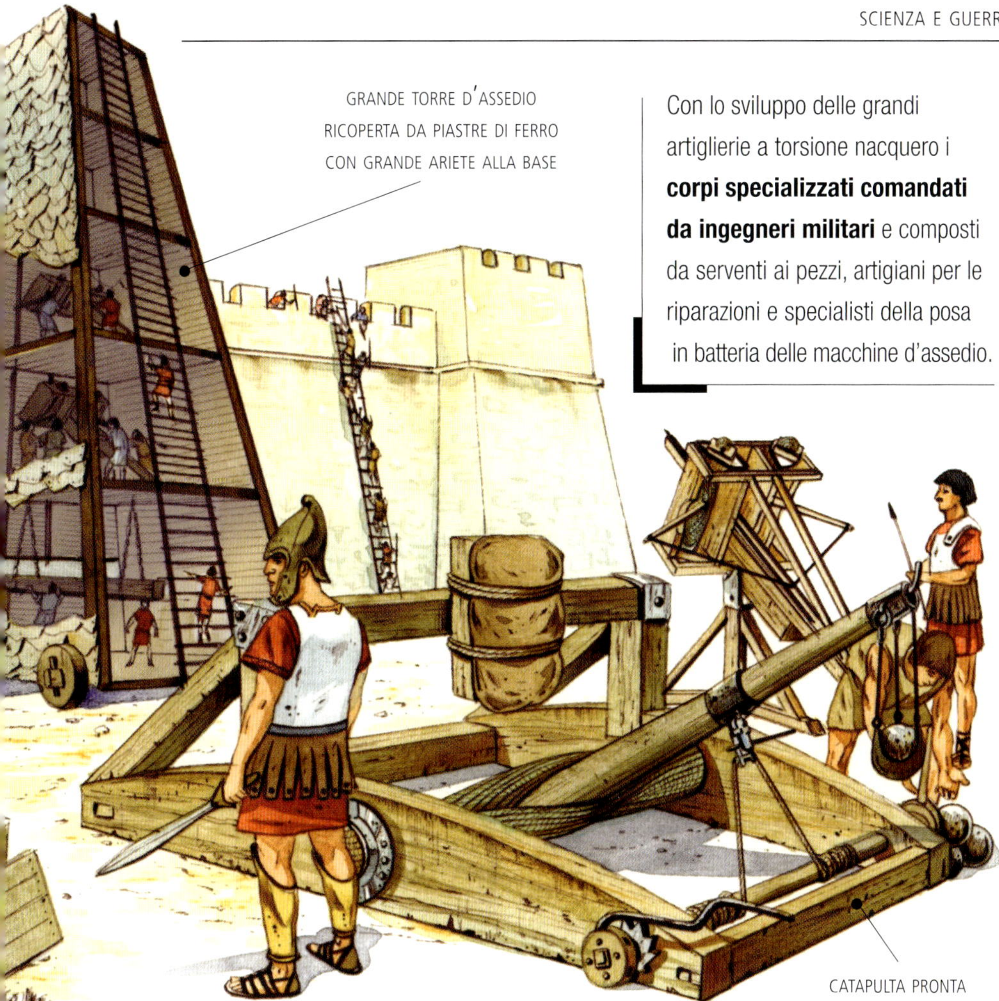

Con lo sviluppo delle grandi artiglierie a torsione nacquero i **corpi specializzati comandati da ingegneri militari** e composti da serventi ai pezzi, artigiani per le riparazioni e specialisti della posa in batteria delle macchine d'assedio.

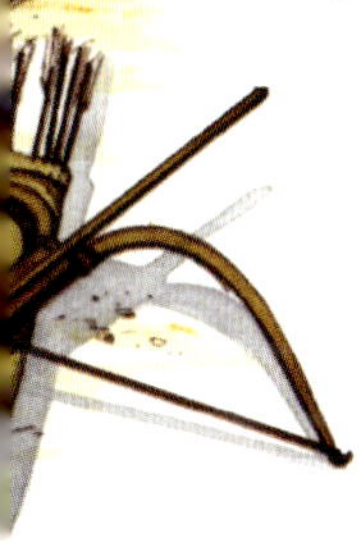

La forza di torsione

Nelle catapulte a torsione la forza elastica era fornita da fasci di fibre animali, quali per esempio tendini o crini, tuttavia, negli anni successivi alla loro introduzione, vennero sperimentate altre armi basate sull'elasticità di altri materiali e di molle metalliche.

☐ ASSEDIO DI SIRACUSA (212 A.C.)

Una testimonianza della potenza raggiunta dalle **macchine da getto ellenistiche** è attestata dai racconti di diversi autori antichi come Plutarco, che scrive: «*I Siracusani, quando videro i Romani investire la città dai due fronti, pensarono che nulla avrebbe potuto contrastare l'impeto di un attacco in forze di tali proporzioni. Ma Archimede cominciò a caricare le sue macchine e a far piovere sulla fanteria nemica proiettili di ogni genere. Grandi masse di pietra cadevano dall'alto con fragore e velocità incredibili, né c'era modo di difendersi dal loro urto: rovesciavano a terra tutti coloro che incontravano, e scompigliavano i ranghi*» o Tito Livio, che narra: «*Archimede dispose sulle mura congegni di diversa grandezza. Contro quelle navi che si trovavano lontano scagliava massi di enorme peso, quelle più vicine colpiva con armi da lancio più leggere e perciò più frequenti*».

I DARDI DELLE BALLISTE ANTIUOMO AVEVANO DIMENSIONI VARIABILI DA 22 CM A 170 CM. ERANO DEI VERI E PROPRI GIAVELLOTTI, IN GRADO DI PENETRARE IN UNO SCUDO E DI ESSERE LETALI PER L'AVVERSARIO.

Il comportamento dei materiali elastici fu studiato nella seconda metà del Seicento dallo scienziato inglese Robert Hooke, che, nella legge fisica che prese il suo nome, stabilì che **l'allungamento subito da un corpo elastico è direttamente proporzionale alla forza ad esso applicata**.

Armi ad aria compressa

Dalle catapulte a torsione vennero sviluppate armi del tutto simili nella struttura, ma con cilindri pneumatici al posto dei fasci contenenti le fibre elastiche. Dentro di questi cilindri cavi si trovavano dei pistoni aderenti alle loro pareti che, quando caricati, comprimevano una massa d'aria a una pressione tale che, se liberata, imprimeva ai bracci della catapulta una forte spinta che lanciava sassi o frecce a una notevole distanza.

ARMI A RIPETIZIONE

Moltiplicare il numero di proiettili lanciati contro il nemico nello stesso spazio di tempo è stato da sempre il desiderio di ogni comandante.

LA BALESTRA A RIPETIZIONE CINESE ERA IN GRADO DI TIRARE FINO A 12 DARDI LUNGHI CIRCA 25 CM (CHE POTEVANO ANCHE ESSERE AVVELENATI) IN CIRCA 20 SECONDI, CON UNA GITTATA UTILE FRA I 150 E I 160 M.

La prima arma con ripetizione di colpi

La prima arma a ripetizione fu la balestra, che apparve in Cina durante il Periodo dei tre regni (220-265) e poi in Corea, e che continuò a essere usata ancora fino alla guerra cino-giapponese del 1894-1895.

Catapulte a ripetizione ellenistiche

Particolarmente complessa ed evoluta era la catapulta a ripetizione progettata da Dionisio di Alessandria, che la costruì per conto della città di Rodi verso la metà del III secolo a.C. Fu ricostruita in Germania alla fine dell'Ottocento.

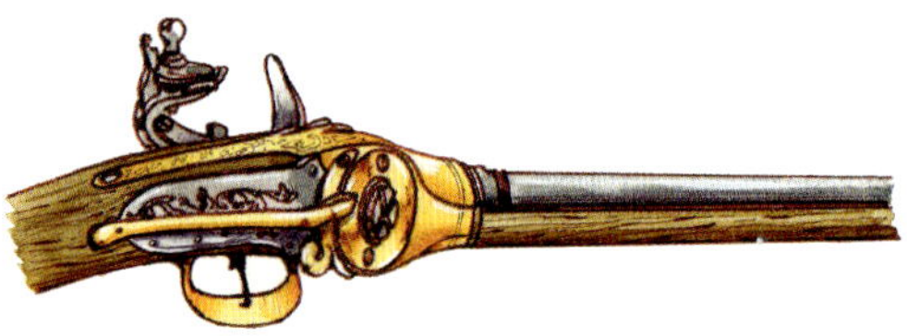

fucile carico: il manubrio è a riposo

Durante il caricamento l'arma era rivolta con la canna verso il basso per permettere alla polvere e alla palla di cadere per gravità.

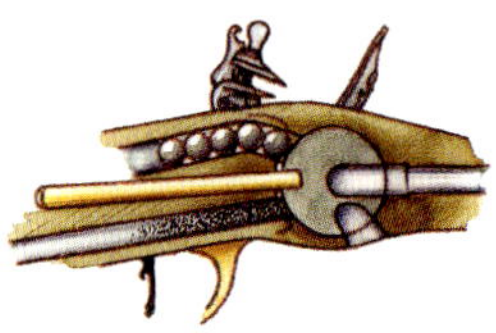

il manubrio inizia la rotazione verso l'alto

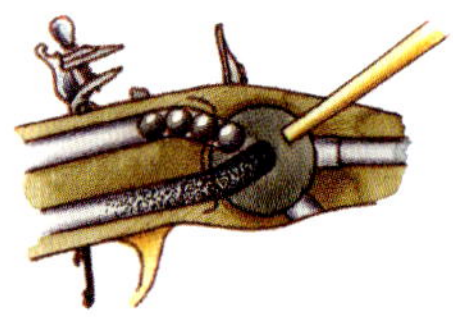

il manubrio completa la corsa

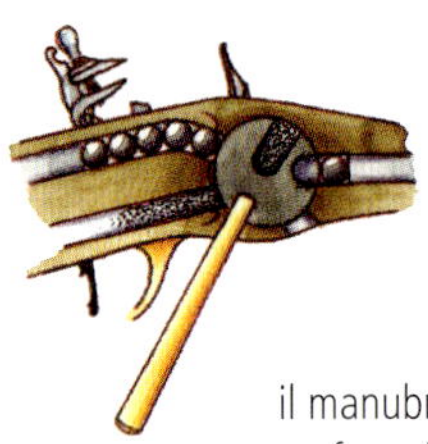

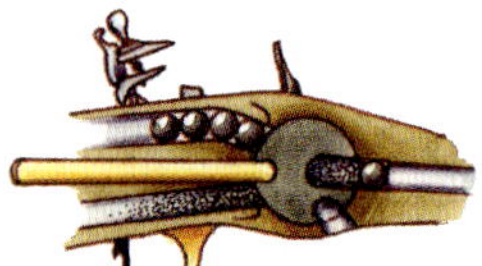

il manubrio è riportato all'indietro e fa cadere la palla nella canna

Nel sistema a ripetizione dell'italiano **Michele Lorenzoni** (primi del Settecento) il serbatoio della polvere e le palle (fino a 25) erano nel calcio del fucile.

☐ LE ARMI DI LEONARDO

Fra i progetti di Leonardo da Vinci vi sono anche **armi a ripetizione**: una di queste ha una serie di canne disposte a ventaglio le quali, dopo essere caricate, sparano contemporaneamente in diverse direzioni con effetti letali. L'alzata della macchina è permessa da una vite che alza e abbassa il braccio su cui sono montate le canne.

Le prime armi da fuoco a ripetizione

Già nel Quattrocento compaiono le prime armi da fuoco in grado di sparare più colpi in rapida successione perché dotate di più canne. Nei secoli successivi iniziano i primi veri e propri tentativi di applicare ai fucili dei sistemi meccanici di caricamento automatico tanto delle palle di piombo quanto della stessa polvere da sparo.

Nella battaglia di Omdurman (1898) le mitragliatrici *Maxim* schierate dall'Esercito britannico falciarono le file dei mahdisti.

La **mitragliatrice *Maxim*** cambiò radicalmente l'esito degli scontri nelle guerre coloniali**,** contribuendo alla definitiva conquista e all'occupazione dell'Africa alla fine del XIX secolo.

Le pallottole

L'invenzione delle capsule esplosive a percussione facilita il compito degli inventori nello sviluppo di meccanismi a ripetizione che vengono anche applicati alle pistole. Nel 1835, l'americano Samuel Colt brevetta la prima efficace pistola a tamburo rotante, il *Revolver*.

LA *PUCKLE GUN*, COSTRUITA IN INGHILTERRA NEL 1718, È CONSIDERATA COME LA PRIMA MITRAGLIATRICE, ANCHE SE NON ERA AZIONATA DAL PROPRIO RINCULO.

Mitragliatrici

Nel XIX secolo compare un'arma terrificante: la mitragliatrice. Dalla *Gatling*, usata durante la guerra civile americana, si arriva, alla fine del secolo, alla micidiale *Maxim*, in grado di sparare oltre 500 colpi al minuto.

Nella **catapulta a ripetizione** ellenistica il movimento in senso inverso del verricello azionava il prisma posteriore che faceva lanciare automaticamente le frecce contenute nel serbatoio.

Il meccanismo di ripetizione era costituito da una catena collegata a un argano.

POLVERE DA SPARO

Fin dall'antichità, in guerra si usavano il calore o il fuoco per distruggere o danneggiare il nemico. Dalle prime miscele infiammabili si arrivò con il tempo a capire che la combinazione di alcune sostanze poteva sviluppare anche esplosioni.

SIFONE LANCIAFIAMME SULLA PRUA DI UNA GALEA BIZANTINA

La marina bizantina usava il fuoco greco in due modi: come un **lanciafiamme** che sprigionava un fascio di fuoco in grado di investire fino a 12 uomini oppure lanciando **catapulte a proiettili incendiari** contro le navi nemiche.

☐ SISTEMI SEGRETI DEI BIZANTINI

Nell'anno 814 i Bulgari sequestrarono ai Bizantini **trentasei sifoni lanciafiamme e una notevole quantità di miscela incendiaria,** che però non poté essere usata in battaglia perché nessuno capiva come far funzionare quelle terribili macchine da guerra. Infatti il fuoco greco era un sistema d'arma composto dalla nave (il *dromon*), un tubo, un calderone e del liquido. Per carpire il segreto era necessario rubare tutti i componenti, ma le persone che li conoscevano e le costruivano non si trovavano mai nello stesso luogo allo stesso tempo. Coloro che si occupavano delle caldaie erano persone diverse da quelle che le costruivano (i fabbri ferrai) e quelli che installavano sulle navi le caldaie e i sifoni non erano in contatto con i chimici del principale arsenale di Costantinopoli, che produceva il liquido. Con questo sistema a compartimenti stagni, non poteva mai cadere in mani nemiche o non si poteva mai trasportare più di una frazione del segreto complessivo. Secondo la tradizione, il segreto completo sia delle componenti della miscela sia della tecnologia per usarla era noto soltanto a due famiglie: la prima era quella appartenente alla dinastia imperiale e la seconda era una famiglia dell'alta nobiltà, quella dei *Lampros*; fu proprio questa famiglia che garantì la continuità del mantenimento del segreto, spesso a rischio per i continui cambiamenti delle dinastie regnanti.

Armi termiche antiche

Nell'antichità, armi incendiarie vennero usate regolarmente sia negli assedi sia nelle battaglie campali, ma soprattutto in quelle navali. Miscele incendiarie, racchiuse in contenitori quali barili e vasi in argilla o vetro, venivano lanciate con catapulte e altre macchine. I componenti di queste misture erano zolfo, nafta, pece, resine e ossido di calcio.

Il fuoco greco

La più terribile miscela incendiaria punto di forza dell'Esercito bizantino fu il cosiddetto fuoco greco, che si infiammava al solo contatto dell'acqua.

RUGGERO BACONE (XIII SECOLO) NEL *DE SECRETIS OPERIBUS ARTIS ET NATURAE* INDICA I COMPONENTI DELLA POLVERE NERA: 7 PARTI IN VOLUME DI SALNITRO, 5 DI CARBONE DI NOCCIOLO E 5 DI ZOLFO.

FRANTUMAZIONE E SETACCIATURA DEI CALCINACCI DI DEMOLIZIONE

Dal fuoco greco alla polvere da sparo

Gli ingredienti del fuoco greco divennero sempre più sofisticati rispetto alle prime versioni. Quando fu aggiunto il nitrato di potassio e i Cinesi riuscirono a creare una versione asciutta della miscela esplosiva, questa si trasformò ben presto in polvere da sparo.

Il processo di **raffinazione del salnitro** era una fase importante della produzione delle polvere da sparo. Uno dei sistemi per produrre salnitro era di utilizzare calcinacci di demolizione raccolti nelle città.

La polvere da sparo giunge in Europa

Testi arabi dell'XI secolo (alcuni di medicina) descrivono il procedimento di purificazione del salnitro, alla base della miscela della polvere da sparo. Furono proprio gli Arabi che ne vennero a conoscenza dai Cinesi e la portarono in Europa.

Componenti

Fino al XIV secolo non erano note le proporzioni ed esistevano ben quattro tipi di miscele, delle quali la più esplosiva era composta dal 74% di salnitro, il 10% di zolfo e il 15% di carbone.

Durante l'epoca Ming (1368-1644) apparve il *drago di fuoco*, un razzo a due stadi con accensione del secondo stadio in volo.

I Cinesi usarono i razzi per difendersi dai Mongoli di **Gengis Khan**, che ben presto si appropriarono di questa tecnologia usandola ampiamente durante l'espansione a Occidente nel XIII secolo.

Nuovi esplosivi

Nuovi e più potenti esplosivi hanno ormai sostituito la polvere da sparo, come per esempio i derivati dalla nitroglicerina e il tritolo; tuttavia questa resta ancora alla base delle munizioni per fucili e pistole tradizionali e come componente dei fuochi d'artificio.

IL METODO DI PRODUZIONE DEL SALNITRO CON I CALCINACCI, NON SEMPRE REPERIBILI IN ABBONDANZA, RAGGIUNSE NEL SETTECENTO RISULTATI APPREZZABILI, COMPATIBILMENTE CON LE COGNIZIONI DELL'EPOCA, MA NON POTÉ REGGERE ALLA DOMANDA SEMPRE CRESCENTE CHE SI EBBE DURANTE LE GUERRE NAPOLEONICHE. LA SPEDIZIONE IN EGITTO DI NAPOLEONE AVEVA, FRA I DIVERSI OBIETTIVI, ANCHE QUELLO DI AVERE ACCESSO ALLE MINIERE DI NITRATI INDIANE, ALLORA CONTROLLATE DALL'INGHILTERRA.

Il processo finale della lavorazione del salnitro era quello della fusione e riduzione in pani.

ARMI DA FUOCO

Nel 1327 in Inghilterra un manoscritto miniato mostrava una primitiva arma da fuoco molto simile a quella che è esposta al Museo storico di Stoccolma. Dopo il 1330, il cannone era già impiegato comunemente in molte azioni belliche.

LO ZAR-PUŠKA

Il re dei cannoni del Cremlino è il più grande obice che sia mai stato costruito. Venne fabbricato nel 1586 su ordine dello zar Fëdor I, pesa 38 t e ha 89 cm di calibro con un diametro esterno di 120 cm. Lungo 5,86 m, poteva **lanciare proiettili di pietra** pesanti fino a 800 kg.

Bronzo o ferro?

I cannoni potevano essere costruiti sia in ferro sia in bronzo, lega composta da rame e stagno, materie prime entrambe costose. I primi cannoni in ferro colato furono prodotti in Inghilterra verso il 1510, ma non ispiravano grande fiducia e perciò si continuò a privilegiare quelli in bronzo, anche se i primi costavano tre o quattro volte di meno; a parità di calibro, per motivi di sicurezza, dovevano però essere molto più pesanti. Il miglioramento delle tecniche di fusione permise però un abbassamento del peso dei cannoni in ferro e questi furono così largamente impiegati sulle navi da guerra. La Francia divenne uno dei maggiori produttori di cannoni con le fonderie reali di Luigi XIV.

Intorno al XVI secolo gli artigiani giapponesi produssero una **grande quantità di archibugi** copiando quelli occidentali. Grazie alla secolare esperienza, i fabbri iniziarono a produrre canne per archibugi in acciaio di alta qualità.

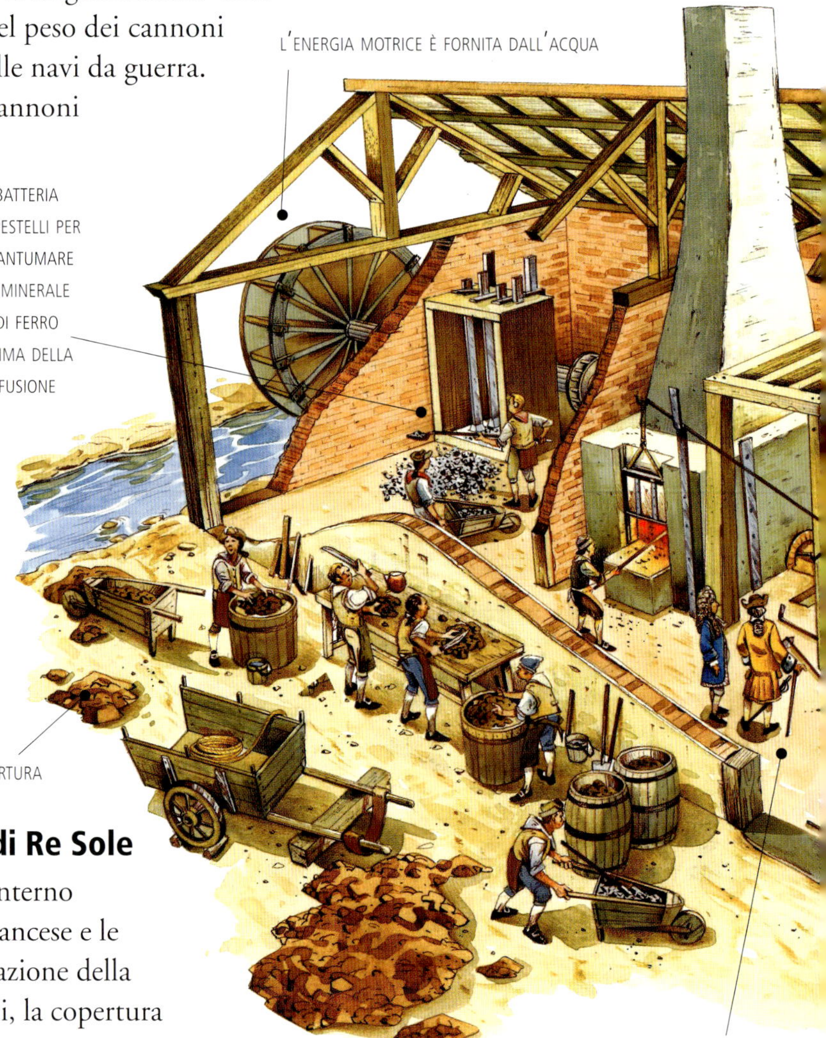

L'impasto è composto di argilla, sabbia del Reno molto fine e sterco equino.

Le fabbriche di Re Sole

L'immagine mostra l'interno di una officina reale francese e le diverse fasi della lavorazione della costruzione di cannoni, la copertura con l'argilla, l'avvolgimento con corda o treccia di paglia, l'armatura del mantello e il forno di fusione.

Cannoni navali

Quando i Portoghesi sconfissero una flotta musulmana nell'oceano Indiano, i governanti locali si resero conto dell'inferiorità dell'armamento dei loro mezzi navali rispetto a quello a bordo delle navi degli occidentali. Iniziò così una vera e propria "corsa agli armamenti" durata diversi secoli.

LA SUPERIORITÀ DELLE NAVI OCCIDENTALI RISPETTO A QUELLE ORIENTALI NON ERA SOLTANTO DOVUTA ALLA SUPERIORITÀ DEGLI ARMAMENTI, MA ANCHE ALLA **FORMA DEGLI SCAFI** CHE CONSENTIVA DI SPARARE BORDATE UTILIZZANDO CONTEMPORANEAMENTE MOLTI PEZZI.

I diversi livelli dell'affusto consentivano di alzare o abbassare il cannone nell'angolazione desiderata.

Per evitare un pericoloso sbandamento della nave per il forte rinculo, i cannoni non sparavano tutti insieme ma **alternativamente e in sequenza**, anche in base alla diversa altezza rispetto alla linea di galleggiamento.

Grandi e piccoli calibri

Dal XV secolo lo sviluppo della tecnologia dei cannoni ebbe un rapido progresso: dapprima venne privilegiata la costruzione di gigantesche "bombarde", ma poi si passò alla produzione di pezzi di minor calibro ma di maggior maneggevolezza, che potevano essere spostati rapidamente in battaglia trainati da cavalli.

Tre modifiche rivoluzionarie

Nel XIX secolo i cannoni subirono alcune modifiche sostanziali quali l'utilizzo dell'acciaio al posto del bronzo, del ferro e della ghisa, l'introduzione della canna rigata che sostituì quella liscia, permettendo una maggior precisione, e il meccanismo a retrocarica che permise una maggior velocità nella ripetizione degli spari.
Il miglioramento della composizione chimica della polvere da sparo rese possibile una maggior gittata, raggiungendo distanze che prima erano impensabili.

Come tutte le armi da fuoco, anche il progenitore del cannone è un'arma già usata in Cina nel X secolo: la **lancia da fuoco**, un tubo riempito di polvere da sparo e caricato con piccoli frammenti di materiali vari.

RAZZI E MISSILI

I progressi ottenuti dagli scienziati tedeschi nella costruzione di razzi a propellente liquido, che durante la seconda guerra mondiale portarono alla realizzazione del primo missile balistico, costituirono la base dello sviluppo di tutta la missilistica dal 1945 in poi.

Il complesso di lancio di missili intercontinentali è composto da **silos sotterranei** (spesso più di uno) e vari tunnel di collegamento (con altri edifici, anch'essi sotterranei) per controlli e comunicazioni.

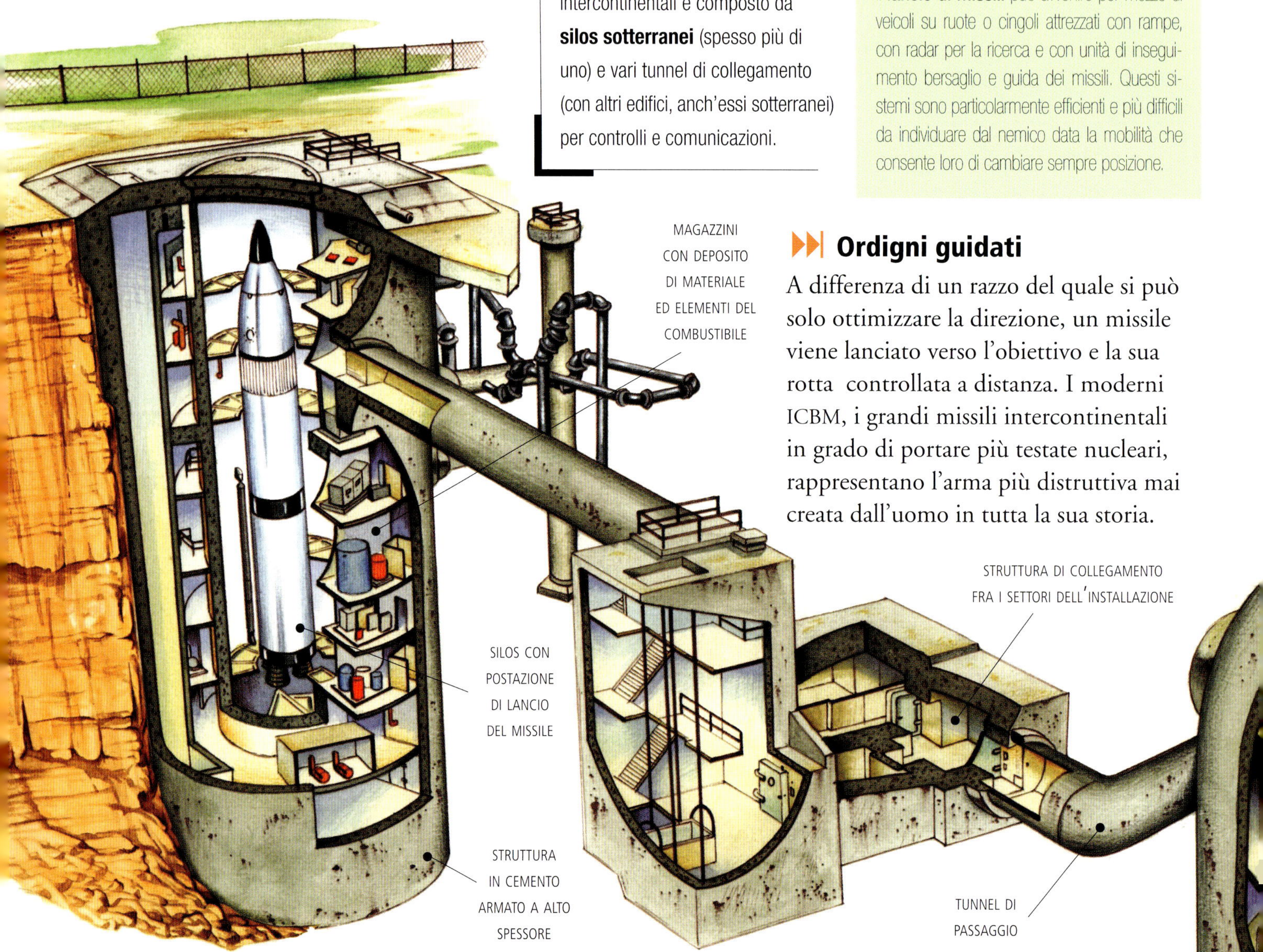

☐ VEICOLI DI LANCIO MISSILI

Il **lancio di missili** può avvenire per mezzo di veicoli su ruote o cingoli attrezzati con rampe, con radar per la ricerca e con unità di inseguimento bersaglio e guida dei missili. Questi sistemi sono particolarmente efficienti e più difficili da individuare dal nemico data la mobilità che consente loro di cambiare sempre posizione.

Ordigni guidati

A differenza di un razzo del quale si può solo ottimizzare la direzione, un missile viene lanciato verso l'obiettivo e la sua rotta controllata a distanza. I moderni ICBM, i grandi missili intercontinentali in grado di portare più testate nucleari, rappresentano l'arma più distruttiva mai creata dall'uomo in tutta la sua storia.

☐ I MISSILI DA CROCIERA

I missili da crociera restano con i **motori accesi per tutta la durata del volo** e sono muniti di ali che permettono un volo simile a quello di un aeroplano e di cui si controlla continuamente la rotta a distanza. Gli ultimi modelli montano un sistema di guida basato sul rilevamento satellitare della posizione (GPS) che permette di raggiungere gli obiettivi programmati con una notevole precisione.

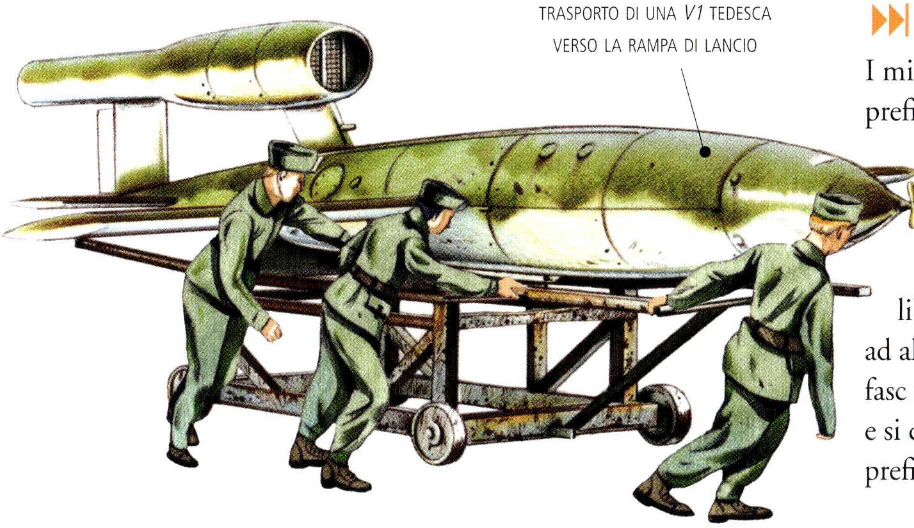

L'ordigno volante *Fieseler Fi 103*, più noto come *V1*, impiegato dal 1942 dalla Germania, può essere considerato il primo esempio di missile da crociera.

Missili balistici

I missili balistici hanno una traiettoria prefissata di tipo suborbitale. La prima parte della fase di volo avviene con i motori accesi e dura da pochi secondi a qualche minuto, poi quando l'ordigno entra nello spazio si passa al volo libero dove la spinta non è più necessaria ad altitudini anche fino a 1200 km. L'ultima fasc è quclla dcl ricntro nell'atmosfera e si conclude con l'impatto con l'obiettivo prefissato e con un basso margine di errore.

La *V1* univa le caratteristiche di un aereo a quelle di una bomba aeronautica: era **guidata da un pilota automatico con giroscopio** e veniva lanciata da rampe terrestri fisse.

Missili da crociera

Il termine RAZZO è generalmente usato per riferirsi a ordigni con sistemi non guidati, mentre con MISSILE ci si riferisce a quelli con sistemi guidati. Entrambi sono spinti da motori a reazione e sono dotati di testata esplosiva.

LA PRIMA IMMAGINE DELLA TERRA VISTA DALLO SPAZIO VENNE SCATTATA IL 24 OTTOBRE DEL 1946 DA UNA MACCHINA FOTOGRAFICA A BORDO DI UNA *V2* TEDESCA, PREDA BELLICA DEGLI STATI UNITI, LANCIATA DALLA BASE DI WHITE SANDS.

La **sala di comando e di controllo** del sistema è collocata a distanza dal silos di lancio così come le abitazioni del personale tecnico e militare.

Sistemi di inseguimento dell'obiettivo

Alcuni tipi di missili sono dotati di "sistemi di inseguimento" per individuare l'obiettivo, che può essere puntato a vista da una persona distante dal missile o individuato dal missile stesso se dotato di un sistema di riconoscimento automatico delle radiazioni emesse direttamente dall'obiettivo, di solito luce o calore. Viene anche usato il rilevamento delle onde elettromagnetiche per mezzo di radar di bordo.

Missili e guerra fredda

Dopo la seconda guerra mondiale, la contrapposizione tra Stati Uniti e Unione Sovietica spinse entrambe le potenze a sviluppare sistemi missilistici in grado di colpire l'avversario a grandi distanze, dando inizio a quella strategia che durò decenni e venne chiamata "equilibrio del terrore".

PER RIDURRE IL PESO DEI GIGANTESCHI RAZZI VETTORI A PIÙ STADI CHE NECESSITANO DI UNA SPINTA ENORME PER SOLLEVARSI, I SERBATOI DEL PROPELLENTE FUNGONO, LORO STESSI, DA STRUTTURA PORTANTE DEL MEZZO. SONO REALIZZATI CON SOTTILI FOGLI METALLICI CHE, QUANDO RIEMPITI, ACQUISISCONO UNA RIGIDITÀ TALE DA REGGERE IL PESO DEL MISSILE E LA PRESSIONE DEL VOLO.

RIPRODURRE LA REALTÀ

Dalla prima metà del XIX secolo, in poco più di 100 anni, quattro importanti invenzioni e l'applicazione di nuove tecnologie permisero lo sviluppo delle comunicazioni di massa avvenuto nel Novecento.

La fotografia

La possibilità di realizzare uno strumento capace di registrare il mondo circostante grazie all'effetto della luce si concretizzò agli inizi del XIX secolo. I primi tentativi riusciti di riprodurre, ma soprattutto di fissare in modo più o meno permanente, le immagini su supporti adeguati si concentrano nel decennio che va dal 1827 al 1837 con la prima fotografia di Joseph Nicéphore Niépce e l'invenzione della dagherrotipia, il primo procedimento fotografico per lo sviluppo di immagini da parte di Louis Daguerre.

▶ Macchina fotografica istantanea *Polaroid 100* (1963).

La riproduzione del suono

Nella seconda metà dell'Ottocento due tecnologie furono in competizione per affermarsi sul mercato: il fonografo di Thomas Alva Edison e il grammofono del tedesco Emile Berliner. La differenza sostanziale era il supporto sul quale venivano incise con una punta le onde sonore, un cilindro nel primo e un disco nel secondo.

◀ Fonografo a cilindro di Eugène Ducretet fabbricato nel 1881.

• I FRATELLI LUMIÈRE

Due imprenditori francesi, i fratelli Auguste Marie Louis Nicolas Lumière (1862-1954) e Louis Jean Lumière (1864-1948), furono gli inventori del proiettore cinematografico e tra i primi cineasti della storia. Brevettarono poi il loro dispositivo, il *cinématographe*, nel 1895.

• LA MACCHINA DA PRESA

Chiamata anche semplicemente "cinepresa", è uno strumento che registra in modo continuo una sequenza di immagini fotografiche in rapida successione temporale impressionandole su una pellicola cinematografica per mezzo di un processo fotochimico. La pellicola è fornita di due buchi laterali per permetterne il trascinamento meccanico.

13

◀ Il Boulevard du Temple nel terzo *arrondissement* di Parigi in un dagherrotipo del 1838. È la prima fotografia in cui compaiono esseri umani: la durata dell'esposizione di oltre dieci minuti rendeva impossibile la ripresa del traffico; le due persone rimasero in posa per tutto il tempo.

Il cinema

Sebbene dal 1877 fosse già presente il kinetoscopio di Edison, che consentiva però una visione individuale, i francesi Auguste e Louis Lumière vengono considerati a tutti gli effetti gli inventori del processo cinematografico moderno. I due fratelli organizzarono nel 1895 la prima proiezione pubblica di brevi filmati e furono anche i primi registi della storia.

La televisione

A metà dell'Ottocento si era già in grado di trasmettere immagini fisse per mezzo di impulsi elettrici, a quel punto si trattava di riuscire a farlo anche con immagini in movimento. Come nel caso della riproduzione del suono, si svilupparono due tecnologie: la televisione meccanica e la televisione elettronica con lo schermo a tubo catodico, che poi prevalse.

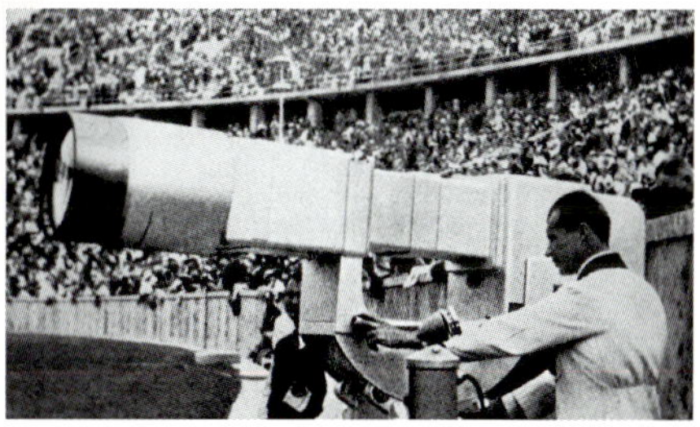

◀ Il primo grande evento ripreso dalla televisione furono i giochi olimpici tenuti a Berlino nel 1936.

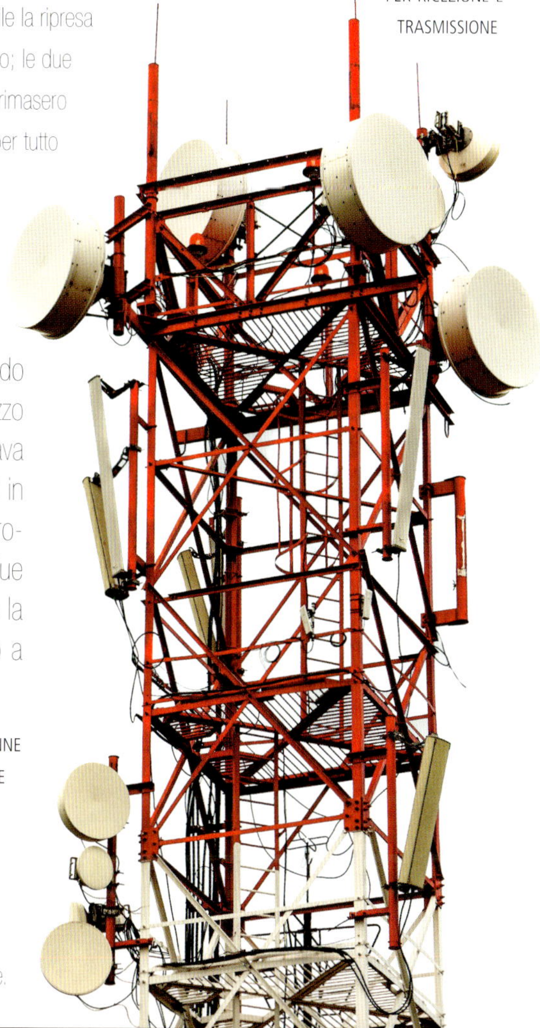

▶ Ripetitore televisivo con antenne paraboliche.

• REPORTAGE DI GUERRA

L'inglese Roger Fenton (1829-1869) fu il primo fotoreporter della storia. Utilizzando un carro carico di materiali fotografici e strumenti, da marzo a giugno del 1855, scattò circa 360 foto in condizioni particolarmente difficili durante la guerra di Crimea. Al ritorno in patria allestì una mostra delle sue foto a Londra.

• RIPETITORI

Nelle telecomunicazioni questo termine indica un dispositivo elettronico in grado di ricevere in ingresso un segnale e ritrasmetterlo in uscita a una potenza maggiore e permetterne la propagazione anche a lunghe distanze senza troppa attenuazione. Molti ripetitori sono posti su alte torri o in cima alle montagne per massimizzare l'area di copertura.

LA FOTOGRAFIA

Ai primi dell'Ottocento la camera oscura esisteva già da tempo ed era usata per disegnare oggetti, ma mancava un procedimento per fissare l'immagine su un supporto in modo permanente. Questo venne inventato nel 1826 dal francese J.N. Niépce.

Negli anni Quaranta del Novecento venne **brevettato un procedimento** che consentiva di ottenere in poche decine di secondi delle immagini fotografiche, finite e permanenti, dalle pellicole estratte dalla macchina.

La camera oscura

Gli studi di ottica sviluppati in epoca ellenistica (III secolo a.C.) furono ripresi nel mondo islamico e più tardi in Occidente. A metà del '500 si ebbe la prima illustrazione di camera oscura descrivendo il fenomeno ottico dell'inversione dell'immagine sulla parete opposta al foro, proprio come avviene nell'occhio (è il cervello che la raddrizza).

Il ceramista Thomas Wedgwood (1771-1805)

Nei primi anni dell'Ottocento, l'inglese Thomas Wedgwood si accorse che alcune zone di un foglio sul quale aveva cosparso uno strato di nitrato d'argento si annerivano se venivano esposte alla luce.

LE PRIME MACCHINE FOTOGRAFICHE A RULLINO ERANO VENDUTE CON LA PELLICOLA GIÀ INSERITA; PER LO SVILUPPO DOVEVANO ESSERE INVIATE AL PRODUTTORE, CHE RESTITUIVA UNA NUOVA MACCHINA CON RULLINO E LE FOTO STAMPATE.

OBIETTIVO DELLA CAMERA OSCURA RIVOLTO VERSO IL PAESAGGIO

La prima impressione su carta

Thomas Wedgwood descrisse in una relazione le sue esperienze, annotando però che non aveva compreso come poteva essere interrotto il processo di sensibilizzazione alla luce. Questa relazione fece ritenere che la prima impressione di un'immagine su carta avvenne tra il 1790 e il 1791.

Il **tempo d'esposizione** della prima fotografia scattata da Niépce fu di 8 ore; questo per la diversa impressione degli edifici illuminati dal sole sia da destra sia da sinistra.

LOUIS DAGUERRE

Louis Daguerre (1787-1851) fu un **pittore e inventore francese** che iniziò la sua attività come **scenografo e decoratore teatrale**, noto per aver introdotto a Parigi una forma di spettacolo chiamato "diorama", dove gli spettatori, attraverso un'apertura, osservavano un'ambientazione in scala ridotta che ricreava scene di vario genere. Successivamente iniziò a interessarsi di fotografia e, dal 1824, cominciò a fare esperimenti per riuscire a fissare l'immagine ottenuta attraverso la camera oscura. Nel 1927, conobbe Joseph Nicéphore Niépce con il quale iniziò una corrispondenza che, due anni dopo, avrebbe portato i due inventori a fondare un'associazione per il perfezionamento dei materiali fotosensibili. Nel 1939 Daguerre, sei anni dopo la morte di Niépce, riuscì a mettere a punto la tecnica che avrebbe preso il suo nome, la dagherrotipia, che fu resa pubblica a Parigi in due distinte sedute, presso l'Académie des Sciences e l'Académie des Beaux Arts. Il governo francese concesse a Daguerre e al figlio di Niépce un vitalizio in cambio della libera circolazione dei dettagli del processo.

Talbot, Niépce e Daguerre

La prima fotografia fissata su un supporto fu realizzata da Joseph Nicéphore Niépce nel 1826 (o 1827): si trattava della ripresa di un paesaggio che, dopo aver scoperto le proprietà di una sostanza chiamata bitume di Giudea, impressionò su una lastra dopo un'esposizione di otto ore. Il sodalizio di Niépce con Luis Daguerre portò poi nel 1837 all'invenzione del primo processo fotografico completo: la dagherrotipia. Nello stesso periodo l'inglese William Fox Talbot inventò un processo alternativo, la calotipia.

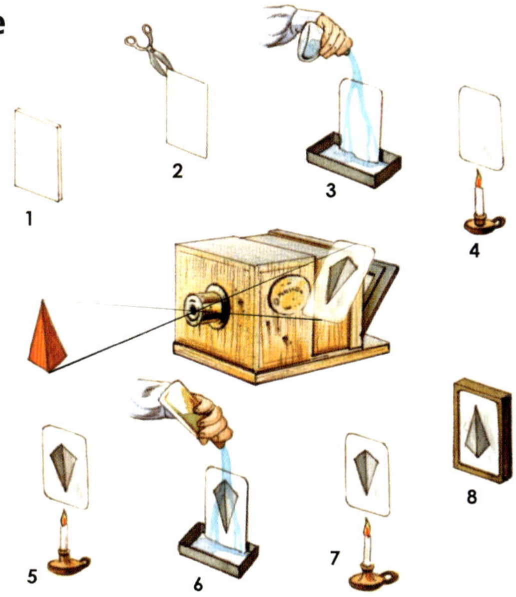

Dagherrotipia: dalla preparazione allo sviluppo.

Processo della dagherrotipia:
1. Lastra di rame con strato di argento. **2.** Taglio e curvatura dei bordi. **3.** Pulizia con acido nitrico. **4 e 5.** Esposizione per circa 10-15 minuti. **6.** Sviluppo con vapori di mercurio. **7.** Fissaggio con tiosolfato di sodio. **8.** Finitura e messa sotto vetro.

Dalla pellicola al digitale

Nel 1875, venne prodotta la prima pellicola fotografica e, nel 1888, lo statunitense George Eastman fondò la Kodak, che fabbricò la prima macchina fotografica a portata di tutti. Un secolo più tardi, questa si sarebbe trasformata nella moderna macchina digitale tutta elettronica.

Decenni di continui progressi

I progressi della fotografia sono continui: si producono i primi NEGATIVI su vetro, si realizzano procedimenti per la STAMPA di fotografie su carta in quantità; migliorano le LENTI degli obiettivi e, nel 1861, si ha la prima FOTOGRAFIA A COLORI.

IL PROCESSO PER OTTENERE UNA FOTOIGRAFIA A COLORI NECESSITAVA DI MATERIALI SENSIBILI NON SOLO ALLA PRESENZA O ASSENZA DI LUCE, MA ANCHE ALLE SUE DIVERSE LUNGHEZZE D'ONDA, CHE DETERMINANO I DIVERSI COLORI.

IL CINEMA

La rappresentazione di immagini in movimento risaliva già all'antichità (famose quelle cinesi), ma fu nel XVIII secolo che la realizzazione di semplici animazioni portò, due secoli dopo, al kinetoscopio di Edison e al *cinématographe* dei fratelli Lumière.

IL PRIMO CINEMATOGRAFO

Il 28 dicembre del 1895 a Parigi, nel Salon indien du Grand Café, al n. 14 del Boulevard des Capucines, i **fratelli Lumière danno il loro primo spettacolo a pagamento**: a una settimana dall'evento, grazie al passaparola, nella sala si registrerà già il "tutto esaurito".

L'apparecchio dei fratelli Lumière, il ***cinématographe***, pesava solo 7,5 kg e questo ne facilitava il trasporto e il posizionamento; era azionato a mano da una manovella e proiettava l'immagine su uno schermo.

Immagini percepite dall'occhio

Il fenomeno che sta alla base del cinema è quello della persistenza dell'immagine sulla retina, che consente all'occhio umano di percepire come movimento continuo una serie di immagini fisse, leggermente diverse tra loro, proiettate a una velocità di almeno 16 fotogrammi al secondo.

TECNOLOGIA DEL KINETOSCOPIO DI EDISON

Sistema di scorrimento in un kinetoscopio del 1891: a sinistra, il **motore elettrico**; a destra, il **regolamento**; nel centro, tutte le **bobine AC-lens-shutter-drive**. Durante le riprese, la fotocamera è chiusa da un coperchio.

Al primo spettacolo nel cinema dei fratelli Lumière erano presenti 33 spettatori.

Sale con spettacoli

Con il KINETOSCOPIO di Edison sorgono i primi locali dove il pubblico può vedere filmati. L'invenzione di Edison comporta però una visione singola e una durata non superiore ai 40 secondi dovuta al meccanismo di scorrimento della pellicola. Il CINEMATOGRAFO dei fratelli Lumière, invece, consente la visione a più spettatori, ma la durata dei film proiettati non supera di molto quella del kinetoscopio.

Secondo una leggenda, mentre nel cinema dei fratelli Lumière si proiettava il cortometraggio *L'arrivo di un treno alla stazione di La Ciotat*, alcuni **spettatori scapparono durante la proiezione per paura di essere travolti dal treno**.

Spettacoli con immagini in movimento

Nell'Ottocento diventano popolari i TEATRI OTTICI che, facendo scorrere lastre di vetro, creavano la sensazione del movimento. Verso la fine del secolo, si sviluppano i primi dispositivi efficienti di riproduzione del movimento.

IL *MONDO NUOVO* ERA UNO STRUMENTO DI INTRATTENIMENTO POPOLARE UTILIZZATO SOPRATTUTTO DAGLI AMBULANTI NEL XVIII E XIX SECOLO, CON CUI ERA POSSIBILE AMMIRARE IMMAGINI STAMPATE SU CARTA E RETROILLUMINATE DA UNA CANDELA.

Il **kinetoscopio**, ideato da Thomas Edison nel 1888, fu il precursore del proiettore cinematografico dei fratelli Lumière. La visione era monoculare e la pellicola veniva fatta scorrere con una manovella.

Dal muto al sonoro

Alcuni dei primi registi del cinema delle origini avevano già tentato di sincronizzare suono e immagini ma i risultati non furono soddisfacenti. Finalmente nel 1926, dopo alcuni cortometraggi sperimentali, venne proiettato il primo film sonoro, anche se la parte audio era composta solo da musica, con grande successo. Il primo film parlato, *Il cantante di jazz*, uscì nelle sale il 6 ottobre del 1927 e questa data segna convenzionalmente l'ingresso del sonoro nel cinema.

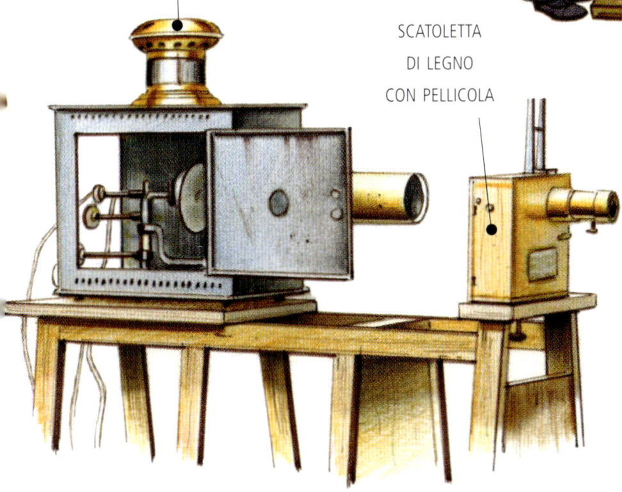

Il fucile fotografico

Questo strumento, con un meccanismo simile a quello del fucile, riusciva a impressionare 12 fotogrammi e, nel 1891, il francese Étienne-Jules Marey realizza *La Vague*, il più antico filmato della storia.

CON LE "LANTERNE MAGICHE", MOLTO POPOLARI PRIMA DEL CINEMATOGRAFO, SI PROIETTAVANO IMMAGINI DIPINTE SU VETRO, SU PARETE O SU UNO SCHERMO APPOSITAMENTE PREDISPOSTO IN UNA STANZA BUIA, DA UNA SCATOLA CHIUSA CONTENENTE UNA CANDELA E LA CUI LUCE FILTRAVA ATTRAVERSO UN FORO SUL QUALE ERA APPLICATA UNA LENTE: FURONO QUESTI STRUMENTI A ISPIRARE I FRATELLI LUMIÈRE.

RIPRODURRE IL SUONO

Verso la fine dell'Ottocento furono inventate diverse tecniche per conservare i suoni e riascoltarli a piacimento, dando così inizio allo sviluppo dei mezzi di comunicazione di massa.

Registrare visivamente il suono

Nel 1854, il francese Édouard-Léon Scott de Martinville realizzò uno strumento in grado di registrare e trascrivere, su superfici adattate, i suoni vocalici con l'intento di arrivare a registrare un'intera conversazione in forma di stenografia, senza intenzione di riprodurre i suoni.

Il fonografo di Edison

Nel 1876 Thomas Alva Edison costruì il primo fonografo, che consisteva essenzialmente in un IMBUTO, al fondo del quale era disposta una MEMBRANA che azionava direttamente una PUNTA DI REGISTRAZIONE, la quale, strisciando sopra un cilindro ricoperto da carta stagnola, registrava le vibrazioni sonore incidendo in senso normale all'asse del cilindro.

Nei dischi la velocità costante di rotazione comporta un **degrado costante nella fedeltà di riproduzione** dalle tracce più esterne verso quelle più interne, che hanno meno spazi per l'incisione.

La riproduzione del suono

Finita la registrazione, il cilindro veniva riportato nella posizione primitiva e la stessa punta che era stata utilizzata per la registrazione, ripercorrendo il solco, riproduceva il suono originale.
Nel 1887, il tedesco Emile Berliner sostituì il cilindro con un disco che ruotava orizzontalmente: era nato il GRAMMOFONO.

HIS MASTER'S VOICE

È un celebre marchio creato nel 1899 che divenne celebre nel primo Novecento per le incisioni di musica con artisti di livello mondiale. Il suo logo rappresenta un *Jack Russell Terrier* che ascolta i suoni che provengono dalla tromba di un grammofono. Il soggetto era stato tratto da un dipinto di Francis Barraud che ritraeva il cane del fratello defunto che soleva ascoltare la voce del padrone al grammofono proprio in quella posizione.

Grammofono e fonografo

Gli apparecchi A CILINDRO e A DISCO convissero per vari anni dato che entrambi avevano pregi e difetti. Il cilindro garantiva una migliore riproduzione, ma il disco era meno ingombrante e più facile da incidere. La sua produzione cessò nel 1929.

VOLANO COLLEGATO ALLA MANOVELLA PER RENDERE COSTANTE LA VELOCITÀ DI ROTAZIONE

Il **portavoce "a tromba"** amplificava le vibrazioni sonore rendendole adatte al riascolto dei suoni registrati, ma aveva il difetto di riprodurre le voci che erano state registrate con forti tonalità nasali.

ASCOLTO E VERIFICA DELLA RIPRODUZIONE

La registrazione del suono su disco

Per la registrazione dei suoni sui dischi, si usava un tipo di tornio chiamato FONOINCISORE, un dispositivo che riceveva il segnale audio e che, dopo averlo filtrato e amplificato, lo inviava alla testina di incisione.

REGISTRAZIONE DELLA VOCE IN AMBIENTE INSONORIZZATO VERSO L'ESTERNO

In una sala di registrazione l'ambiente in cui si trovano gli strumenti tramite i quali i segnali audio vengono registrati e memorizzati è **acusticamente isolato e anche termicamente stabilizzato**.

EDISON AVEVA PREVISTO DI COMMERCIALIZZARE IL FONOGRAFO COME UNO STRUMENTO DA USARE NEGLI UFFICI, PER ESEMPIO PER DETTARE LETTERE; OPPURE IN FAMIGLIA, PER REGISTRARE LA VOCE DI PERSONE CARE E NON PER VENDERE MUSICA REGISTRATA.

I CD musicali

Come in tutti gli altri mezzi di trasmissione di suono o immagini, la tecnologia digitale si è imposta su quella analogica e l'incisione materiale del disco è stata sostituita dalla magnetizzazione di zone nei supporti utilizzati per la registrazione, tipo CD e DVD o il caricamento dei dati su memorie di massa.

LA TELEVISIONE

La combinazione di due invenzioni, la trasmissione di immagini fisse e la riproduzione di immagini in movimento, portò alla realizzazione della televisione.

Primi tentativi

Nel 1925, l'inventore scozzese John Logie Baird costruì il primo prototipo funzionante di televisore in cui le immagini venivano rilevate e trasmesse dopo essere passate da alcuni fori, posti su linee elicoidali, in un disco di Nipkow che ruotava.

I segnali televisivi vengono diffusi da **grandi trasmettitori ad alta potenza o da satelliti a frequenze ben determinate**. Per raggiungere zone lontane dal trasmettitore i segnali devono essere captati e ritrasmessi da ripetitori.

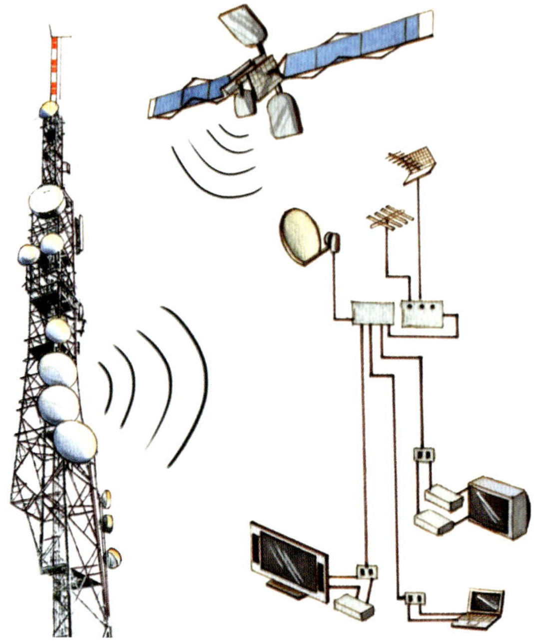

LO STUDIO TELEVISIVO DI REGIA

Lo studio di regia è il **locale in cui avvengono il coordinamento e la realizzazione dei programmi**, con la tipica suddivisione in regia audio e regia video. Vi si trovano molti monitor, mixer e apparecchiature per la registrazione delle riprese e le postazioni di controllo dei segnali delle telecamere, delle luci e dei segnali audio, quest'ultima in un locale separato perché l'audio deve essere ascoltato ad alto volume.

«STAVO ARANDO UN CAMPO DI PATATE ATTRAVERSANDOLO CONTINUAMENTE AVANTI E INDIETRO E LASCIANDO LINEE DI TERRA RIVOLTATA, QUANDO MI VENNE IN MENTE CHE I FASCI DI ELETTRONI AVREBBERO POTUTO FARE LA STESSA COSA CON LE IMMAGINI, LASCIANDO IN OGNI LINEA UNA SCIA DI DATI» COSÌ RACCONTÒ PHILO FARNSWORTH AI GIORNALISTI DURANTE LA PRESENTAZIONE DEL SUO *DISSECTOR TUBE*.

La scomposizione delle immagini

Va all'ingegnere russo-tedesco Paul Nipkow (1860-1940) il merito di aver per primo concepito un metodo pratico per effettuare la "scansione" delle immagini, alla base della televisione, e di aver brevettato il primo sistema di ripresa e trasmissione a distanza di immagini. Nel suo apparecchio l'immagine veniva scomposta interponendo un disco, dotato di molti fori e messo in rapida rotazione, fra l'immagine che si trasmetteva e un rivelatore fotoelettrico al selenio.

Nel **disco di Nipkow** i fori posti lungo una linea a forma di spirale di Archimede determinavano la larghezza dell'immagine, mentre la distanza tra fori successivi forniva l'altezza dell'immagine ricevuta.

Le linee di scansione

Furono dell'inglese Alan Archibald Campbell-Swinton e del russo Boris Rosing le prime idee di televisione elettronica, che nel 1931 portarono Vladimir Kosma Zworykin a realizzare l'ICONOSCOPIO, il componente chiave per lo sviluppo delle telecamere da ripresa televisiva, funzionante in modo elettronico. Due anni prima l'americano Philo Farnsworth aveva però già costruito un dispositivo per la scansione elettronica di immagini.

L'apparecchio televisivo elettronico di Philo Farnsworth, che ha in mano il suo dispositivo chiamato *dissector tube*.

Nel *dissector tube* di Farnsworth le emissioni foto-catodiche **creavano un'immagine elettronica su una superficie fotosensibile** che veniva poi scansionata per produrre un segnale elettrico dell'immagine visiva.

La televisione digitale

A metà degli anni Ottanta del secolo scorso gli sviluppi dell'elettronica portarono ai primi studi sulla fattibilità di trasmissioni di immagini in forma di *bit*, possibilità che venne accertata nel marzo del 1990 e da allora si impose come standard a livello mondiale.

Le linee di scansione dell'immagine televisiva

Nei primi apparecchi di Baird la scansione (verticale) delle immagini era solo a 30 linee, ma, nel 1934, grazie ai migliorati dispositivi di Farnsworth si era passati a 220 righe di scansione a una velocità di 30 immagini/secondo.

I PRIMI GRANDI EVENTI RIPRESI DALLA TELEVISIONE FURONO I GIOCHI OLIMPICI SVOLTISI A BERLINO NEL 1936 E L'ESPOSIZIONE MONDIALE DI NEW YORK NEL 1939, QUANDO FU TRASMESSO IL DISCORSO INAUGURALE DEL PRESIDENTE ROOSEVELT.

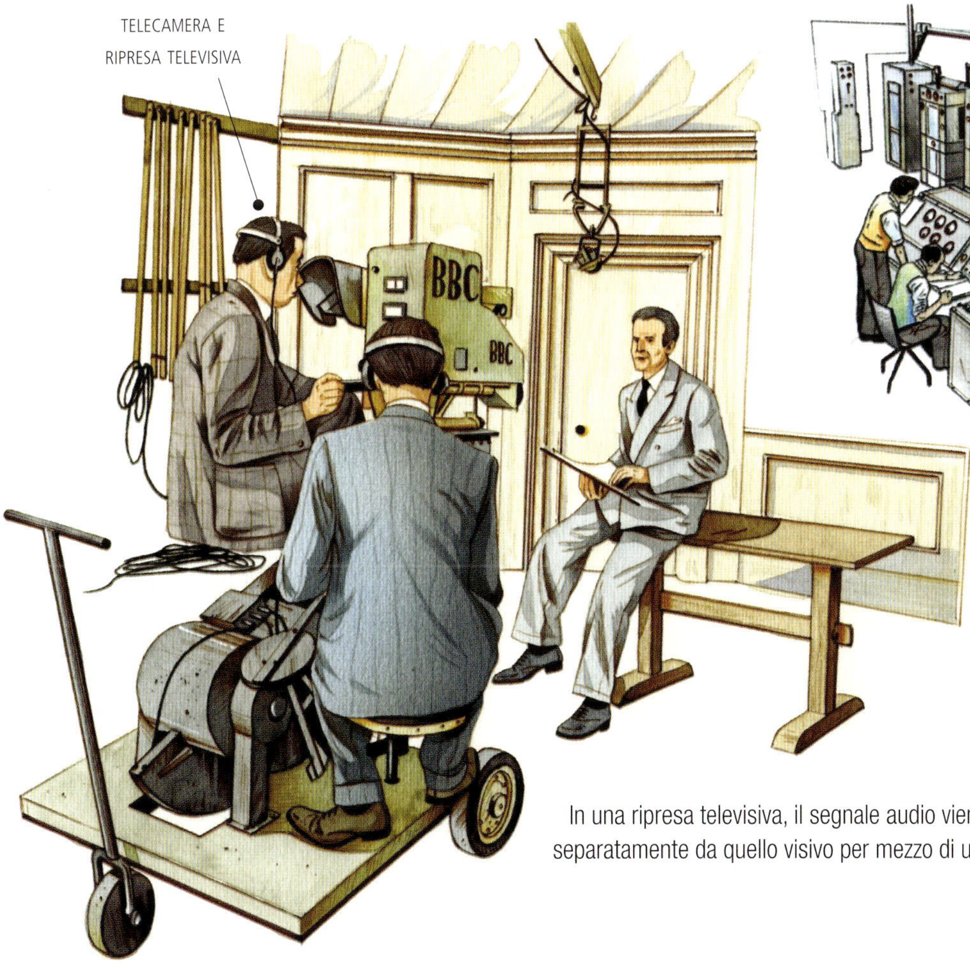

In una ripresa televisiva, il segnale audio viene ottenuto separatamente da quello visivo per mezzo di un microfono.

INFINITAMENTE PICCOLO E INFINITAMENTE GRANDE

Scoprire l'immensità dell'Universo e comprendere la realtà dell'infinitamente piccolo, e questo grazie a due strumenti: telescopio e microscopio.

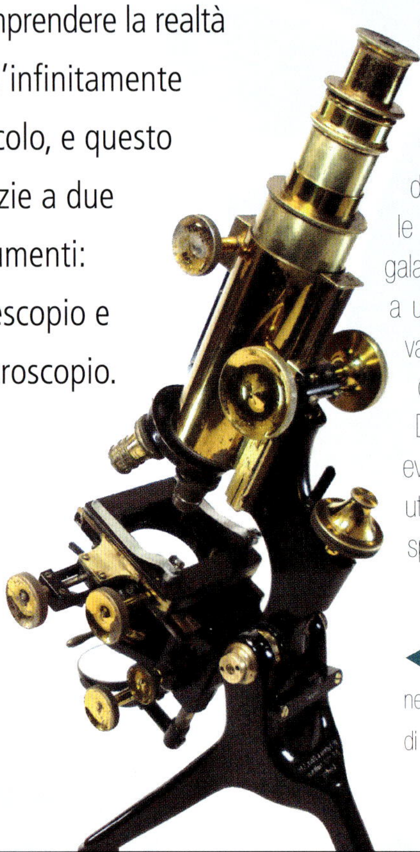

◄ Microscopio costruito in Inghilterra negli anni Trenta del secolo scorso, di tipo inclinato con supporto a tre piedi.

L'osservazione del cielo

L'uso del telescopio ha consentito di osservare oggetti debolmente luminosi con una risoluzione centinaia di volte maggiore che a occhio nudo. In questo modo è possibile osservare i pianeti e la loro superficie, i dettagli della superficie della Luna, le nebulose, gli ammassi stellari, le galassie ecc. Galileo Galilei fu il primo a utilizzare un telescopio per osservare il cielo registrando ciò che vedeva nei primi anni del Seicento. Da allora il telescopio ha avuto una evoluzione tale da essere non solo utilizzato sulla Terra, ma anche nello spazio.

▲ Osservatorio astronomico di Asiago, in Italia; monta un telescopio riflettore di 122 cm di diametro.

Il microcosmo

All'inizio del Seicento nacque anche uno strumento la cui tecnologia era simile a quella del telescopio, ma che serviva a ingrandire piccoli oggetti: il microscopio. Anche questo strumento subì nei secoli continui miglioramenti, fino ad arrivare ai moderni modelli elettronici e a forza atomica.

• ROBERT HOOKE

L'inglese Robert Hooke (1635-1703) fu il primo a utilizzare il microscopio per osservare la natura. Scienziato ecclettico e costruttore di strumenti scientifici, perfezionò il microscopio dotandolo di nuovi sistemi ottici e di un nuovo e ingegnoso sistema di illuminazione.

• CAMERA A BOLLE

La camera a bolle è uno strumento di rivelazione di particelle elementari (1952) che contiene liquido surriscaldato e instabile che provoca ionizzazione rilevando piccole perturbazioni dovute a particelle. Analizzandole, si hanno informazioni su massa e velocità delle particelle.

◀ La costellazione Carina, a 20 000 anni luce di distanza dalla Terra, nella quale si stanno formando delle stelle, in una foto scattata dal telescopio spaziale *Hubble*.

▼ L'interno dell'LHC, l'acceleratore di particelle del CERN di Ginevra.

▶ Telescopio a riflessione costruito da William Herschel nel 1781.

L'atomo e particelle ancora più piccole

Fin dall'antichità si riteneva che esistesse una porzione di materia non più divisibile in parti più piccole che venne chiamata "atomo" dai filosofi greci. Nel XX secolo si scoprì che oltre il 99% dell'atomo è costituito da spazio vuoto, riempito per la restante percentuale dagli elettroni che stanno attorno a un nucleo costituito dai protoni e dai neutroni. Ma anche queste due particelle sono a loro volta formate da altre che sono ancora più minuscole: i quark.

• MICROSCOPIO A FORZA ATOMICA

È un microscopio a scansione inventato nel 1986 che, oltre a essere utilizzato come mezzo d'indagine, è anche uno dei principali strumenti di manipolazione della materia su scala nanometrica (di grandezze di circa un milionesimo di millimetro). Fornisce un'immagine tridimensionale della superficie dell'oggetto analizzato.

• IL NON PIÙ VISIBILE

Il potere risolutivo di un microscopio ottico è dato dalla minima distanza tra due punti distinti, al di sotto della quale essi vengono percepiti come un unico punto. Il limite imposto dalla lunghezza d'onda della luce non consente di rilevare distanze inferiori a 0,2 micrometri (milionesimi di metro).

IL MICROSCOPIO

I primi semplici microscopi a una lente ingrandivano non più di 10 volte, ma nel 1590 gli olandesi Hans e Zacharias Janssen, aumentando il numero delle lenti e regolando la loro distanza e la loro grandezza, ottennero maggiori ingrandimenti.

FOTOMICROGRAFIA

Con la fotomicrografia (o micrografia) è possibile riprendere fotograficamente **soggetti non visibili a occhio nudo**, grazie a una fotocamera (a pellicola o digitale) opportunamente collegata a un microscopio ottico o elettronico, come, per esempio, l'occhio di una mosca rappresentato nella fotografia in alto.

Esaminando al microscopio il legno di sughero, Hooke notò delle **cavità, separate da pareti, che chiamò "cell"**, da cui derivò in seguito il termine cellula.

Robert Hooke

L'interesse degli scienziati verso il microscopio fu stimolato dalla pubblicazione, nel 1665, della *Micrographia* dell'inglese Robert Hooke, dove in tavole illustrate lo scienziato evidenzia i risultati delle osservazioni scientifiche che si possono ottenere con l'uso di questo strumento.

I fisici tedeschi Ernst Ruska e Max Knoll a fianco del microscopio elettronico da loro costruito nel 1933, dopo il prototipo del 1931.

Microscopio e biologia

Dal XVII secolo in poi il microscopio divenne uno strumento essenziale per il progresso di molte scienze, soprattutto quelle inerenti la biologia, la medicina e la farmacologia. L'osservazione delle cellule e dei tessuti del corpo umano ha permesso di scoprire strutture non visibili con la semplice anatomia e quella dei microrganismi, quali batteri e virus, ha consentito di testare i risultati dell'azione di medicine prima della somministrazione.

Nei **microscopi elettronici** per "illuminare" il campione da esaminare viene utilizzato un fascio di elettroni e dei campi magnetici regolabili che deviano gli elettroni come le lenti ottiche deviano i fotoni dei raggi luminosi.

Miglioramenti e aumento di ingrandimenti

Il naturalista olandese Antoni van Leeuwenhoek (1632-1723) perfezionò ulteriormente il microscopio e riuscì a portare l'ingrandimento di una immagine quasi fino a 300 volte, riuscendo a scoprire organismi unicellulari.

IN UN MICROSCOPIO OTTICO LA RISOLUZIONE MASSIMA OTTENIBILE, A CAUSA DI UN LIMITE INTRINSECO DOVUTO ALLA NATURA DELLA LUCE, ANCHE NEI MODELLI PIÙ EVOLUTI, NON VA OLTRE 0,2 MICROMETRI (MILLESIMI DI MILLIMETRO).

Nell'antica Cina, per osservare oggetti ingranditi si usavano **tubi di bambù chiusi da un lato e riempiti di acqua**. I differenti livelli del liquido permettevano differenti ingrandimenti.

DISEGNO DI ROBERT HOOKE DI UNA PULCE VISTA AL MICROSCOPIO IN UNA TAVOLA TRATTA DAL SUO LIBRO *MICROGRAPHIA*

Microscopi elettronici e a forza atomica

Per superare i limiti dei microscopi ottici, negli ultimi 80 anni sono stati sviluppati strumenti che sfruttano le conoscenze di base ottenute dalla fisica nucleare e dai grandi progressi dell'elettronica; dopo l'invenzione del MICROSCOPIO ELETTRONICO (1931), si arriva al MICROSCOPIO A FORZA ATOMICA (1986), la cui sonda opera a una distanza di un nanometro (un miliardesimo di metro) interagendo con l'oggetto da scansire.

IL MICROSCOPIO A FORZA ATOMICA SI BASA SUL PRINCIPIO DELLA LEGGE DI HOOKE (1675), CHE SPIEGA IL COMPORTAMENTO FISICO DELLE MOLLE PER PICCOLE VARIAZIONI IN LUNGHEZZA. NELLO STRUMENTO UNA MICROLEVA, LA CUI ELASTICITÀ È NOTA, SUBISCE UNA DEFLESSIONE CAUSATA DALLA FORZA REPULSIVA DELLE MOLECOLE, CHE PERMETTE UNA SCANSIONE TRIDIMENSIONALE DELLA SUPERFICIE DELL'OGGETTO OSSERVATO.

IL TELESCOPIO

Il cannocchiale nacque in Olanda e arrivò in Italia nel 1609; lì fu notevolmente perfezionato da Galileo Galilei, che per primo ne intuì le possibilità per l'indagine dei misteri del cielo.

Il temine "telescopio"

Nel 1611 Galileo venne invitato dalla prestigiosa Accademia italiana dei Lincei a esporre le sue ricerche e, durante un banchetto in suo onore, venne coniato il termine "telescopio", che restò in uso anche per uno strumento completamente diverso, il cannocchiale riflettore.

Telescopi rifrattori

Nel 1608, l'olandese Hans Lippershey aveva già costruito il primo modello di TELESCOPIO RIFRATTORE (strumento che l'anno successivo fu perfezionato da Galileo), munito di due lenti all'interno di un tubo.

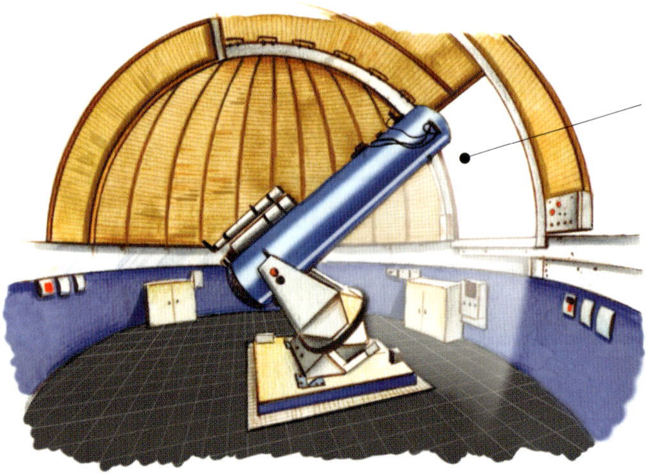

Gli osservatori astronomici sono generalmente costruiti su montagne e in luoghi lontani dalle città per **evitare sia lo smog sia l'inquinamento luminoso**. I loro telescopi hanno diametri di diversi metri.

Grandi cannocchiali

Per ovviare agli effetti delle aberrazioni cromatiche e sferiche, vennero costruiti dei cannocchiali veramente enormi, come l'obiettivo costruito dai fratelli Huygens con 69 metri di distanza focale, il cannocchiale costruito a Danzica dal polacco Johannes Hevelius, lungo 49 m, e altri di pari lunghezza usati da Gian Domenico Cassini, astronomo dell'Accademia di Francia.

☐ LE SCOPERTE DEL TELESCOPIO *HUBBLE*

Nel **1994** lo *Hubble* riprende la collisione della cometa *Shoemaker-Levy 9* con il pianeta Giove; nel luglio **2011**, il telescopio porta alla scoperta del quarto satellite di Plutone e l'anno successivo riesce a individuare un altro satellite di Plutone, il quinto. Il **4 marzo del 2016** l'*Hubble* scopre *GN-z11*, l'oggetto celeste più lontano; si tratta di una galassia primordiale distante 400 milioni di anni dal Big Bang.

I telescopi riflettori

L'invenzione del cannocchiale a specchio, ovvero il telescopio riflettore, segna l'inizio dello sviluppo moderno della storia di questo strumento, il cui impiego, specie nelle osservazioni astronomiche, prevale su quello del telescopio rifrattore.

Una delle principali motivazioni addotte da Galileo nella presentazione del cannocchiale al doge di Venezia era che quello strumento avrebbe consentito di **individuare da lunghe distanze le navi nemiche** che si avvicinavano alle coste nei territori della Repubblica.

PESCATORI DI CHIOGGIA A OLTRE 20 KM OSSERVATI DAL DOGE DI VENEZIA DALL'ALTO DEL CAMPANILE DI SAN MARCO

IL DOGE DI VENEZIA LEONARDO DONÀ

Il telescopio terrestre

Poiché un telescopio astronomico mostra le immagini capovolte, per poterlo utilizzare per le osservazioni terrestri occorre raddrizzare le immagini: questo si ottiene inserendo una lente convergente oltre il piano focale dell'obiettivo.

FASE DI SGANCIAMENTO DEL TELESCOPIO *HUBBLE* DALLO *SPACE SHUTTLE* CHE LO HA PORTATO IN ORBITA

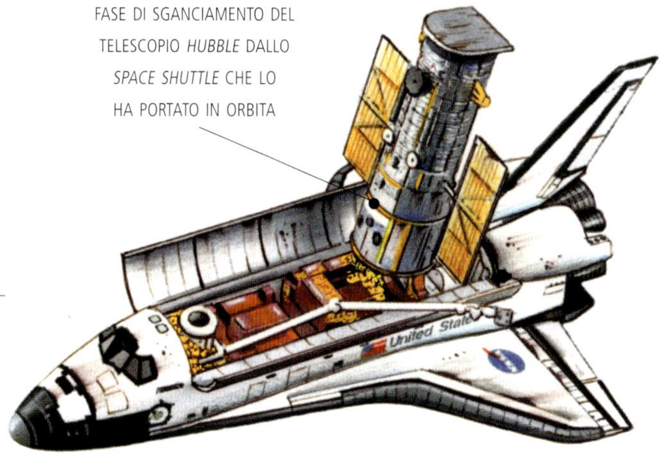

I telescopi spaziali eseguono le stesse osservazioni di quelli terrestri, ma con maggiore risoluzione soprattutto per la mancanza della **distorsione delle immagini causata dall'atmosfera terrestre.** Hanno una vita limitata, costi di manutenzione altissimi e sono spesso soggetti a guasti.

IL TELESCOPIO *HALE*, LARGO 5 METRI E POSTO SUL MONTE PALOMAR, IN CALIFORNIA, È STATO A LUNGO IL PIÙ GRANDE DEL MONDO. OGGI IL PIÙ GRANDE SPECCHIO SINGOLO È QUELLO DEI TELESCOPI GEMELLI *KECK*, NELLE HAWAII, CON UN DIAMETRO DI 10 M.

Radiotelescopi e telescopi in orbita

I radiotelescopi raccolgono le onde radio emesse da processi fisici che avvengono nello spazio; poiché le onde radio sono molto più lunghe della luce e dei segnali astronomici deboli, per intercettarle occorrono antenne di notevoli dimensioni che in pratica ne costituiscono la struttura.

ATOMI E PARTICELLE

Gli scienziati pensavano che l'atomo fosse l'unità di materia indivisibile, ma in seguito si scoprì che questo era formato da elettroni, protoni e neutroni, separati da grandi spazi. Protoni e neutroni erano a loro volta costituiti dai quark.

La camera a nebbia (1899) è uno **strumento di rivelazione di particelle elementari** inventato dal fisico britannico Charles Thomson Rees Wilson, in grado di rilevare il percorso di particelle per mezzo della ionizzazione di aria satura di vapore acqueo.

Gli atomisti dell'antica Grecia

L'idea che la materia sia composta da particelle elementari nasce in Grecia nel V secolo a.C. con i filosofi Leucippo e Democrito; un secolo più tardi Epicuro introduce il fenomeno della deviazione (*clinamen*) degli atomi dalla loro traiettoria che ne permette l'aggregazione. La teoria verrà ripresa nel Seicento da Pierre Gassendi e sostenuta da Newton e Boyle.

La chimica si avvicina all'atomo

La validità della teoria atomistica trova il suo definitivo riconoscimento scientifico con la chimica del Settecento e soprattutto dell'Ottocento, quando l'inglese John Dalton redige una prima tavola dei pesi atomici.

OLTRE IL 99% DELLE DIMENSIONI DI UN ATOMO È COSTITUITO DA SPAZIO VUOTO. SE IL NUCLEO ATOMICO FOSSE GRANDE COME UN GRANO DI SALE, ATTORNO A ESSO SI TROVEREBBERO MOLTI GRANELLI DI POLVERE (GLI ELETTRONI) A UNA DISTANZA DI OLTRE 20 M.

UN TECNICO SI SPOSTA NELLE LUNGHE GALLERIE USANDO UNA BICICLETTA

La Tavola periodica degli elementi

Tra il 1869 e il 1870, il chimico russo Dmitrij Mendeleev pubblica una tabella dove sono rappresentati tutti i 63 elementi allora conosciuti, che vengono ordinati con un sistema di classificazione che prevedeva le caratteristiche di elementi che verranno tutti scoperti negli anni successivi.

L'LHC di Ginevra è l'acceleratore di particelle più grande e potente finora realizzato. **Può accelerare protoni e ioni pesanti** fino al 99,99991% della velocità della luce per poi farli successivamente scontrare fra loro.

LA FISICA DELLE PARTICELLE

In quel ramo della fisica che viene detto "fisica delle particelle", una **particella elementare** è tale se **indivisibile** e quindi **non composta da altre più semplici**. Le particelle elementari che compongono l'universo si possono dividere in due categorie: i fermioni (quark, elettroni e neutrini), dotati di massa, e i bosoni, privi di massa, che sono portatori delle forze fondamentali esistenti in natura (fotoni e gluoni). Fra le particelle sono presenti quelle che fanno parte della cosiddetta "antimateria", che hanno la stessa massa di quelle corrispondenti della materia ordinaria ma con aspetti fisici differenti, come per esempio la carica elettrica di segno opposto: negativa quella dell'elettrone e invece positiva quella del positrone. Le leggi fisiche che governano le antiparticelle sono simmetriche a quelle che governano la materia e quando una particella e un'antiparticella vengono a contatto si assiste al fenomeno dell'annichilazione, che li trasforma in raggi gamma ad alta energia originando per tempi brevissimi altre particelle instabili. Si ritiene che materia e antimateria esistessero già al momento del Big Bang.

Elettroni e il nucleo: protoni e neutroni

Gli ELETTRONI sono particelle elementari dell'atomo che, in quantità diverse secondo l'elemento chimico, formano una nube di carica negativa attorno al nucleo, che ha carica positiva; questa gli proviene dai PROTONI, sempre in numero pari a quello degli elettroni per rendere l'atomo neutro. Il secondo costituente del nucleo è il NEUTRONE, senza carica e in numero pari o superiore a quello dei protoni.

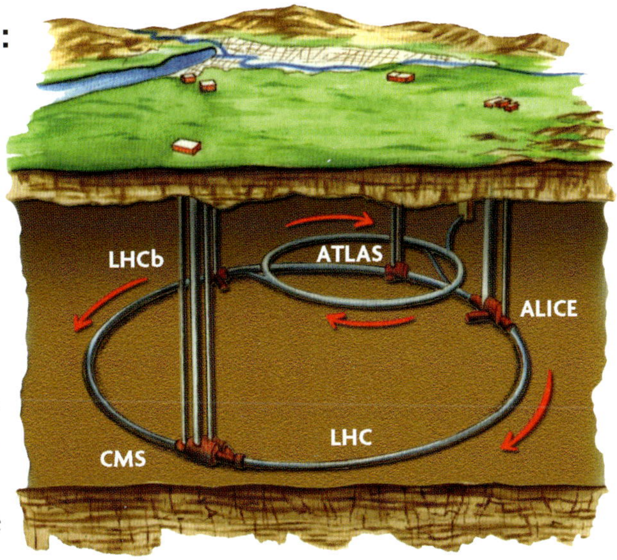

L'anello esterno del LHC si sviluppa su 27 km con quattro punti sperimentali nei quali i fasci di particelle sono fatti collidere.

I componenti più importanti dell'LHC sono gli oltre **1600 magneti superconduttori** in lega di niobio e titanio, che sono raffreddati da elio liquido superfluido che li porta a una temperatura di -271,25 °C, prossima allo zero assoluto.

Il Modello standard

Il mondo subatomico è oggi rappresentato da una teoria fisica chiamata Modello standard, che descrive tre delle quattro forze fondamentali oggi note (per il momento manca ancora un modello della gravità) e le particelle elementari ad esse collegate.

Le forze atomiche

L'interazione FORTE è la forza che trattiene i protoni nel nucleo riuscendo a contrastare la forza repulsiva dovuta alle cariche dello stesso. Altre forze sono quella DEBOLE, quella ELETTROMAGNETICA e quella GRAVITAZIONALE.

UN ELEMENTO PUÒ TROVARSI IN NATURA ANCHE CON DIFFERENTI MASSE (ISOTOPI) QUANDO I NEUTRONI SONO PIÙ DEI PROTONI. SE QUESTA DIFFERENZA È ECCESSIVA L'ATOMO È INSTABILE E TENDE A ELIMINARE NEUTRONI (RADIOATTIVITÀ).

ONDE ELETTROMAGNETICHE

Le onde elettromagnetiche furono previste attraverso gli studi teorici di James Clerk Maxwell prima di rilevarle sperimentalmente. Le prime onde radio furono prodotte nel 1887 da Heinrich Hertz.

Le onde elettromagnetiche

La radiazione è una propagazione di energia tramite onde e corpuscoli; quella elettromagnetica può propagarsi anche nel vuoto e in mezzi poco densi come l'atmosfera. Le applicazioni tecnologiche che sfruttano questo tipo di radiazione sono molte e si dividono generalmente di due categorie: quelle in cui le onde elettromagnetiche vengono utilizzate per trasportare informazioni (le radiocomunicazioni come radio, televisione, telefoni cellulari, satelliti artificiali, rada e radiografie) e altre che forniscono energia, come per esempio nel forno a microonde.

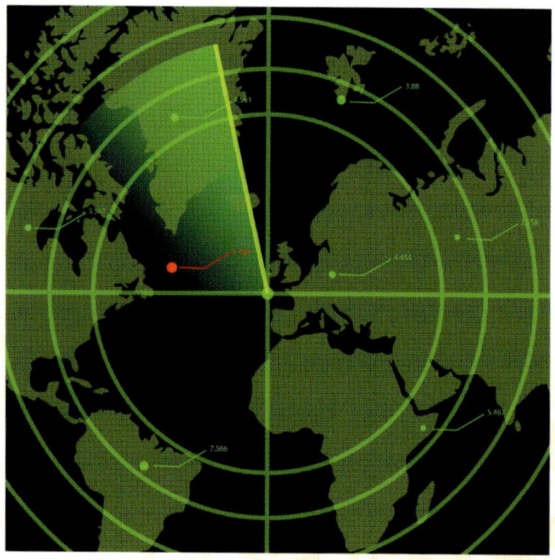

▲ Rilevamento di oggetti su uno schermo radar.

▼ *Detector magnetico* di Guglielmo Marconi usato nel 1902 a bordo dell'incrociatore *Carlo Alberto* per sperimentare le onde elettromagnetiche. Fu il primo apparato capace di ricevere onde radio anche a grandi distanze.

I raggi X

I raggi X, scoperti dal tedesco Wilhelm Röntgen nel 1895, sono un tipo di radiazione elettromagnetica con una lunghezza d'onda molto piccola (da 100 a 100 000 milionesimi di metro). I raggi X sono molto penetranti e sono molto utilizzati in medicina per la loro proprietà di attraversare i tessuti molli del corpo umano ma di essere arrestati dalle ossa, che sono più dense; in una radiografia il diverso annerimento permette di vedere l'interno del nostro corpo.

• CHANDRA BOSE

Dal 1894 al 1900 lo scienziato indiano condusse una serie di esperimenti sulla propagazione delle onde elettromagnetiche. Nel novembre del 1894 diede la prima dimostrazione della trasmissione di tali onde, facendo suonare una sveglia a distanza e facendo scattare l'innesco elettrico di una carica esplosiva per mezzo di un segnale radio.

• BRANT ROCK

Il 23 dicembre del 1900 il canadese Reginald Fessenden realizza la prima trasmissione radio della voce umana, utilizzando la grande antenna della stazione di Brant Rock sul fiume Potomac, da Cobb Island, a circa un miglio e mezzo di distanza. Chiese se stesse nevicando ricevendone conferma con un segnale.

◀ 13 maggio 1897: ingegneri del *British Post Office* verificano il funzionamento dell'apparecchiatura radio di Guglielmo Marconi a Flat Holm Island durante la dimostrazione di invio di segnali in alto mare.

▲ Emettitore di raggi X: a sinistra, il catodo; al centro, la sporgenza in rame con l'anodo. L'area grigia del vetro è la parte dove passano le radiazioni.

Le radiocomunicazioni

Le onde radio hanno invece lunghezze d'onda comprese fra i 10 km e i 10 cm. Le onde radio con lunghezza di 300 m (chiamate medie) aggirano facilmente piccoli ostacoli come case e alberi, ma sono fermate dalle montagne; le onde con lunghezze fra i 10 km e i 30 m sono riflesse dalla ionosfera (la fascia dell'atmosfera che si estende fra i 60 e i 450 km di altitudine) e possono così superare la curvatura terrestre. I segnali televisivi hanno lunghezza di circa un metro, possono essere facilmente bloccati da piccoli ostacoli e possono essere rilevati solo da antenne che "vedano" il trasmettitore; per questa ragione hanno bisogno di ripetitori.

◀ Apparecchiatura per l'emissione di raggi X con generatore di alte frequenze.

Il radar

Quando un'onda radio, o una microonda, incontra un ostacolo viene riflessa e una parte del fascio di raggi ritorna al trasmettitore. Dato che le onde viaggiano alla velocità della luce (300 000 km ca. al secondo), un semplice calcolo del tempo trascorso fra la trasmissione e la ricezione del segnale diviso per due fornisce oltreché la presenza di un oggetto anche la distanza.

• WILHELM RÖNTGEN

Lo scopritore dei raggi X non volle brevettare i risultati delle sue ricerche, dando deliberatamente la notizia della scoperta avendone intuito le possibilità di utilizzo in medicina. Un anno più tardi si ebbe la prima radiografia. La prolungata esposizione alle radiazioni, i cui effetti dannosi non erano ancora noti, fu però fatale a Röntgen.

• ANTENNA RADAR

L'antenna del radar trasmette le onde radio in un fascio molto concentrato; un motore consente all'antenna di girare fino a 360°. Il segnale di ritorno viene trasformato in segnale a bassa frequenza e amplificato diventando visibile per l'operatore sullo schermo. Le antenne rotanti possono essere prismatiche o paraboliche (come nella foto).

I RAGGI X

Nel 1892, Hertz aveva dimostrato che i raggi catodici potevano passare attraverso fogli di metallo molto sottile; tre anni dopo si scoprì un tipo di radiazioni che consentivano di vedere l'interno di corpi opachi attraversandoli.

WILHELM RÖNTGEN POSSEDEVA UN ALTO PROFILO ETICO: OLTRE A DONARE ALLA SUA UNIVERSITÀ DI WURZBURG L'IMPORTO DEL PREMIO NOBEL, RIFIUTÒ DI BREVETTARE LA SCOPERTA DEI RAGGI X, INTUENDONE L'IMPORTANZA NELLE APPLICAZIONI FUTURE IN CAMPO MEDICO.

Gli esperimenti di Röntgen

Nel 1895 il fisico tedesco Wilhelm Röntgen, nel laboratorio dell'Università di Würzburg, dove insegnava, eseguiva esperimenti per verificare le teorie dei fisici tedeschi Heinrich Hertz e Philipp Lenard sui raggi catodici, i fasci di elettroni prodotti all'interno di un tubo di Crookes, precursore del tubo catodico.

La scoperta di Röntgen

Lavorando in una stanza oscurata, Röntgen si accorse che un foglio di carta su cui era stata scritta la lettera "A" con una soluzione di platinocianuro di bario brillava di luce e sullo stesso foglio compariva anche l'ombra delle ossa della sua mano quando si trovava sulla traiettoria dei raggi.

Le conclusioni di Röntgen

Röntgen capì che le emissioni scaturivano dal contatto dei raggi catodici con l'anticatodo nel tubo a vuoto e le chiamò provvisoriamente raggi X, in quanto sconosciute; lo scienziato capì anche che potevano impressionare una lastra fotografica.

Esecuzione di una radioscopia nei primi anni del Novecento: non veniva presa **nessuna misura di protezione** in quanto non si conoscevano gli effetti delle radiazioni.

RÖNTGEN DALTONICO

L'inabilità di Röntgen a percepire i colori fu alla base della scoperta dei raggi X: lo scienziato, infatti, era solito lavorare in un **ambiente oscurato** per poter percepire le fluorescenze verdognole dei raggi catodici: fu così che vide brillare la famosa lettera "A".

Röntgen capì che, collocando una **lastra fotografica oltre l'oggetto attraversato da quelle radiazioni** ancora sconosciute, si ottenevano delle immagini che potevano essere fissate per conservarle nel tempo.

La prima radiografia fu eseguita da Wilhelm Conrad Röntgen il 22 dicembre del 1895 alla mano sinistra della moglie Anna Berthe.

☐ RAGGI X E MEDICINA

Non passò molto tempo dalla loro scoperta che i raggi X vennero utilizzati in campo medico. La **prima radiografia effettuata prima di un intervento chirurgico venne realizzata nel 1896 a Birmingham** dall'inglese John Hall-Edwards, vero pioniere della radiologia, anche lui vittima delle radiazioni che gli fecero perdere un braccio. Durante la prima guerra mondiale, la scienziata Marie Curie spinse le autorità sanitarie all'uso di unità mobili con a bordo dispositivi per radiografie per effettuare rapide diagnosi ai soldati feriti. Inizialmente le radiografie erano effettuate da fisici, medici, fotografi, infermieri o altri tecnici, fino a quando nacque la specialità di radiologia medica e la figura professionale del radiologo.

COME ERA GIÀ SUCCESSO AD ALTRI SCIENZIATI CHE ERANO RIMASTI ESPOSTI ALLE RADIAZIONI PER MOLTO TEMPO, ANCHE RÖNTGEN MORÌ PER UN CANCRO. NIKOLA TESLA ERA STATO IL PRIMO AD AVVERTIRE LA COMUNITÀ SCIENTIFICA DEI RISCHI BIOLOGICI CONNESSI ALL'ESPOSIZIONE AI RAGGI X.

Una delle prime applicazioni dei raggi X fu la **spettroscopia, una nuova scienza che indagava sulle strutture cristalline.** L'inglese William Henry Bragg, assieme a suo figlio William Lawrence, realizzò il primo spettroscopio a raggi X e i due vennero insigniti del premio Nobel nel 1900.

Applicazioni

Il 28 dicembre del 1895 Röntgen annunciò la sua scoperta: la comunità scientifica si divise tra scettici ed entusiasti, ma si comprese presto che i raggi X potevano essere usati in medicina e nell'analisi degli elementi chimici. Nell'arco di un secolo le apparecchiature a raggi X sono cambiate così come i campi di applicazione: oggi sono in orbita particolari telescopi che osservano l'universo alla lunghezza d'onda dei raggi X, che può rilevare anche buchi neri.

LE RADIOCOMUNICAZIONI

Nel 1865, lo scozzese James Clerk Maxwell previde l'esistenza di onde elettromagnetiche che si propagano nello spazio: trent'anni più tardi nacque la radio.

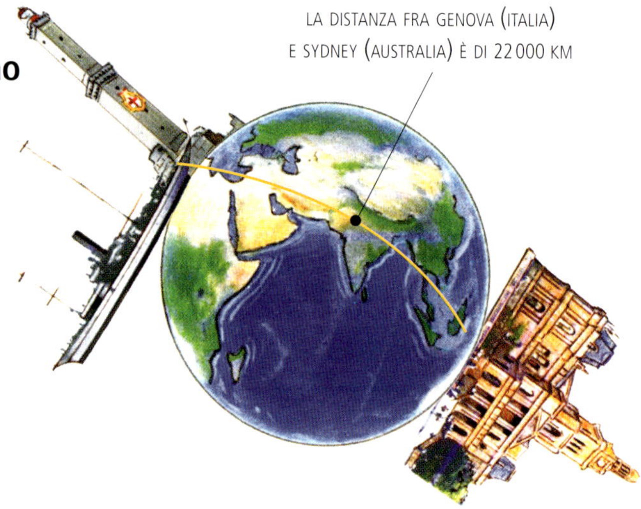

Catturare le onde

Nel 1894, il fisico inglese Oliver Lodge costruì il primo rivelatore in grado di intercettare onde elettromagnetiche emesse fino a 150 m di distanza.

Il 26 marzo del 1930 Guglielmo Marconi, dalla cabina radio del suo yacht *Elettra*, ancorato nel porto di Genova, **accende attraverso un segnale radio le luci del municipio di Sydney**, in Australia.

IL DISASTRO DEL TITANIC

Il primo salvataggio in mare grazie ai segnali radio si ebbe nel 1909, quando vennero salvate 1700 persone imbarcate sul transatlantico *Republic*, ma il più famoso fu quello del ***Titanic*, affondato il 15 aprile del 1912** dopo una collisione con un iceberg. Il marconista Harold Bride aveva continuato a lanciare il segnale SOS finché l'acqua aveva iniziato a inondare il locale radio; l'SOS venne raccolto dal transatlantico *Carpathia*.

NIKOLA TESLA CON IL SUO SOTTOMARINO RADIOCOMANDATO

GUGLIELMO MARCONI CON L'APPARECCHIO BREVETTATO IN GRAN BRETAGNA

LA CARATTERISTICA DELLE ONDE RADIO DI SUPERARE OSTACOLI E CURVATURA TERRESTRE RESTÒ INSPIEGATA FINO AL 1924, QUANDO I FISICI SCOPRIRONO CHE LA IONOSFERA RIFLETTE LE ONDE RADIO COME UNO SPECCHIO, PERMETTENDO LORO DI RIMBALZARE VERSO IL SUOLO.

Trasmettere le onde

Dopo l'invenzione del rilevatore si iniziò a pensare di sviluppare sistemi di trasmissione e ricezione in grado di coprire grandi distanze. Il modello al quale tutti pensavano era quello che avrebbe dovuto sostituire il telegrafo e quindi trasmettere un identico segnale composto di linee e punti, praticamente una telegrafia senza fili. Nell'ultimo decennio del XIX secolo diversi scienziati arrivarono a questo risultato.

ALEKSANDR STEPANOVIC POPOV CON IL SUO DISPOSITIVO RICEVITORE A COESORE

JAGADISH CHANDRA BOSE CON IL SUO TRASMETTITORE A SPINTEROMETRO

Quattro sono i "padri" della radio: il serbo **Nikola Tesla** che costruisce i primi apparecchi trasmittenti e riceventi; il fisico indiano **Jagadish Chandra Bose**; il russo **Aleksandr Popov** che trasmette il primo segnale in alfabeto Morse e l'italiano **Guglielmo Marconi**.

Guglielmo Marconi

A Guglielmo Marconi va il merito di aver diffuso e commercializzato le radiocomunicazioni. Nel 1898, i suoi dispositivi trasmettevano a distanze di circa 100 km e, nel 1902, riuscì a effettuare la prima trasmissione attraverso l'oceano Atlantico; costruì le prime stazioni per il servizio britannico a onde corte e stabilì il primo servizio radio transatlantico, mentre le navi si stavano dotando di impianti radio per comunicare o lanciare un SOS.

Dal 1907, il servizio pubblico di radiotelegrafia attraverso l'oceano Atlantico permise alle navi di lanciare l'SOS.

Transistor

Il triodo, la valvola termoionica, fu poi sostituito dal transistor, il cui prototipo fu realizzato nel 1947 in America. Nel 1954 si presentò la prima radio a transistor: la *Regency Tr-1*; l'uso dei transistor rese possibile la trasformazione della radio in un oggetto portatile.

L'IDEA DI TRASMETTERE MUSICA E PAROLE A DISTANZA NASCE MOLTO PRIMA DELL'INVENZIONE DELLA RADIO: NEL 1878, IN SVIZZERA, VIENE TRASMESSA VIA TELEFONO, DA POCO INVENTATO, L'OPERA LIRICA *DON PASQUALE* DI DONIZETTI.

Dal segnale Morse alla voce e alla musica

I segnali inviati con i sistemi di Marconi erano troppo deboli per trasmettere voce umana e altri suoni udibili, ma, nel 1907, lo statunitense Lee De Forest inventò il triodo, che poteva amplificare il segnale in ricezione.

Il 23 dicembre del 1900 il canadese Reginald Aubrey Fessenden riuscì a **trasmettere la voce, parole e musica, al posto di segnali** a una distanza di oltre 1,5 km, sovrapponendo la corrente, generata da un microfono, alle onde hertziane.

IL RADAR

Nel 1904 l'inventore tedesco Christian Hülsmeyer aveva costruito un dispositivo da installare sulle navi per eliminare il pericolo di collisioni in caso di nebbia; lo strumento rilevava la presenza di un oggetto, ma non ancora la sua distanza.

Grandi antenne radar a lunga portata, il cui diametro può arrivare fino a 40 m, ruotando di 360°, **sono in grado di controllare qualsiasi settore nell'intero orizzonte**; sono installate per scopi militari.

RADAR IN GUERRA

Nel periodo 1934-1939, otto nazioni svilupparono, in modo indipendente e in gran segreto, **sistemi di rilevamento radar**: la Germania, gli Stati Uniti, l'Unione Sovietica, il Giappone, l'Olanda, la Francia, l'Italia e la Gran Bretagna. Quest'ultima condivise le informazioni sia con gli Stati Uniti sia con quattro paesi del Commonwealth, Australia, Canada, Nuova Zelanda e Sud Africa, che svilupparono proprie tecnologie. Durante la seconda guerra mondiale anche l'Ungheria si aggiunse a questa lista. L'invenzione di una valvola particolare, il magnetron, diede ai radar inglesi una superiorità in potenza rispetto a quelli tedeschi, influendo probabilmente anche sull'andamento del conflitto. I tedeschi utilizzarono il *Freya*, che aveva un raggio di rilevamento di 100 km, ma avevano anche sviluppato i primi sistemi di rilevamento notturni a raggi infrarossi.

Studi sui principi del radar e proposte

Nel 1917, Nikola Tesla aveva elaborato i principi di funzionamento delle frequenze e del livello di potenza richiesto per far funzionare i primi radar; cinque anni dopo, Guglielmo Marconi avanzò l'idea di un radiotelemetro, uno strumento da utilizzare per la localizzazione a distanza di oggetti in movimento.

Il primo strumento affidabile

Il primo radar moderno realmente affidabile venne brevettato nel 1935 dall'inglese Robert Alexander Watson-Watt per scopi di ricerca sull'atmosfera; poi trovò immediatamente applicazioni militari.

DURANTE LA SECONDA GUERRA MONDIALE SI UTILIZZAVA, OLTRE AL RADAR, ANCHE L'*AEROFONO*, UN APPARECCHIO CHE RILEVAVA IL RUMORE DEGLI AEREI NEMICI IN AVVICINAMENTO LOCALIZZANDONE LA PROVENIENZA. MOLTI OPERATORI ERANO VOLONTARI NON VEDENTI, CON MAGGIORI CAPACITÀ UDITIVE.

La tecnologia del radar

Il radar è un trasmettitore di onde elettromagnetiche (onde e oscillazioni) a varie radiofrequenze e allo stesso tempo un ricevitore delle stesse dopo che sono state riflesse da un oggetto: la differenza fra il tempo di invio e quello di ritorno del segnale indica la distanza.

Il sistema mobile *SRC-584*, sviluppato negli Stati Uniti dal Rad Lab del Massachusetts Institute of Technology, **è stato il più avanzato fra i sistemi radar basati a terra** della seconda guerra mondiale.

Significato del termine "radar"

Questo termine venne coniato nel 1940 dalla marina militare degli Stati Uniti d'America come acronimo dell'inglese Radio Detection and Ranging, ovvero individuazione e misurazione di distanza via radio.

Strumenti antiradar

Sebbene ampiamente utilizzato, da subito trovò impiego solo in campo militare e, quindi, di pari passo con gli studi per migliorarne le prestazioni, sono state sviluppate anche tecniche per neutralizzarne, o almeno diminuirne, l'efficacia. Per questo si studiano materiali che assorbano di più le onde e si studiano nuove forme geometriche.

Nel campo civile una delle più importanti applicazioni tecnologiche del radar è quella del **controllo del traffico aereo** negli aeroporti.

Il compito dell'operatore al controllo del traffico aereo è quello di prevenire le collisioni tra aeromobili sia in volo sia a terra.

NEL 1946 DUE ÉQUIPE DI SCIENZIATI, UNA AMERICANA E UNA UNGHERESE, RIUSCIRONO A CAPTARE UN FASCIO DI ONDE RADAR DI RITORNO DALLA LUNA. LO SCIENZIATO UNGHERESE ZOLTÁN LAJOS BAY ELABORÒ ANCHE UN METODO DI INTEGRAZIONE DEL SEGNALE PER SEPARARE LA PARTE UTILE DAL RUMORE DI FONDO.

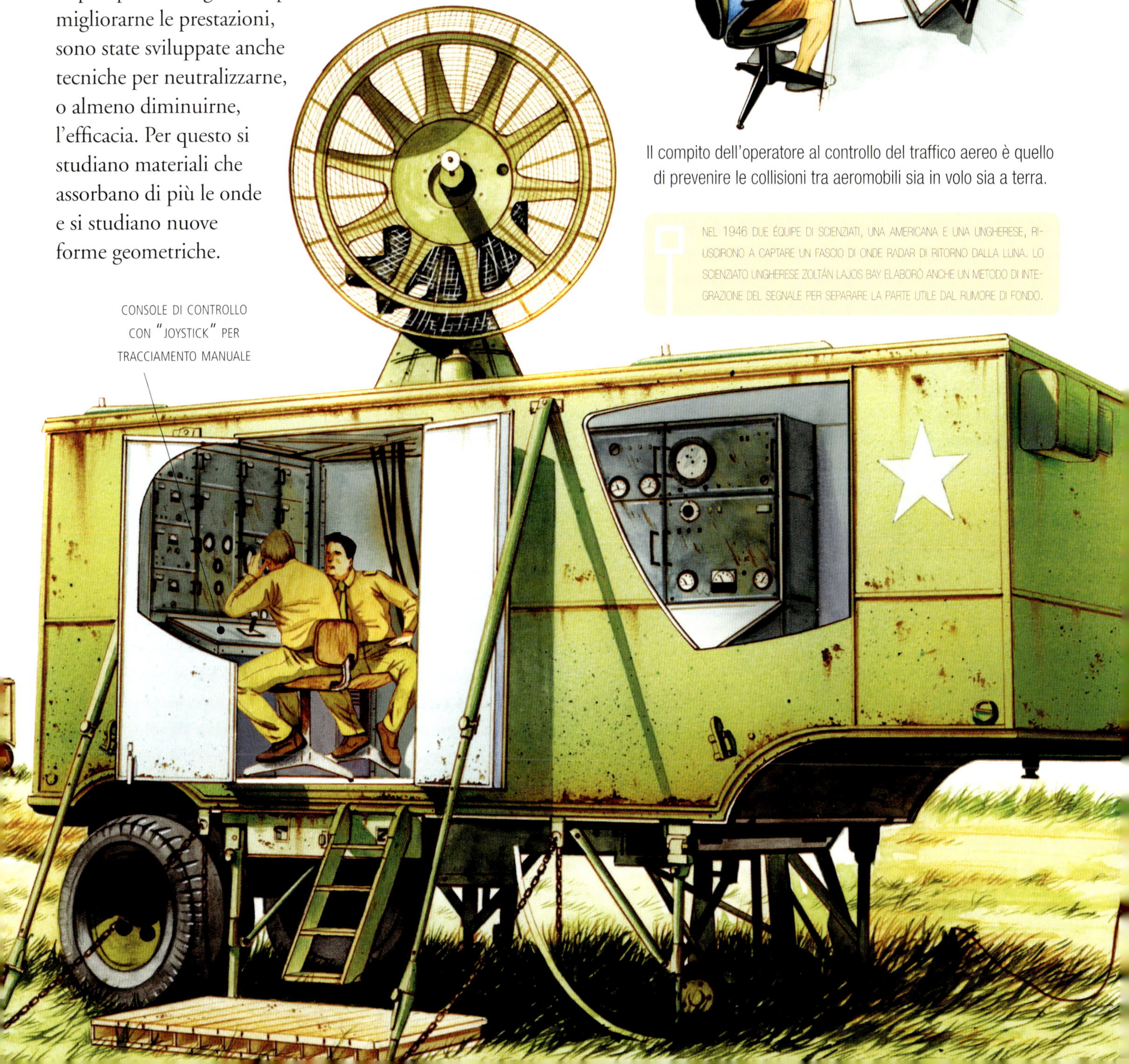

Indice dei nomi